Les Cahiers du Centre Georges Canguilhem

N° 6 : La médecine du tri.

Les Cahiers du Centre Georges Canguilhem

Nº 6 : La médecine du tri. Histoire, éthique, anthropologie

Sous la direction de

Guillaume Lachenal,
Céline Lefève,
Vinh-Kim Nguyen

Presses Universitaires de France

ISBN 978-2-13-062428-8
ISSN 1242-5087

Dépôt légal – 1re édition : 2014, juin

6, avenue Reille, 75014 Paris

LES AUTEURS[1]

Philippe BIZOUARN *est praticien hospitalier au Service d'anesthésie réanimation, Hôpital G. et R. Laënnec, CHU de Nantes et chercheur au Laboratoire SPHERE (Sciences, philosophie, histoire UMR 7219 CNRS-Université Paris Diderot).*

Jean-Hervé BRADOL *est médecin, directeur d'études au Centre de réflexion sur l'action et les savoirs humanitaires, Médecins sans frontières.*

Sophie CROZIER, *MD, PhD, est praticien hospitalier au Service des Urgences cérébro-vasculaires, Groupe hospitalier Pitié-Salpêtrière à Paris. Elle a effectué son doctorat au Département de recherche en éthique, EA 1610 « Études sur les sciences et les techniques », de l'université Paris Sud.*

Lise DASSIEU *est doctorante en sociologie au LISST (Laboratoire interdisciplinaire solidarités, sociétés, territoires) – CERS (Centre d'études des rationalités et des savoirs) (UMR 5193 CNRS/Université Toulouse II-Le Mirail).*

Antoine ERMAKOFF *est docteur en épistémologie et histoire des sciences et techniques de l'université Paris Diderot, chargé de mission à l'ARS Île-de-France.*

Cyril FARNARIER *est anthropologue, chercheur correspondant au Centre Norbert Elias (UMR 8562 CNRS) à Marseille.*

Valérie GATEAU *est philosophe, chercheuse associée au Centre Georges Canguilhem (Université Paris Diderot), spécialiste des questions de bioéthique et de philosophie morale.*

Caroline IZAMBERT *est doctorante en histoire au Centre de recherches historiques (UMR 8558 CNRS/EHESS) à Paris.*

1. Par ordre alphabétique.

Frédéric KECK *est chargé de recherche au Laboratoire d'anthropologie sociale (UMR 7130 CNRS/EHESS) à Paris.*

Guillaume LACHENAL *est maître de conférences en histoire des sciences à l'université Paris Diderot, membre junior de l'Institut universitaire de France et chercheur au Laboratoire SPHERE (Sciences, philosophie, histoire UMR 7219 CNRS).*

Céline LEFÈVE *est maître de conférences en philosophie de la médecine à l'université Paris Diderot, directrice du Centre Georges Canguilhem, chercheuse au Laboratoire SPHERE (Sciences, philosophie, histoire UMR 7219 CNRS).*

Frédérique LEICHTER-FLACK *est maître de conférences en littérature comparée à l'université Paris Ouest Nanterre.*

Frédéric LE MARCIS *est professeur en anthropologie sociale à l'École normale supérieure de Lyon (Triangle UMR 5206 CNRS).*

Vinh-Kim NGUYEN *est professeur de médecine sociale et d'anthropologie aux universités de Montréal et d'Amsterdam, et détient la Chaire en anthropologie et santé mondiale au Collège d'études mondiales de Paris.*

Michael NUROK, *MBChB, PhD, est médecin anesthésiste-réanimateur dans le service d'anesthésie, Hospital for Special Surgery, New York, et professeur associé au Weill Cornell Medical College.*

Marion PECHAYRE *est doctorante au département de Development Studies de la SOAS (School of Oriental and African Studies), University of London.*

Peter REDFIELD *est professeur d'anthropologie à l'University of North Carolina (Chapel Hill).*

Aline SARRADON-ECK *est anthropologue, chercheuse au Centre Norbert Elias (UMR 8562 CNRS) à Marseille.*

Les directeurs de l'ouvrage remercient Nathanaël CRETIN, assistant de recherches pour la chaire Anthropologie et Santé mondiale, de sa relecture attentive du manuscrit.

Sommaire

III
LES SUJETS DU TRI : LOGIQUES MÉDICALES ET SOCIALES

IV
TRIAGE ET ÉTHIQUE DANS LES PRATIQUES CLINIQUES CONTEMPORAINES

LE TRIAGE EN MÉDECINE, UNE ROUTINE D'EXCEPTION

Guillaume Lachenal, Céline Lefève, Vinh-Kim Nguyen

« Bien sûr, le triage est nécessaire. Il fait partie de la guerre. Il fait partie de ton job de médecin[1]. » Jon Kerstetter, un médecin militaire américain, se souvient d'une nuit d'octobre 2003, à Bagdad en Irak, lorsqu'une série d'attaques aux engins explosifs artisanaux a provoqué un afflux massif de blessés dans son « unité chirurgicale de combat ». Alors que les lits de réanimation sont tous occupés et que les chirurgiens opèrent à la chaîne, il assiste, dans une salle à l'écart, à la mort d'un jeune soldat grièvement blessé à la tête. Le jeune homme a été classé « en attente » *(expectant)* – la catégorie qui désigne, selon les règles du triage, les blessés trop graves, dont la survie, même avec des soins intenses, serait improbable, ceux qu'il faut simplement soulager et « éloigner de la vue des autres victimes ». Le moment est terrible : il faut décider, dans l'urgence, d'« envoyer à leur mort des soldats "en attente", pour se consacrer, par un choix calculé, à un bien d'ordre supérieur – mesuré par le nombre de survivants au combat[2] ». Plusieurs années après, dans un récit publié en 2012, Jon Kerstetter continue de trouver que les mots des manuels de la médecine d'urgence et les exercices d'entraînement n'ont qu'un rapport lointain avec l'expérience qu'il a vécue dans cette salle de triage. Car la difficulté du

1. Jon Kerstetter, Triage, *River Teeth: A journal of Nonfiction Narrative*, printemps 2012, vol. 13, n° 2, p. 63 (notre traduction).

2. *Ibid.*, p. 66-67.

triage militaire tient non seulement à la technicité et à la gravité des décisions à prendre, mais aussi au fait que le contexte du combat rend ces décisions nécessaires. Trier, c'est-à-dire sauver des vies par le sacrifice de quelques-unes, quelle que soit la sophistication des protocoles de décision et de classement, revient à obliger les médecins à « accomplir des tâches qui partagent la brutalité et l'horreur de la guerre – comme tirer sur ses propres soldats[1] ».

Transposé hors du monde militaire, le triage – au sens général de l'opération par laquelle un médecin classe les patients par ordre de priorité – prend des formes moins dramatiques, mais tout aussi lourdes à assumer pour les praticiens et les patients. Trier reste un fardeau moral et émotionnel, en raison des difficultés techniques et éthiques que posent les choix à faire, des incertitudes sur leurs conséquences, et des contraintes qui font du tri une nécessité. Pourtant, le tri peut être souhaitable, et même revendiqué par la profession médicale. Dans les années 1960, la mise en place des protocoles de tri dans la médecine civile fut ainsi consubstantielle d'avancées techniques extraordinaires, en particulier dans les domaines de la dialyse rénale, de la réanimation ou de la greffe d'organes ; elle fut à ce titre accueillie dans les hôpitaux et à la une des magazines comme un progrès, puisque allaient enfin être explicités les critères, les plus justes possibles, pour déterminer l'accès à des ressources médicales rares et chères, mais aussi porteuses d'immenses espoirs.

Ce livre propose une réflexion collective sur le triage en médecine, sur une période qui va du XIXe au XXIe siècle[2]. Il se place au plus

1. *Ibid.*, p. 67.

2. À l'origine de cet ouvrage a résidé le colloque « Sélection, tri et triage en médecine. Logiques, pratiques et valeurs », organisé en novembre 2012 à l'université Paris-Diderot par Guillaume Lachenal et Céline Lefève, grâce au soutien de l'Institut universitaire de France, du Centre Georges Canguilhem, de l'Institut des humanités et sciences de Paris, du Laboratoire SPHERE (UMR 7219 CNRS) et de la chaire Anthropologie de la santé mondiale (Collège d'études mondiales). Le programme en avait été élaboré avec l'aide de Jean-Claude Ameisen, Claude-Olivier Doron, Marie Gaille, Dominique Lecourt et Anne-Marie Moulin que les auteurs remercient ici très chaleureusement, ainsi que l'ensemble des participants à la conférence, dont toutes les communications n'ont malheureusement pu être retenues pour le présent ouvrage.

près de ses pratiques, dans les salles d'attente des généralistes, au sein des bureaucraties sanitaires, sur les théâtres des catastrophes humanitaires. Le triage y constitue à la fois une promesse et une épreuve ; un fondement de l'identité de la profession médicale moderne et une intrusion menaçante de contraintes économiques et politiques dans la décision médicale ; une pratique volontiers mise en scène et dont l'expérience reste cependant indicible ; une routine des services d'urgence ou de la médecine de ville, pourtant marquée du sceau de l'exception. Enquêter sur le triage mène au cœur même de la médecine et des politiques de santé contemporaines, en mettant au jour les opérations de classement, de sélection, de priorisation et de négligence, qui, en traçant la ligne de partage entre ceux qu'il faut soigner d'abord et ceux qui peuvent attendre, constituent à la fois une condition nécessaire et un envers des relations de soin.

Ce livre se confronte – sans prétendre la résoudre – à la tension éthique fondamentale du triage, envisagé comme un acte médical à la fois indispensable et insupportable, qui sauve et qui sacrifie des vies. Notre projet part bien d'un problème moral : le tri manifeste le fait, banal et brutal, que toutes les vies ne se valent pas[1]. Dans le même temps, nous souhaitons faire du triage un objet d'enquête et de réflexions en sciences sociales, en histoire et en philosophie. Plutôt que de s'en indigner, il s'agit de prendre au sérieux les pratiques de tri, leurs forces et leurs failles ; de décrire les théâtres où elles se jouent ; d'étudier leurs logiques et leurs outils ; d'interroger leurs valeurs et de mesurer les marges de manœuvres de ses sujets, médecins et patients. Il s'agit de relever aussi comment le triage porte, au moins initialement, une possibilité émancipatrice : la promesse d'une décision médicale rationnelle et égalitaire, affranchie des déterminations sociales de la valeur différentielle des vies – en commençant par les hiérarchies

L'ouvrage ne traite pas des problèmes de sélection et de tri en matière procréative. Ces problèmes, cruciaux, de dépistage, de diagnostic et de prédiction, renvoient à une histoire et à des enjeux politiques et éthiques spécifiques qui demanderaient un traitement particulier.

1. Didier Fassin, Évaluer les vies. Essai d'anthropologie biopolitique, *Ce qu'évaluer voudrait dire. Cahiers internationaux de sociologie*, 2010, n° 128-129, 1/2, p. 105-115.

de race et de classe. Il s'agit aussi de rendre le triage à l'histoire des progrès et aux cycles d'innovations dans lesquels il s'inscrit, et que l'on ne peut simplement traiter comme une part sombre, entre infraction éthique et compromission politique, de l'aventure de la médecine moderne. Car le triage produit des savoirs, notamment classificatoires (des catégories nosologiques, des critères sémiologiques, des facteurs de risque) qui ont des effets sur les pratiques de soin, de même qu'il produit des « nécessités » et des valeurs qui le justifient mais aussi le contestent. Le triage doit ainsi être vu comme un opérateur épistémologique et comme une mise en question éthique de la médecine contemporaine, qui ouvre, du fait même de sa teneur dramatique, un espace de débat et de critique politique.

GÉNÉALOGIE

Le terme triage est français, issu du vocabulaire de l'agriculture où il s'appliquait à la laine et au café ; il désigne à la fois le fait de trier, son résultat et le dispositif et le lieu où l'on trie[1]. Il fait son apparition dans les traités français de médecine militaire des années 1880 : le triage des blessés consiste à les classer en plusieurs catégories, selon l'urgence des soins à apporter et la possibilité de les transporter ; les premiers systèmes de fiches pour marquer visuellement les corps font leur apparition[2]. Son usage est devenu systématique pendant et après la Première Guerre mondiale. Le terme passe à cette occasion de la médecine militaire française à la médecine militaire anglaise et américaine : le triage est présenté comme une technique française et décrit dans les glossaires et bilans rédigés en Angleterre et aux États-Unis

1. Gerald R. Winslow, *Triage and Justice*, Berkeley, Univ. of California, 1982.

2. Par exemple : Eugène-François-Raphaël Audet, *Manuel pratique de médecine militaire, par le Dr Audet*, Paris, O. Doin, 1885, p. 213 ; Amédée Chassagne, *Aide-mémoire de guerre des officiers du corps de santé militaire de réserve et de l'armée territoriale, par le Dr A. Chassagne*, Bureau du journal « L'Armée territoriale », Paris, 1888, p. 29.

d'Amérique pendant et après le conflit[1]. Le terme deviendra plus tard l'un des gallicismes préférés du vocabulaire médical de langue anglaise – au point de le voir décliné sous forme de verbe, « to triage ». La Grande Guerre marque ainsi un moment fondateur, le triage y prenant sa forme paradigmatique à partir de laquelle il sera pensé et critiqué tout au long du XXe siècle. Sur le plan des pratiques, il fait entrer la médecine militaire dans l'âge industriel – le poste de triage est le point de passage obligé et le centre de décision principal dans la chaîne d'évacuation des blessés vers l'arrière. L'écho métaphorique avec la gestion des trains n'est pas un accident, puisque les postes de triage se placent souvent au départ des ambulances ferroviaires[2]. Sur le plan de ses critères, se met en place un appareil codifié pour juger de la « transportabilité » des blessés et de l'urgence des interventions ; le triage se dote d'une théorie médicale du temps et de l'espace, sur laquelle revient le chapitre de Michael Nurok. Sur le plan de ses principes, le triage devient utilitariste, visant au plus grand bien pour le plus grand nombre : face aux hécatombes de la guerre de tranchées, il s'agit de maintenir le plus possible d'hommes valides au front. L'objectif de la « conservation des effectifs », en soignant d'abord les soldats capables de retourner rapidement au combat, ne fera que se renforcer lors de la Seconde Guerre mondiale : la décision des forces américaines en Afrique du Nord de procurer la pénicilline, en quantité limitée, aux soldats souffrant de gonorrhée plutôt qu'aux blessés de guerre, les premiers récupérant plus vite que les seconds[3], est un cas d'école de cette vision utilitariste du triage.

1. Robert J. Blackham, The french medical service in the field, *Lancet*, 196, n° 5066, 1920, p. 711-715 ; Frank W. Weed, *Field Operations*, vol. VIII, *The Medical Department of the United States Army in the World War*, Washington (DC), United States Government Printing Office, 1925, p. 143 ; Gerald R. Winslow, *Triage and Justice*, *op. cit.*, p. 170 n. 20.

2. Alain Larcan & Jean-Jacques Ferrandis, *Le Service de santé aux armées pendant la Première Guerre mondiale*, Paris, LBM, 2008 ; R.J. Blackham, The french medical service in the field, *art. cit.*

3. Henry K. Beecher, Scarce ressources in medical advancement, *Experimentation with Human Subjects*, éd. Paul A. Freund, New York, Georges Braziller, 1970.

Les récits des origines du triage – sur lesquels reviennent plusieurs chapitres – commencent en amont, sur les champs de bataille napoléoniens, où Dominique Jean Larrey, chirurgien en chef de l'armée napoléonienne, pose les principes d'une gestion rationnelle de l'évacuation et des premiers soins aux blessés. Comme dans toute généalogie, il faut relever que les origines sont trompeuses : la continuité, pour suivre Michel Foucault, n'est ici qu'apparente[1]. Si Larrey est sans doute le premier à penser une manière d'organiser les soins aux blessés par un critère d'urgence, la motivation que l'on qualifiera plus tard d'utilitariste est à peu près absente de ses écrits. Pour Larrey comptent surtout des idéaux égalitaires – traiter sans distinction de grades, voire de drapeaux – et une vision vitaliste, liée au geste de l'amputation, qu'il faut effectuer le plus vite possible pour « profiter » de l'état de sidération du soldat et d'un souffle vital en train de disparaître. Ce tri est ainsi plutôt une manière d'affirmer l'autonomie d'une forme d'aristocratie médicale – manifestée par les échanges avec les médecins du camp ennemi –, plutôt qu'une soumission aux impératifs comptables de l'effort de guerre. Ce n'est que plus tardivement au XIXe siècle, lors de la guerre de Crimée en particulier, que l'organisation des soins prend la forme d'un triage, au sens moderne du terme[2]. Après la défaite de 1870, le triage prend dans les manuels français, qui empruntent la notion à la médecine militaire russe[3], le statut d'une procédure liée à la conservation des effectifs, qui passe par la hiérar-

1. Michel Foucault, Nietzsche, la généalogie, l'histoire, *Hommage à Jean Hyppolite*, Paris, Puf, 1971, p. 145-172.

2. Le chirurgien russe Nicolaï Pirogov hiérarchise les blessés en cinq catégories. Nicolaï Ivanovitch, Pirogov, *Rapport médical d'un voyage au Caucase, contenant la statistique comparative des amputations, des recherches expérimentales sur les blessures d'armes à feu, ainsi que l'exposition détaillée des résultats de l'anesthésiation, obtenus sur le champ de bataille et dans différents hôpitaux de Russie*, Saint-Pétersbourg, Impr. de C. Kray, 1849.

3. L'une des premières occurrences du terme triage dans le contexte de la médecine militaire apparaît dans un manuel rédigé par un chirurgien allemand, paru à Saint-Pétersbourg en langue allemande en 1874 : Oscar Heyfelder, *Kriegs-Chirurgisches Vademecum*, Saint-Pétersbourg, Hoppe, 1874 ; puis traduit en français : Oscar Heyfelder, *Manuel de chirurgie de guerre traduit par le Dr A. Rapp*, Paris, Berger-Levrault, 1875, p. 56.

chisation des blessés en catégories. La pratique recouvre donc d'emblée, dans le champ militaire lui-même, des fins parfois opposées et contradictoires – « sauver des vies » au nom d'un *ethos* médical ou maximiser l'efficacité d'une médecine collective des forces armées.

Considérablement sophistiqué pendant la Seconde Guerre mondiale, le triage s'est étendu vers la médecine de catastrophe et la médecine humanitaire qu'il a contribué à définir en tant que disciplines ; il s'y conjugue d'ailleurs souvent au futur, la guerre froide donnant lieu à des plans de préparation aux attaques nucléaires ou aux désastres de grande ampleur, où l'établissement de priorités dans les vies à protéger et à secourir est codifié et débattu par anticipation[1]. Il s'est étendu de même vers la médecine d'urgence dont il constitue le cœur de métier. Même si les objectifs propres à chacune de ces médecines orientent différemment leurs logiques et leurs instruments[2], distinguant par exemple le triage de catastrophe, plus proche du modèle militaire, de la médecine d'urgence, où l'objectif est de prioriser les malades les plus graves[3], la parenté entre tous les systèmes reste évidente, manifestée dans l'usage emblématique de codes de couleurs pour marquer les différentes catégories de patients. Dans l'exemple contemporain ci-dessous[4], tiré de la méthode de médecine de catastrophe START *(Simple Triage and Rapid Treatment)*, créée aux États-

1. British Medical Association. Board of Science and Education, *Selection of Casualties for Treatment after Nuclear Attack: A Document for Discussion*, Londres, British Medical Association, 1988 ; Jennifer Leaning, Physicians, triage and nuclear war, *Lancet*, 1988, 2(8605), p. 269-270.

2. Kenneth V. Iserson & John C. Moskop, Triage in medicine, Part I : Concept, history, and types, *Annals of Emergency Medicine*, mars 2007, vol. 49, nº 3, p. 279.

3. Il existe plusieurs modèles de classification de triage d'urgence, qui présentent entre 3 et 5 niveaux de priorité déterminant les niveaux et délais de prise en charge : au Royaume-Uni le *Manchester Triage System* (MTS) créé en 1997, l'*Australian Triage Scale* (ATS) créé en 1997 ; au Canada l'*Échelle de Triage et de Gravité* (ETG) créé en 1999 ; aux États-Unis l'*Emergency Severity Index* (ESI) dont la 4e version date de 2005 ; et, en France, la Classification infirmière des malades aux urgences (CIMU) créée en 1996.

4. Exemple de fiche de triage, Critical Illness & Trauma Foundation, Inc., http://citmt.org/Start/tagsbig.htm, consulté le 22 nov. 2013.

Unis en 1983, les étiquettes rouges *Immediate* donnent la priorité aux patients gravement atteints mais pouvant être sauvés sans investissement disproportionné de ressources (ayant par exemple une hémorragie). Ensuite, viennent ceux dont les blessures (brûlures ou fractures multiples) demandent des soins importants mais qui peuvent être repoussés sans trop de risques pour leur survie ou leur santé (étiquette jaune : *delayed*). Les patients les plus gravement blessés, dont la vie peut être en jeu, mais dont les traitements ont de faibles chances de succès et mobilisent d'importantes ressources, passeront en dernier (étiquette noire : *expectant* ou *deceased*). Les patients ne requérant pas ou peu de soins médicaux sont classés dans la catégorie *minor*. En moins de 30 secondes, par l'application d'une série de tests simples sur la capacité à marcher, la respiration, la circulation et l'état de conscience, des algorithmes permettent ainsi de « trier » un patient.

Extension du domaine du triage

Au-delà de ces domaines – guerre, humanitaire, urgence –, le triage a connu une extension considérable de son champ d'application après 1945, en tant que dispositif de rationalisation économique des systèmes de santé des États providence, et en tant que moyen de réguler l'accès à des innovations thérapeutiques coûteuses, comme la dialyse rénale, la réanimation, la transplantation d'organes ou encore les traitements contre le cancer. Ce double mouvement fait du triage le pivot de débats plus généraux, qui ont trait, d'une part, aux choix, en amont des pratiques médicales, des pathologies et des populations sur lesquelles concentrer les ressources collectives de santé (la macro-allocation) et, d'autre part, aux critères éthiques, sociaux et médicaux servant à définir l'accès des patients individuels à des ressources rares (la micro-allocation). Une telle extension ouvre la question, qui constitue le fil directeur de cet ouvrage, d'un continuum contemporain du tri[1].

1. Notion empruntée à Kenneth V. Iserson & John C. Moskop, *art. cit.*, p. 278, puis à Frédérique Leichter-Flack dans ce volume.

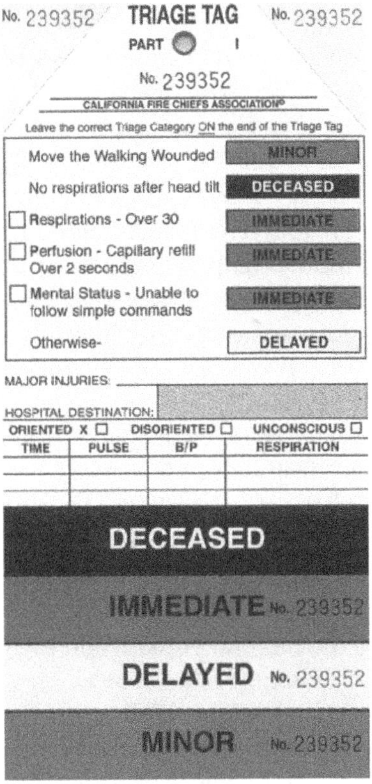

Dans ses usages contemporains, le terme a aussi pris, outre son sens technique, une signification critique : par exemple, en désignant comme un triage thérapeutique la sélection des patients éligibles aux traitements contre le VIH en Afrique à la fin des années 1990, Vinh-Kim Nguyen a souligné comment l'inégalité d'accès à des médicaments vitaux a été pensée comme une nécessité, et organisée comme telle[1]. Utiliser la notion du triage permet alors de souligner comment

1. Vinh-Kim Nguyen, *The Republic of Therapy. Triage and Sovereignty in West Africa's Time of AIDS*, Duke Univ. Press Books, p. 10 : « Dans le cas des premiers efforts pour organiser les populations infectées par le VIH, le triage a opéré lorsque des pratiques jusque-là séparées ont été reliées. Des procédures techniques et bureaucratiques pour

des configurations politiques parfois consensuelles tracent une ligne de partage entre ceux qu'il s'agit de « faire vivre » et ceux qu'il s'agit de « laisser mourir ».

Les réflexions et enquêtes réunies dans cet ouvrage reprennent cette définition extensive du triage, en abordant à la fois les lieux et les spécialités médicales où le triage est une pratique explicite et assumée, comme la médecine d'urgence et humanitaire (M. Nurok, P. Redfield, M. Péchayre, J.-H. Bradol), la préparation aux pandémies (F. Keck), la psychiatrie (C. Farnarier et A. Sarradon), la prise en charge en réanimation des accidents vasculaires cérébraux (S. Crozier), la chirurgie cardiaque (Ph. Bizouarn) ou la recherche en oncologie (V. Gateau), et d'autres comme la médecine générale (L. Dassieu), le traitement de l'infertilité (F. Le Marcis) ou les politiques d'accès aux soins des migrants (C. Izambert), où le triage peut être repéré d'une manière critique, mais où il reste implicite, euphémisé ou métaphorisé. L'extension du domaine du triage concerne aussi le temps : notre ouvrage commence en amont des « origines » napoléoniennes du triage, avec la contribution d'Antoine Ermakoff qui montre comment le tri – au sens d'une orientation et d'une hiérarchisation des malades entre les hôpitaux et le circuit de l'assistance – acquiert une rationalité administrative et épistémologique à Paris au début du XIXe siècle. Simultanément, comme l'a montré Michel Foucault, la clinique du regard anatamo-pathologique fait de la lésion l'étalon-or de la maladie, qui permet de comparer et donc de standardiser les corps malades[1]. La commensurabilité des corps ainsi inaugurée rend possibles le triage et la médecine du tri.

Déployées dans ces différents univers, les techniques, logiques, normes et rationalités du triage constituent finalement un socle

déterminer/distinguer/choisir les personnes à aider, des pratiques narratives (de récits de soi, de révélations à propos de soi) et de transformation de soi se sont retrouvées liées dans la lutte à mener pour accéder à un traitement salvateur. Le triage au temps du SIDA reliait alors trois types de pratiques (différenciation, confession, transformation de soi) qui, intentionnellement ou non, déterminaient qui devait vivre et qui pourrait mourir. »

1. Michel Foucault, *Naissance de la clinique*, Paris, Puf, 1963.

éthique, épistémologique et politique essentiel des pratiques médicales contemporaines ; la « médecine du tri » définissant – c'est notre hypothèse – un des paradigmes majeurs de la médecine de notre temps.

La pratique du tri, entre raison et émotion

Le triage est d'abord une opération de maintien de l'ordre : une manière de gérer la mort de masse, en contrôlant le spectacle des blessures et des agonies et en canalisant les émotions des praticiens et des victimes. « Éviter l'encombrement du théâtre d'opération », pour faciliter la tâche des chirurgiens et remonter le moral des soldats, était la principale motivation avancée par les manuels du XIXe siècle[1]. Les catastrophes de notre temps, comme le rappelle Jean-Hervé Bradol, font encore du triage un geste qui affirme le pouvoir médical, au besoin en s'appuyant sur la force publique, et qui met en scène les premiers signes d'un retour à la « normale » autant qu'il met à distance l'émotion provoquée par le choc du désastre, de la mutilation ou de la mort imminente. Acte rationnel et geste professionnel, il promet une décision moralement juste et techniquement efficace dans le désordre et le fracas de l'afflux de blessés. En définissant des critères « objectifs » de décision, il consiste, comme le souligne Peter Redfield, à contrôler, voire à refouler l'émotion – celle du médecin, du patient ou du public – et vise idéalement à départager les enjeux médicaux, affectifs, moraux et sociaux de telles décisions. Le triage est donc un acte performatif, qui met en scène publiquement la raison médicale et éthique autant qu'il la mobilise techniquement. Les exemples fournis par Michael Nurok montrent qu'à l'hôpital comme en médecine militaire, le triage s'auto-définit comme un acte de « sang froid », et s'identifie par là aux valeurs de la médecine moderne et scientificisée du XXe siècle ; il met en jeu, dans le même temps, une série de choix tragiques, qui font entrer l'émotion dans le protocole de décision qui

1. *Règlement sur le service de santé de l'armée*, Paris, Impr. de L. Baudoin, 1884, p. 3.

était pourtant censé l'évacuer. Le triage met ainsi en œuvre, dans ses procédures, une série d'évaluations morales, sociales et affectives qu'il s'agissait pourtant de mettre à distance. Sophie Crozier et Philippe Bizouarn rappellent combien les décisions médicales varient selon que le praticien rencontre le patient en personne, ou consulte seulement son dossier.

Le récit des patients eux-mêmes (ou de leurs proches, soignants, médecins) joue aussi un rôle crucial dans les mécanismes de tri : comme l'a montré Vinh-Kim Nguyen, en Côte d'Ivoire, ce sont les capacités des patients à donner un sens à la séropositivité, par exemple en s'impliquant dans des associations ou en prenant la parole, qui déterminaient l'accès aux traitements antirétroviraux. De même, dans l'ordinaire des consultations de médecine générale, Lise Dassieu montre que la décision d'accepter ou non de suivre un patient usager de drogues relève d'une détection des « patients ingérables », qui repère et reconduit des stigmates liés à certains « types » de pratiques et d'individus, distinguant les « bons » des « mauvais » toxicomanes. Les patients eux-mêmes peuvent intérioriser ces critères de tri, indistinctement sociaux, affectifs, corporels, pour tenter, dans l'interaction avec les praticiens, de maximiser leurs chances d'être choisis. Dans les équipes de soignants ou les comités *ad hoc*, le triage passe ainsi par une série d'interactions, de négociations rhétoriques et de construction de preuves : Cyril Farnarier et Aline Sarradon montrent comment sont prises des décisions collectives, à la fois affectives et raisonnées, pour marquer certains cas comme « urgents » au sein d'une file de patients sans domicile suivis en psychiatrie.

Finalement, le triage relève d'une dramaturgie médicale et publique. Il est l'occasion de mettre en récit et en débat la pratique médicale, ordinaire ou exceptionnelle, et les choix implicites et explicites sur lesquels elle se fonde. Il se donne aussi en spectacle, au sens propre du terme, dans le cas de la préparation aux pandémies : il fait ainsi l'objet de simulations, d'exercices grandeur nature, dont la fonction, nous apprend Frédéric Keck, est autant de faire répéter une technique de gestion de la catastrophe que de conjurer, en l'anticipant dans une forme de rituel, la tragédie elle-même. Il reste à savoir si ces paradoxales mises en scène et à distance de l'effroi et du poids moral qui marquent le triage constituent un opérateur de débat démocratique – ou le repoussent dans l'impensé du sensationnalisme ou du fatalisme, comme le remarque Frédérique Leichter-Flack. La vocation du triage à être public est parfois première. Caroline Izambert montre que le tri dans l'accès aux soins des migrants en situation irrégulière en France a surtout pour fonction de produire un message politique : il faut, pour les gouvernements de droite comme de gauche, mettre en scène une approche à la fois sévère et humaine de l'immigration irrégulière, alors même que l'accès aux soins de ces patients pèse peu, en termes absolus et relatifs, sur le système de santé français et pourrait se passer de dispositifs (eux-mêmes économiquement coûteux) pour l'encadrer et l'évaluer.

Le triage comme problème éthique

À partir des années 1960, le triage devient l'objet d'un vaste champ de recherches éthiques et produit un appareillage conceptuel visant à rationaliser, lister et ordonner, en fonction des diverses conceptions de la justice sociale, les principes et critères qui y président. L'acte de naissance de l'éthique contemporaine du triage réside dans le débat, dramatique et largement médiatisé[1], qui a suivi l'ouverture en 1960 du premier centre de dialyse rénale au Swedish Hospital de Seattle. Du fait du coût très élevé de la dialyse, un « Comité des admissions », composé de sept membres censés représenter la société, fut chargé de choisir les dix premiers patients admis à accéder à cette technique dans le cadre d'un essai clinique inédit. Dans le contexte de naissance de la bioéthique, ce comité était constitué par l'association médicale

1. Voir le récit fascinant des débats du comité relaté à partir des interviews de ses membres et d'un patient sélectionné : Shana Alexander, They decide who lives, who dies. Medical miracle puts a moral burden on a small committee, *Life*, 9 nov. 1962, p. 102-125.

locale, mais visait, selon les termes des acteurs, à ne pas laisser les médecins « jouer le rôle de Dieu », à les décharger de ce « fardeau moral » et de la « pression émotionnelle » qui parasiteraient l'accomplissement de leurs tâches, définies comme strictement techniques[1], et, enfin, à impliquer la société civile dans l'allocation des ressources publiques. Ce comité était donc un comité de vie ou de mort pour des candidats-patients (anonymisés) en phase terminale de maladies rénales.

Pour trancher, les critères strictement médicaux se révélèrent insuffisants et ce comité se forgea une liste de critères non médicaux qu'il appliqua, incluant notamment le nombre de personnes à charge, la stabilité émotionnelle et la capacité à accepter le traitement[2], le niveau d'éducation et les « potentialités futures », la profession et les revenus. S'ouvrit ainsi un très vif débat aux États-Unis sur la pertinence des critères égalitaristes, comme le tirage au sort (exclu par les médecins du centre), ou utilitaristes, comme le statut parental ou l'utilité sociale. À cet égard, la composition même du comité (un agriculteur, un avocat, un banquier, un chirurgien, un fonctionnaire, un pasteur, une femme au foyer) et les réflexions éthiques de ses membres montrèrent que la définition de l'utilité sociale ne pouvait que refléter son système de valeurs et conduire à sélectionner les patients dont la trajectoire et le comportement s'y conformaient. À titre d'exemple, un patient actif dans sa paroisse possédait, pour certains membres, la force morale qui l'aiderait à supporter la dialyse ; un patient ayant des économies pourrait être exclu car son décès ne ferait pas de sa famille une charge pour la société (argument qui conduit aussi à exclure les personnes très pauvres) ; un patient père de trois enfants devrait passer avant un père de six enfants, car la veuve du premier aurait moins de difficultés

1. Ce comité illustre l'ambivalence de l'émergence de la bioéthique, entre profession médicale et discipline nouvelle, extérieure à la médecine. Voir David Adams, Artificial kidneys and the emergence of bioethics: The history of "outsiders" in the allocation of haemodialysis, *Soc. Hist. Med.*, 2011, n° 24 (2), p. 461-477.

2. Sur l'utilisation des tests d'intelligence et de personnalité pour l'accès à la dialyse rénale, voir Renée C. Fox & Judith P. Chasey, *The Courage to fail: A Social View of Organ Transplants and Dialysis*, Chicago, Univ. of Chicago Press, 1974.

à se remarier que celle du premier en raison de la charge familiale. Une autre question fut de savoir si l'on ne devrait pas prioriser un patient fortuné qui financerait la recherche au bénéfice des autres. Enfin, on souligna combien la présentation et les récits de vie des patients, écrits par leur médecin, influençaient le choix du comité. Les comités de sélection des patients en dialyse rénale, qui se multiplièrent aux États-Unis dans les années 1960, utilisèrent, souvent sous l'autorité des médecins, de manière hétérogène, des critères très variés, avant que ces traitements ne soient subventionnés par le gouvernement fédéral en 1973.

C'est de ces débats sur la dialyse rénale qu'est née la littérature éthique sur le triage des années 1970-1980[1]. Les problématiques d'allocations de ressources, de rationnement et de triage sont désormais indissociables de pratiques médicales coûteuses mais de plus en plus courantes : la réanimation[2], la transplantation d'organes, les trai-

1. Pour une synthèse historique, voir Dona Schneider & David E. Lilienfeld (ed.), *Public Health. The Development of a Discipline*, vol. 2 : *Twentieth-Century Challenges*, Kidneys, Ethics and Politics: Policy Lessons of the ESDR Experience, Rutgers, 2011, p. 676-689.

Parmi les textes fondateurs de ces débats, voir Nicholas Rescher, The allocation of exotic medical lifesaving therapy, *Ethics*, 1969, n° 79, p. 173-186 ; Howard K. Beecher, Scare resources and medical advancement, *Daedalus*, printemps 1969, n° 98, p. 275-313 ; James F. Childress, Who shall lives when not all can live ?, *Soundings*, hiver 1970, XLIII, p. 339-362 ; Richard A. Rettig, Health care technology: Lessons learned from the end-stage renal disease experience, *The Rand Paper Series* P-5820, nov. 1976, p. 1-36 ; James F. Childress, Rationing of medical treatment, *The Encyclopedia of Bioethics*, vol. 4, éd. W.T. Reich, New York, The Free Press, 1978 ; Marc D. Basson, Choosing among candidates for scare medical resources, *Journal of Medicine and Philosophy*, sept. 1979, 4, p. 313-333 ; V. Parsons & P. Lock, Triage and the patient with renal failure, *Journal of Medical Ethics*, déc. 1980, vol. 6, n° 4, p. 173-176.

2. Voir Guidelines for ICU admissions, discharge and triage, *Crit. Care Med.*, mars 1999, vol. 27, n° 3, p. 633-638 ; Tasnim Sinuff, Kamyar Kahnamoui, Deborah J. Cook, John M. Luce, Mitchell M. Levy *et al.*, Rationing critical care beds: A systematic review, *Crit. Care Med.*, 2004, vol. 32, n° 7, p. 1588-1597 ; R.D. Truog, D.W. Brock, D.J. Cook *et al.*, Rationing in the intensive care unit, *Crit. Care Med.*, 2006, vol. 34, p. 958-963.

tements contre le cancer[1] et, plus récemment, l'accès aux vaccins[2] et à la réanimation en contexte de pandémie.

Principes et critères du tri, entre utilitarisme et égalitarisme

L'éthique du triage consiste dès lors à identifier, hiérarchiser et agencer les critères de priorisation en fonction des principes et valeurs jugés préférables. Plus précisément, il s'agit d'articuler et de donner le poids le plus juste à des principes contradictoires, car le triage est traversé par une tension constitutive entre utilitarisme et égalitarisme[3]. Il s'inscrit à la fois dans une morale *utilitariste*, prescrivant de sauver ou soigner le plus grand nombre de patients, et une morale *égalitariste*, prescrivant de les traiter de manière équitable.

Les principes utilitaristes mis en jeu dans le triage orientent vers des stratégies de maximisation du bien, par exemple du nombre de vies ou d'années de vie sauvées, ou du bonheur social total. Dans cette perspective, la priorité peut être donnée aux individus qui ont le moins besoin de soins, ou, selon un principe d'utilité médicale, à ceux dont les traitements ont les bénéfices les plus probables en termes de durée

1. Basil A. Stoll, Choosing between cancer patients, *Journal of Medical Ethics*, 1990, 16, p. 71-74.

2. John D. Arras, Rationing vaccine during an avian influenza pandemic: Why it won't be easy, *Yale J. Biol. Med.*, 2005, 78, p. 287-300 ; Ezekiel J. Emanuel & Alan Wertheimer, Who should get influenza vaccine when not all can?, *Science*, 2006, 312, p. 854-855.

3. Pour des présentations synthétiques des principes du triage, voir Tom L. Beauchamp & James F. Childress, *Les Principes de l'éthique biomédicale* (1979), trad. M. Fisbach, Paris, Belles Lettres, 2008, p. 368-403 ; Gerald R. Winslow, *Triage and Justice*, *op. cit.* ; John C. Moskop & Kenneth V. Iserson, Triage in medicine, Part. II: Underlying values and principles, *Annals of Emergency Medicine*, mars 2007, vol. 49, n° 3, p. 282-287 ; Govind Persad, Alan Wertheimer & Ezekiel J. Emanuel, Principles for allocation of scarce medical interventions, *Lancet*, 2009, vol. 373, p. 423-431.

et de qualité de vie[1]. On peut aussi donner la priorité aux individus que les circonstances rendent indispensables (par exemple, les soignants en situation de catastrophe) ; à ceux ayant des personnes à charge ; ou à ceux ayant la plus grande valeur ou utilité sociale. Mais chacun de ces principes pose des problèmes considérables d'éthique et d'efficacité. Comment évaluer l'utilité sociale dans des circonstances changeantes ? Quels actions ou comportements faut-il retenir ? Des actes altruistes comme le don d'organes, la participation à des recherches impliquant des risques, voire des faits militaires ? Les mérites passés ou les performances futures ? En outre, les critères de l'utilité médicale et du pronostic désavantagent les patients plus graves et les plus âgés, comme le soulignent Philippe Bizouarn et Sophie Crozier[2]. Et la question de la maximisation de la durée de vie est épineuse : une année supplémentaire de vie doit-elle être donnée à une personne jeune ou à une personne âgée ? Faut-il donner quelques années à vivre à beaucoup, ou de nombreuses années à quelques-uns ?

Ce système est bien sûr l'objet des critiques égalitaristes pour lesquelles tout l'enjeu du triage est de maintenir ou restaurer l'égalité des personnes dans l'accès aux soins. L'affirmation de l'égalité des patients dans la vaste « salle d'attente » que constitue l'humanité souffrante est ainsi un fondement de l'*ethos* humanitaire d'une organisation comme Médecins sans frontières (MSF), comme le rappelle Peter Redfield. La visée égalitariste est indispensable tant à la moralité qu'à l'efficacité du triage : comme le montre Jean-Hervé Bradol, l'utilisation optimale des ressources demande d'adopter avec tous un comportement standardisé et impartial, qui minimise les effets d'inégalités et de discriminations.

1. James F. Childress, Ethics and the allocation of organs for transplantation, *Kennedy Institute of Ethics Journal*, déc. 1996, vol. 6, n° 4, p. 397-401 ; James F. Childress, Putting patients first in organ allocation: An ethical analysis of the U.S. debate, *Cambridge Quarterly of Healthcare Ethics*, 2001, vol. 10, n° 4, p. 365-376.

2. Voir aussi Maité Garrouste-Orgea, Ariane Boumendil, Dominique Pateron *et al.*, Selection of intensive care unit admission criteria for patients aged 80 years and over and compliance of emergency and intensive care unit physicians with the selected criteria: An observational, multicenter, prospective study, *Crit. Care Med.*, 2009, vol. 37, n° 11, p. 2919-2928.

L'affirmation égalitariste peut prendre la forme d'un respect inconditionnel de la vie humaine pouvant mener au rejet même du triage (lorsque l'alternative est la vie ou la mort, les êtres humains doivent être considérés comme égaux) et à la position selon laquelle personne ne doit être sauvé si tous ne peuvent l'être. Plus souvent, le principe du « premier arrivé, premier servi » (la file d'attente[1]) et le principe de la sélection par le hasard (par exemple, la loterie[2]) sont opposés aux injustices de l'utilitarisme ; aucun des deux ne garantit d'ailleurs un traitement équitable : la loterie est aveugle à l'âge et au pronostic médical, alors que la file d'attente est aveugle au fait que seuls peuvent faire la queue les plus riches, les mieux informés et/ou ceux qui n'ont pas à travailler ou à s'occuper de leurs enfants[3].

Parmi les principes égalitaristes figure aussi la priorité aux plus mal lotis *(worst off)* (selon l'adage, « les femmes et les enfants d'abord ! »). Une déclinaison en est la priorité aux plus jeunes[4] ; appliquée dans l'allocation de dialyse rénale et de certains organes rares, elle est discutée pour les nourrissons et les enfants en cas de pandémies. Évidemment, elle défavorise les plus âgés. Le principe de priorisation des plus mal lotis peut aussi se décliner aux femmes, aux pauvres ou aux minorités. Ce principe se fonde notamment sur la visée d'une com-

1. James F. Childress, Putting patients first in organ allocation: an ethical analysis of the US debate, *art. cit.*

2. P. Ramsey, *The Patient as Person: Explorations in Medical Ethics*, New Haven, Yale Univ. Press, 1973 ; J. Broome, Selecting people randomly, *Ethics*, 1984, 95, p. 38-55.

3. Norman Daniels, Fair process in patient selection for antiretroviral treatment in WHO's goal of 3 by 5, *Lancet*, 2005, vol. 366, p. 169-171.

4. Parmi les auteurs favorisant les plus jeunes : Norman Daniels, *Am I my parents' keeper? An Essay on Justice between The Young and The Old*, New York, Oxford Univ. Press, 1988 ; Frances M. Kamm, *Morality, Mortality*, vol. 1 : *Death and Whom to Save from It*, New York, Oxford Univ. Press, 1993 ; Robert M. Veatch, How age should matter: Justice as the basis for limiting care to the elderly, *Facing Limits: Ethics and Health Care for the Elderly*, ed. Gerald R. Winslow & James W. Walters, Boulder, CO, Westview Press, 1993, p. 211-229 ; Daniel Callahan, *Setting Limits: Medical Goals in An Aging Society*, Washington (DC), Georgetown Univ. Press, 1995 ; Alan Williams, Inequalities in health and intergenerational equity, *Ethical Theory Moral Pract.*, 1999, vol. 2, n° 1, p. 47-55.

pensation à l'égard de ceux dont le dénuement résulte d'injustices sociales passées. Dans le domaine humanitaire, l'attachement aux « victimes de l'ordre mondial » fonde, comme Marion Péchayre le montre dans son travail sur le Pakistan, le ciblage des « blessés de guerre » comme catégorie prioritaire par MSF, pré-positionné géographiquement aux abords des zones de conflits.

Enfin, un principe essentiel de l'égalitarisme demande de consacrer le plus de ressources à ceux qui en ont médicalement le plus besoin[1] – comme le faisait Larrey en opérant d'abord les blessés les plus graves sans égard pour leur grade. C'est ce principe qui prévaut dans les services d'urgence ou les pratiques de transplantation. Il se décline sous la forme du devoir de sauver *(rule of rescue)*. Cependant, ce principe du besoin médical est, lui aussi, indispensable et insuffisant. Le besoin médical est difficile à définir et il implique de prendre en compte l'incertitude du pronostic et des bénéfices du traitement. Par ailleurs, la priorisation des plus malades s'opère au détriment de ceux qui, encore bien portants, développent néanmoins une maladie grave et auront besoin de ressources à moyen ou long terme. Enfin, il peut s'avérer inefficace car donner la priorité aux plus malades et aux incurables contribue à épuiser les ressources.

Aucun principe n'est suffisant, ni pleinement satisfaisant pour prendre en compte toutes les questions morales du triage. Celui-ci repose donc sur des agencements complexes de principes orientés soit vers l'utilité, soit vers l'égalité. Ces agencements contribuent à l'élaboration d'outils de décision où quantifier peut signifier prioriser.

Par exemple, et reflétant des initiatives semblables dans d'autres pays européens et nord-américains, au Royaume-Uni l'organisme gouvernemental NICE (National Health-Institute for Health and Clinical Excellence), créé en 1999, applique les méthodes de la « médecine de preuves[2] » à l'ensemble du système de santé britan-

1. Robert M. Veatch, *Transplantation Ethics*, Georgetown Univ. Press, reprint ed., 2002.

2. Voir Gérard Jorland, George Weisz & Annick Opinel, *Body Counts: Medical Quantification in Historical and Sociological Perspective*, Montréal, McGill-Queens Univ. Press, 2005.

nique. Il s'agit d'évaluer le rapport coût-efficacité des médicaments, des innovations technologiques et des pratiques cliniques[1]. Ces évaluations d'interventions et de techniques guidant directement leur prise en charge (ou non) par le National Health Services (NHS), NICE met ainsi en œuvre un triage à grande échelle, utilitariste dans son approche et appuyé sur des outils quantitatifs d'aide à la décision. Le manque d'équité de NICE a été largement critiqué. Parce que l'efficacité d'une intervention est mesurée, par le biais de l'outil des QALYs (Quality-adjusted life-years), en fonction des gains de qualité et de durée de vie qu'elle permet, les traitements bénéficiant aux personnes les plus âgées et les plus malades reçoivent des scores plus bas, et leur allocation n'est pas priorisée. En outre, chercher à maximiser l'efficacité globale du système, mesurée par les années de vie gagnées au total[2], est loin de résoudre tous les dilemmes moraux : le traitement d'une maladie grave permet un gain important pour peu de gens, tandis que le traitement d'un problème mineur permet un gain modeste pour beaucoup de personnes[3]. Même si les deux stratégies produisent le même score d'efficacité, elles traitent les personnes très différemment[4]. Si ce type d'évaluation coût-efficacité peut être utile

1. Voir J. Schlander, The use of cost-effectiveness by the National Institute for Clinical Excellence (NICE): no(t yet an) exemplar of deliberative process, *Journal of Medical Ethics*, 2008, vol. 34, p. 534-539.

2. Pondérée par une mesure de la qualité de vie selon le principe des QALYs.

3. Pour une défense de NICE, voir Michael Rawlins & Anthony. J. Culyer, National Health-Institute for Health and Clinical Excellence and its value judgements, *BMJ*, 2004, 329, p. 224-226, et Michael Rawlins & A. Dillon, Nice discrimination, *Journal of Medical Ethics*, 2005, 31, p. 683-684. Pour une critique de NICE, notamment de son « âgisme », voir John Harris, It's not NICE to discriminate, *Journal of Medical Ethics*, 2005, 31, p. 373-5, et Nice and not so nice, *Journal of Medical Ethics*, 2005, 31, p. 685-688.

4. Les patients ne sont pas passifs dans ces évaluations. Ils sont appelés à intérioriser les critères de triage et le fait d'être en compétition les uns avec les autres dans l'accès aux soins. Voir le récit d'un malade du cancer qui, au Royaume-Uni, a présenté son propre cas pour convaincre un jury de financer son traitement sur le site : http://rationinghealth.org/united-kingdom-rationing-by-cost/ (consulté le 22 nov. 2013).

dans le choix entre deux traitements concurrents pour traiter un patient particulier ou une pathologie particulière, il ne peut l'être pour décider de mettre (ou non) à disposition un traitement tout court, car il revient *in fine* à choisir entre des groupes de patients.

L'éthique du triage s'appuie ainsi sur des outils quantitatifs – une bibliothèque de « scores » et d'acronymes, comme le système APACHE, qui vise à prédire un pronostic et la durée de séjour des patients admis en réanimation[1], ou dans le domaine de la transplantation, des systèmes de points comme celui, aux États-Unis, de l'UNOS[2], qui classe les demandeurs d'organes en fonction de l'état clinique (priorité étant donnée aux plus malades), du rang sur la liste d'attente et du pronostic (prenant en compte une série de facteurs biologiques). La question à la fois éthique, pratique et épistémique du pronostic apparaît ici fondamentale : le triage mobilise toujours une anticipation des résultats futurs, et se trouve pris dans des boucles de rétroaction, où l'évaluation des opérations de tri passées nourrit les critères et les seuils des triages en cours.

Finalement, les décisions de triage reposent sur des agencements de critères très variables selon les pays, l'organisation des soins et les représentations des acteurs, et parfois insuffisamment explicités : critères médicaux (y compris psychiatriques), sociaux, socio-médicaux (dont l'âge et le soutien de sa famille ou de son environnement) et personnels (dont sa volonté, le caractère « responsable » de son comportement (par exemple concernant la consommation d'alcool ou de tabac[3]).

On le comprend, le traitement éthique du problème du triage repose largement sur la notion d'« équité » (*fairness*, ou « justesse »),

1. APACHE : *Acute Physiology and Chronic Health Evaluation.*

2. UNOS : *United Network of Organ Sharing.*

3. Peuvent être favorisées les personnes les « plus responsables » qui, par le choix de leur style de vie, ont veillé et sont susceptibles de veiller à l'avenir à préserver leur santé et à réduire les dépenses de santé. Voir E.H. Morreim, Lifestyles of the risky and infamous. From managed care to managed lives, *Hastings Center Report*, 1995, 25, p. 5-12 ; P.A. Ubel, C. Jepson, J. Baron *et al.*, Allocation of transplantable organs: Do people want to punish patients for causing their illness?, *Liver Transplant*, 2001, vol. 7, n° 7, p. 600-607.

participant au paradigme de la redistribution comme mode principal de la justice sociale[1]. Le problème est que cette notion paraît peu équipée pour répondre aux dimensions historiques, culturelles et politiques de la médecine du tri, qui juxtapose la subjectivité du patient, celle du professionnel, et un dispositif autant technique que social. Un autre paradigme de justice sociale, inspiré par les mouvements sociaux et centré sur la problématique de la *reconnaissance*[2], montre que d'autres voies permettraient de prendre en compte le souci de la justice sociale dans la médecine du tri.

Les valeurs fondatrices de la pratique médicale sont donc mises à rude épreuve par le triage. Ce dernier met entre parenthèses l'autonomie des patients (qui ne sont ni informés ni consentants) et celle des personnels de santé qui doivent se conformer aux critères d'assignation des patients. Il remet aussi en question les valeurs voire la pertinence morale du colloque singulier : la loyauté du médecin envers son patient et la confiance du patient envers son médecin. Ainsi, l'éthique du triage est bien devenue une routine d'exception : difficile conciliation de la bienfaisance et de la justice, constituant depuis quarante ans *le* paradigme éthique de la médecine contemporaine, dont les problèmes, les débats et le langage apparaissent désormais naturels et ordinaires, mais dont il reste à interroger les présupposés normatifs extraordinaires.

Pour une critique du tri

Loin de dénoncer l'injustice du triage, les chapitres de ce volume ouvrent des pistes pour une approche critique de la médecine du tri

1. Les débats se déployant souvent en référence à la théorie de la justice de John Rawls et à ses critiques.

2. Les principaux auteurs auxquels on attribue le développement du « paradigme » de la reconnaissance sont l'Allemand Axel Honneth, le Canadien Charles Taylor, et l'Américaine Nancy Fraser. Il s'agit pour eux d'identifier les conditions qui empêchent la participation pleine à l'activité politique et sociale, et de « reconnaître » les obstacles

qui mette en relief la complexité des enjeux de vie et de mort qui y surgissent et qui tienne compte des logiques historiques, politiques et culturelles qui s'y déploient.

La première piste suggère que le tri « juste » est irréalisable. Même élaborées collégialement et appuyées sur des données quantitatives, les décisions de tri sont toujours problématiques parce que leurs critères traduisent, en les médicalisant, des normes sociales et morales dominantes, voire reproduisent des hiérarchies politico-historiques entre les vies. C'est ce qu'analyse Frédéric Le Marcis dans sa recherche sur les inégalités de race dans l'accès à l'aide médicale à la procréation en Afrique du Sud. Valérie Gateau montre également qu'en France le niveau socioprofessionnel et l'origine géographique influencent l'accès à des essais dits précoces en oncologie, synonymes d'espoir pour des patients en phase terminale. Le fait que le triage devienne une routine, ses critères s'incorporant dans les boîtes noires de grilles et de scores de décision, ne fait que rendre la vigilance et le débat éthique plus difficiles et plus nécessaires.

La deuxième piste part du constat que le tri reflète une tension épistémologique fondamentale de la médecine moderne. La médecine du tri s'inscrit dans l'histoire de la médecine populationnelle née au XIXe siècle : le patient est pris en charge en fonction de la santé publique[1], et ses intérêts mis en regard de ceux du collectif. Cette médecine normalisée, construisant des moyennes, constituant des populations, calibrant des interventions standardisées, produit, nous l'avons souligné, une commensurabilité des corps et des individus. Cependant, les pratiques du tri, qu'elles soient silencieuses ou qu'elles prennent les formes explicites du triage, révèlent aussi la manière dont la médecine contemporaine hérite de la notion ancienne de cas individuel, qui demeure un élément fondamental de la pratique clinique. Le tri n'oppose pas vraiment la prise en compte de l'individu à une

constitués par des processus historiques d'exclusion sur la base de la race, du genre ou de l'orientation sexuelle.

1. G. Canguilhem, Le statut épistémologique de la médecine (1988), *Études d'histoire et de philosophie des sciences*, Paris, Vrin, 7e éd., 1994, p. 413-428.

logique populationnelle ; il est au contraire un processus de réindividualisation : il ne cesse de produire l'individualité, en la repérant dans l'exception à la règle – le « bon toxicomane » responsable, l'hypertendu athlétique – et en produisant des outils épistémiques et des protocoles éthiques qui, espère-t-on, la circonscrivent et l'objectivent. En ce sens, la médecine du tri constitue une routine d'exception en constante tension avec la vocation universalisante de la médecine moderne.

La troisième piste interroge ce que l'on pourrait appeler la production sociale, politique ou économique de la rareté qui justifie le besoin de trier. Les éthiques du triage partent du *fait*, c'est-à-dire – suivant l'épistémologie de Georges Canguilhem – de la position *de valeurs* selon laquelle les ressources dévolues à la santé sont limitées voire se raréfient. Ce livre enjoint à interroger la manière dont la limitation et la rareté des ressources sont produites en amont pour être ensuite présupposées comme des faits. Comment la rareté est-elle par exemple produite par la gestion hospitalière, par les orientations de la recherche pharmaceutique, en fonction de marchés et de niches ? Comment est-elle naturalisée et intériorisée au point de devenir une évidence ? Le cas des traitements antirétroviraux contre le VIH dans les pays du Sud est ici un exemple édifiant : au début des années 2000, une série de mobilisations politiques et d'initiatives commerciales de la part de laboratoires indiens et brésiliens a permis de montrer que les coûts élevés des traitements, loin d'être une donnée « naturelle » rendant le triage des patients à la fois douloureux et nécessaire, étaient le produit « artificiel » de politiques commerciales et de dispositifs de propriété intellectuelle contestables, iniques et, de fait, réversibles. Le triage médical est souvent comparé au dilemme moral du « canot de sauvetage » ; le terme de *life boat ethics* est d'ailleurs associé à un courant utilitariste de l'éthique américaine des années 1970 inspiré des approches néo-malthusiennes de Garret Hardin, qui proposait notamment de mettre fin à l'aide alimentaire dans les situations de famine[1].

1. Garrett Hardin, Lifeboat ethics: The case against helping the poor, *Psychology Today*, 1974, 8, p. 38-43. Stuart Hinds, On the relations of medical triage to world famine: An historical survey, *Soundings*, 1976, 59, n° 1, p. 29-51.

Dans les fameux naufrages transatlantiques du XIXe siècle[1], la question était en effet de savoir qui, dans les canots de sauvetage, devait être passé par-dessus bord et selon quel principe. Or, comme l'a relevé Tom Koch, la question essentielle aurait dû être de savoir pourquoi les canots de sauvetage étaient en nombre insuffisant. De même, la question de la rareté des ressources en santé ne mérite-t-elle pas d'être interrogée aussi du point de vue de ses causes ultimes, et, de fait, des choix économiques et politiques qui y président ?

1. Voir Tom Koch, *Thieves of Virtue. When Bioethics Stole Medicine*, MIT Press, 2012.

I

GÉNÉALOGIES

TRIER, SOIGNER, ADMINISTRER. SAVOIRS ET PRATIQUES DU CONSEIL GÉNÉRAL DES HOSPICES CIVILS DE PARIS (1801-1848)

Antoine Ermakoff

Le tournant du XIXe siècle constitue pour la médecine française une période de transformations institutionnelles et épistémologiques bien connues et largement discutées[1], dans la double perspective du rapprochement médecine-chirurgie, d'une part, et de l'essor de la méde-

1. On pense ici aux lois de 1794 et 1803 et au développement de la clinique hospitalière.

— Sur ces lois, voir par exemple Olivier Faure, *Histoire sociale de la médecine*, Paris, Anthropos, 1994, p. 67-4 ; Michel Foucault, *Naissance de la clinique* (1963), Paris, Paris, Puf, 2003, p. 80 *sq.* ; Jacques Léonard, *La Médecine entre les savoirs et les pouvoirs : histoire intellectuelle et politique de la médecine française au XIXe siècle*, Paris, Aubier Montaigne, 1981, p. 46 *sq.* ; Jean-François Lemaire, La Loi Du 19 Ventôse an XI, Texte Fondateur et Expédient Provisoire, *Bulletin De l'Académie Nationale De Médecine*, 2003, n° 187, p. 577-589 ; Jean-Charles Sournia, *La Médecine révolutionnaire : 1789-1799*, Paris, Payot, 1981, p. 258 *sq.*

— Sur le développement de la médecine clinique, voir Erwin Heinz Ackerknecht, *La Médecine hospitalière à Paris : 1794-1848*, Paris, Payot, 1986 ; Michel Foucault, *Naissance de la clinique*, Paris, Puf, 1963 ; Othmar Keel, *L'Avènement de la médecine clinique moderne en Europe : 1750-1815 : politiques, institutions et savoirs*, Montréal, Presses de l'université de Montréal, 2001 ; Caroline Hannaway & Ann La Berge, *Constructing Paris Medicine*, Amsterdam, Rodopi, 1998 ; George Weisz, Reconstructing Paris Medicine, *Bulletin of the History of Medicine*, 2001, vol. 75, n° 1, p. 105-119 ; Dora B. Weiner, *The Citizen-Patient in Revolutionary and Imperial Paris*, Baltimore, The Johns Hopkins Univ. Press, 1993 ; Dora B. Weiner & Michael J. Sauter, The city of Paris and the rise of clinical medicine, *Osiris*, 2003, vol. 18, p. 23-42.

cine clinique hospitalière, d'autre part. Cette contribution vise à revenir sur un aspect moins étudié de ces transformations : la mise en place de dispositifs de gestion économico-administrative des hôpitaux et hospices, à travers l'exemple du Conseil général des hospices civils de Paris (CGH). Fondé en 1801, il est la première institution pérenne à superviser l'ensemble des dispositifs d'assistance de la capitale, et l'ancêtre direct de l'AP-HP (Assistance publique-Hôpitaux de Paris) et des Hospices civils de Lyon.

Le CGH institue, à l'échelle des institutions de santé parisiennes, un mécanisme de tri – entendu comme orientation et hiérarchisation des malades – qui régule l'accès à l'hôpital et alimente les hospices des malades qu'il exclut des institutions de soins. C'est de cet aspect de l'action du CGH, qui rend opérationnelle la distinction entre hôpitaux et hospices, qu'il s'agira dans la présente contribution. Le tri marque ainsi l'appropriation par médecins et administrateurs sanitaires d'une rationalité économique, associée à une série de pratiques bureaucratiques propres à l'environnement hospitalier. En ce sens, la « médicalisation des hôpitaux » – comprise comme le développement de leurs fonctions sanitaires au détriment de leurs fonctions sociales – est précédée, dans le cas parisien au moins, par une « hospitalisation de la médecine ». Celle-ci constitue le processus par lequel la médecine clinique intègre, dans sa pratique et la production de ses savoirs, une logique et des instruments issus de la gestion de l'institution qui est le lieu privilégié de son exercice : l'hôpital[1].

Envisagé dans sa mise en œuvre concrète à travers le Bureau central d'admission (BCA) créé par le CGH, le tri apparaît alors au fondement même du processus de médicalisation de l'hôpital et de la naissance de la clinique, non seulement parce qu'il donne à la médecine des éléments de classement et d'analyse, mais surtout parce que l'exclusion qu'il opère rend possible – dans un contexte où l'offre de soin est largement inférieure à la demande – la rencontre productive de l'hôpital et de sa médecine avec le malade.

1. Antoine Ermakoff, *Le Conseil général d'administration des hospices civils de Paris : science d'administration des hôpitaux et médecine clinique (1801-1832)*, thèse de doctorat, Paris, Université Paris 7-Denis Diderot, 2012, p. 273-282.

LE CONSEIL GÉNÉRAL DES HOSPICES DE PARIS : UNE INSTITUTION CENTRALISÉE POUR ADMINISTRER LES HÔPITAUX ET HOSPICES PARISIENS

Le Conseil général d'administration des hospices civils de Paris fut créé le 17 janvier 1801[1] sous l'impulsion du premier préfet de la Seine, Nicolas Frochot, et du ministre de l'Intérieur – et homme de science – Antoine Chaptal. Le CGH était devenu la première institution à gérer l'ensemble des dispositifs publics d'assistance et de soin à Paris, et un acteur important des questions sanitaires au moment où l'État introduisait des changements considérables dans ce champ avec les lois de 1794 et 1803 sur la formation et l'exercice médical.

Ce conseil fut composé de douze à quinze membres, tous grands notables nationaux (souvent membres ou ex-membres de l'exécutif ou du législatif), pour la plupart issus de carrières juridiques ou financières. La participation des professions médicales y fut toujours réduite à la portion congrue (deux membres à sa création[2], puis un ou deux seulement, dont le premier médecin du roi, par la suite). Ce conseil venait en réalité « coiffer » une institution existante : la commission administrative. Cet organe de cinq membres, institué pour la commune de Paris en 1791 et généralisé à l'ensemble des communes de France sur le territoire desquelles existait un établissement de bienfaisance, était un service municipal. Sa mise sous tutelle devait résoudre les importants problèmes liés à l'importance des hôpitaux parisiens (tant en terme d'établissements, de nombre d'administrés que d'enjeux politiques et financiers), au « turn-over » important parmi les adminis-

1. Par l'arrêté consulaire du 27 nivôse an IX, suivi trois mois plus tard, le 19 avril, d'un autre arrêté consulaire qui élargissait ses prérogatives.

2. Antoine-Augustin Parmentier (1737-1813), pharmacien militaire, nutritionniste, hygiéniste, inspecteur du service de santé des armées et Michel-Augustin Thouret (1737-1813), médecin, inspecteur général des hôpitaux civils et maisons de force, directeur de l'école de santé de Paris (puis premier doyen lors de sa transformation en faculté de médecine).

trateurs et aux querelles de juridiction entre municipalité et département.

Comme l'explique N. Frochot lors de son installation, le CGH était pensé pour avoir une triple fonction : politique (et de politique publique de santé), gestionnaire, et médicale ou clinique :

> « C'est à vous, Citoyens, de réaliser les heureux effets que j'ai promis de votre institution ; c'est à vous de rendre nos établissements de bienfaisance communale plus secourables pour le malheur, plus favorables à l'industrie, plus utiles pour la société tout entière ; c'est à vous d'assurer leur prospérité par le retour de l'ordre dans tous les détails et de l'économie dans tous les moyens ; c'est à vous surtout de tourner au profit de la société, les talens distingués et nombreux qu'ils renferment, et d'en faire des lieux d'instruction où l'art de la médecine étende ses connoissances, et d'où il les répande sur le reste de l'Europe. »

Mais pour ce faire, le CGH devait composer avec l'héritage de l'Ancien Régime et de la Révolution, qui constituaient un double obstacle. Tout d'abord, sous l'Ancien Régime, les établissements hospitaliers étaient, à de rares exceptions près, des fondations[1]. À Paris, à la fin de l'Ancien Régime, on ne compte pas moins de quarante-huit hôpitaux[2], dispersés dans toute la capitale. La plupart d'entre eux provenant de fondations, leur destination était immuable, à moins de difficultés financières telles qu'elles remettent en question leur viabilité[3]. Trois institutions se détachent : le Bureau de l'Hôtel-Dieu, l'Hôpital général et le Grand Bureau des pauvres, qui exercent leur

1. Celles-ci étaient l'objet des vives critiques initiées entre autres par Montesquieu dans *L'Esprit des lois*, largement popularisées par Turgot dans l'*Encyclopédie* (Art. « Fondation »). Sur la critique de Turgot, voir Jack A. Clarke, Turgot's critique of perpetual endowments, *French Historical Studies*, 3 (1964), p. 495-506.

2. Jacques Tenon, *Mémoires sur les hôpitaux de Paris*, Paris, Royez, libraire, 1788, p. 14, dont 22 hôpitaux de malades, 6 hospices de malades et de valides, et 20 hospices de valides.

3. Sur le régime juridique des établissements hospitaliers et les entorses étatiques à l'inaltérabilité des fondations pour les réintégrer dans le flux économique et social, en particulier les « maladreries » ou léproseries dès le XVIe siècle, voir Jean Imbert, *Le Droit hospitalier de l'Ancien Régime* (1980), Paris, Puf, « Histoires », 1993, p. 92-116.

tutelle sur moins de la moitié des institutions de la ville. Une loi de 1791 avait déjà placé les établissements de bienfaisance sous le contrôle de la municipalité, mais le CGH allait devoir administrer une multitude d'établissements aux destinations diverses, et traditionnellement indépendants.

Deuxièmement, la Révolution avait mis à mal une grande partie des établissements de bienfaisance en les privant d'une part importante de leurs ressources. La suppression des diverses sources de recettes relevant des droits féodaux (dont l'octroi ou la dîme[1]) et surtout la nationalisation du patrimoine hospitalier ont privé les hôpitaux du pays d'une grande partie de leurs capacités d'autofinancement[2], alors que la suppression des privilèges féodaux rendait nombre d'établissements imposables sur leurs revenus et patrimoine[3]. On conçoit que l'effet ciseau sur les budgets fut extrêmement puissant, alors que ces derniers devaient être abondés par des dotations gouvernementales qui furent insuffisantes et tardives.

Enfin, la question hospitalière était plus aiguë à Paris qu'ailleurs : l'importance politique des dispositifs d'assistance à la population de la capitale était reconnue par les autorités locales et nationales, pour lesquelles les inquiétudes et le mécontentement des Parisiens pouvaient avoir des conséquences radicales (le 10 août 1792 n'est pas loin[4]).

1. Maurice Rochaix, *Les Questions hospitalières, de la fin de l'Ancien Régime à nos jours : contribution à l'étude des problèmes hospitaliers contemporains*, Paris, Berger-Levrault, 1996, p. 89-95.

2. La Rochefoucauld-Liancourt estime la chute de revenu à approximativement 1/3 des revenus à la veille de la Révolution, Frochot à 80 % entre 1789 et 1801. Voir Camille Bloch & Alexandre Tuetey, *Procès-verbaux et rapports du Comité de mendicité de la Constituante (1790-1791)*, Paris, Imprimerie nationale, 1911, p. 537-539.

3. Ainsi, on réclama 30 000 livres par an à l'Hôpital général de Paris au seul titre de sa contribution foncière. Voir Jean Imbert, *Le Droit hospitalier de la Révolution et de l'Empire*, Paris, Recueil Sirey, 1954, p. 43.

4. Journée du 10 août 1792 durant laquelle les sections parisiennes, encouragées par Danton et les cordeliers, établirent la commune insurrectionnelle et marchèrent sur les Tuileries pour obtenir l'abdication de Louis XVI, entraînant la fin de la Législative et de la monarchie constitutionnelle.

À son entrée en fonction, le CGH gère une petite vingtaine d'établissements, accueillant 15 à 16 000 personnes (dont un tiers dans les hôpitaux), un budget de près de 8 millions de francs et un déficit de plusieurs millions. Les hôpitaux et hospices parisiens représentent 20 % des personnes assistées de la sorte sur le territoire national[1], et concentrent à eux seuls 25 % des dépenses réalisées par les établissements du territoire et 70 % des déficits. Leur organisation est mise à mal, et les ressources manquent, alors que le nombre de lits est réduit dans une ville dont la population fait plus que doubler (le nombre de lits hospitaliers pour 1 000 habitants sur l'ensemble de la commune passant de 8,3 en 1804 à 5,3 en 1848[2]). En bref, avec la création du CGH, l'administration de la santé découvre (et constitue du même coup en objet politique et bureaucratique) les pressions conjuguées de la rareté des ressources et de l'afflux des malades – ce qui deviendra l'équation fondamentale du triage.

Les règlements pour l'admission dans les hospices de malades

Pour tenter de rétablir la situation et de réaliser les ambitions que lui avaient fixées ministre et préfet, le CGH entreprend une réorganisation très importante de l'économie hospitalière.

« Une des premières occupations du Conseil fut de classer les Hôpitaux et Hospices, et de donner à chacun une destination particulière[3]. » Ce qui prit la forme d'une typologie stricte des établissements hospitaliers à travers une série de règlements pour l'admission dans les hospices d'une part, et d'une procédure d'admission qui s'articule

1. Exceptés, donc, les secourus à domicile.

2. Voir Antoine Ermakoff, *Le Conseil général d'administration des hospices civils de Paris : science d'administration des hôpitaux et médecine clinique (1801-1832)*, *op. cit.*, p. 458-469.

3. Archives de l'Assistance publique-Hôpitaux de Paris (ci-après AAP), 1M1, *Comptes généraux de l'an XI à 1807*, p. xvi.

autour d'un organe de tri et de régulation[1], le Bureau central d'admission (ci-après BCA), d'autre part.

Le règlement pour l'admission dans les hospices de malades, édicté le 27 novembre 1801, suivi par le règlement pour l'admission dans les hospices[2], posent pour la première fois clairement la distinction entre hôpitaux – pour malades « aigus » – et hospices pour les autres : vieux, jeunes, handicapés, aliénés, miséreux, etc. Les hôpitaux sont eux-mêmes divisés en trois sous-catégories : hôpitaux d'arrondissement ; hôpitaux « de service général » (Hôtel-Dieu et Charité, qui sont aussi des établissements d'arrondissement) ; et hôpitaux « spéciaux » (Saint-Louis, Enfants-Malades, Accouchement et Vénériens). Les premiers sont réservés aux malades… de l'arrondissement, tandis que l'Hôtel-Dieu et la Charité, en sus de leurs missions d'hôpital d'arrondissement, sont respectivement en charge des « malades non domiciliés » pour le premier, et des « grandes opérations de chirurgie » pour le second[3]. Enfin, les trois « hôpitaux spéciaux » étaient destinés soit à des pathologies particulières (Saint-Louis pour « les maladies chroniques, soit contagieuses, telles que la gale, la teigne, les dartres, soit rebelles et cachectiques, comme *le* scorbut, les vieux ulcères, les écrouelles », les Vénériens pour les maladies sexuelles transmissibles, l'Accouchement pour les parturientes dans leur huitième mois), soit un âge donné (Enfants-Malades pour les moins de quinze ans[4]). Le CGH tenta ainsi de mettre en place, sur des bases diagnostiques, thérapeutiques et géographiques, un système organisé de soins hospitaliers.

Conscient des difficultés que ne manquerait pas de poser une classification aussi claire des établissements aussi bien vis-à-vis de la population que des médecins, chirurgiens et infirmières – habitués à la plus totale indépendance dans leurs décisions d'admission –, le Conseil général des hospices

1. Ou plutôt « de classement et de régulation », pour utiliser les termes de l'époque.

2. Conseil général d'administration des hospices civils de Paris, *Règlement pour l'admission dans les hospices*, 1802, AAP ; Conseil général d'administration des hospices civils de Paris, *Règlement pour l'admission dans les hospices de malades*, Imprimerie des Sourds-Muets, 1802, AAP.

3. Conseil général d'administration des hospices civils de Paris, *Règlement pour l'admission dans les hospices de malades*, art. XVI et XVII.

4. *Ibid.*, art. XIV.

s'efforça d'organiser les flux de populations. C'est le même arrêté de novembre 1801 établissant les conditions d'admission dans les hôpitaux qui créa le Bureau central d'admission, à proximité immédiate de l'Hôtel-Dieu.

Ce dernier, composé de médecins et considéré comme un « véritable jury médical[1] », avait pour fonction de centraliser toutes les admissions dans les hôpitaux et hospices, à l'exception des urgences médicales, admissibles directement. À cette fin, chaque établissement devait quotidiennement lui communiquer le nombre de lits vacants dont il disposait. Au terme de ces réorganisations, l'accession aux soins hospitaliers par un individu devait théoriquement correspondre à un parcours approchant le schéma ci-contre :

Deux cas de figure étaient distingués. En vue d'une demande d'admission dans un hospice pour y finir ses jours, le demandeur devait s'inscrire sur liste d'attente et répondre à deux prérequis : d'une part, être inscrit sur les listes d'indigences (tenues par les bureaux de bienfaisance) et, d'autre part, avoir plus de 70 ans ou être infirme – une infirmité qui devait être attestée par les médecins du BCA. Pour une demande d'admission dans les hôpitaux, le demandeur devait passer par le BCA, qui décidait de l'admission. Le CGH avait donc confié à une entité médicale la charge de faire advenir la typologie des établissements qu'il avait voulue.

Les critères du tri des individus et la typologie des établissements

Transparaissent, dans les deux règlements régissant les admissions dans les hospices et hôpitaux précédemment cités, quatre critères discriminants, et sur lesquels les deux institutions vont se construire : l'indigence, le sexe, la curabilité et l'âge.

1. Beaufils, *Rapport fait dans la séance du 18 avril 1810 de la Société médicale d'émulation de Paris, sur un ouvrage intitulé : Exposé des travaux et observations du Bureau central d'admission aux hôpitaux civils de Paris, pendant les 3 mois dix jours de l'an XIV et l'année 1806*, Société médicale d'émulation, 18 avril 1810, p. 4, AAP.

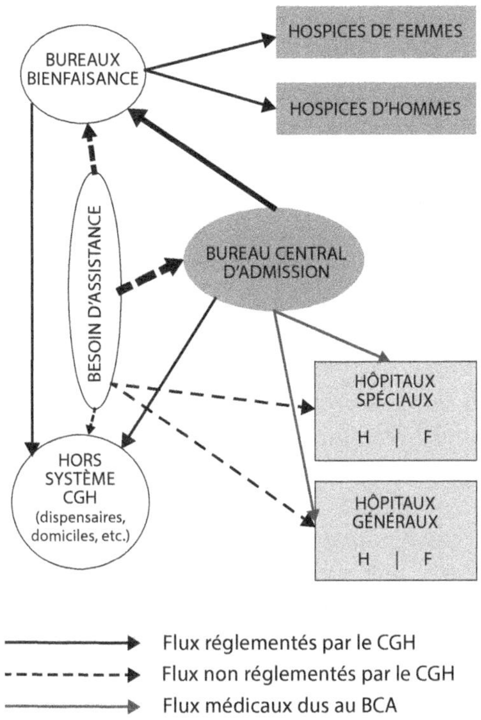

L'indigence est un critère *de jure* pour l'admission dans les hospices, authentifié par le certificat d'indigence (voir supra), et *de facto* pour les hôpitaux : sans être les mouroirs effrayants souvent décrits, et bien qu'ils s'ouvrent aux classes les moins défavorisées[1], l'essentiel des malades était des travailleurs pauvres ou isolés[2].

1. Surtout durant la seconde moitié du XIXe siècle, à l'exception notable de la maison de santé, et de la maison des vénériens, deux établissements où l'admission était payante dès le début du siècle, et où le CGH maintenait des conditions améliorées de prise en charge, en termes de personnels, de confort, etc.

2. Voir Lydie Boulle, *Hôpitaux parisiens, malades et maladies à l'heure des révolutions*, thèse de doctorat, EPHE, IVe section, Paris, 1986 ; Claire Barillé, *Soigner et guérir : des hôpitaux*

De même pour la division des sexes, qui relève de considérations morales évidentes. On insistera simplement sur le fait qu'elle s'opère différemment selon que l'on parle des hospices ou des hôpitaux. Les hospices sont théoriquement dédiés à l'un ou l'autre sexe (ainsi la Salpêtrière, dit hospice de la vieillesse-femmes, et Bicêtre, hospice de la vieillesse-hommes). Les hôpitaux disposent de services de médecine et de chirurgies distincts (bien que les médecins et chirurgiens se plaignent souvent de la confusion des types de malades), eux-mêmes divisés en sections de femmes et d'hommes.

L'âge, qui justifie la création par le CGH de l'hôpital pour enfants, le premier d'Europe[1], relève en fait d'une question morale, puisque la médecine du temps ne connaît pas de pathologie spécifiquement juvénile. L'hôpital lui-même s'organise autour de départements distincts selon trois classes d'âge. La séparation des âges n'est pas une prophylaxie ou une clinique, mais une séparation des sexualités : entre 3 et 12 ans, les enfants ne peuvent à la fois être confondus avec leurs benjamins asexués, le sexe opposé et leurs aînés nubiles. Jadelot, médecin de l'hôpital, mariait ainsi arguments médicaux et moraux à propos de son établissement : « Les enfans, mieux surveillés dans cette maison qu'ils ne pouvaient l'être dans les hôpitaux d'adultes, ne se trouvent point, lorsqu'ils en sortent, corrompus comme ils l'étaient souvent en quittant ces établissements[2]. »

Le critère de curabilité mérite que l'on s'y arrête, car il s'agit du critère discriminant entre hôpitaux et hospices. En effet, pour être admis dans un hôpital, il ne suffit pas d'être malade, il faut être atteint d'une maladie « réputée curable ». Les hospices sont donc destinés à recevoir ceux que l'on appelle les « indigents valides » : les personnes

pour les travailleurs parisiens dans le second XIXe siècle, thèse de doctorat, université de Paris-Nanterre, 2007.

1. Sur l'hospice d'Accouchement et les Enfants-Malades, voir Scarlett Beauvalet-Boutouyrie, *Naître à l'hôpital au XIXe siècle*, Paris, Belin, 1999, et La mise en place des hôpitaux pour enfants malades à Paris (fin XVIIIe-début XIXe siècle), *Histoire, économie et société*, 2003, n° 22, p. 487-498.

2. Jean François Nicolas Jadelot, Description topographique de l'hôpital des enfans malades, *Journal de médecine, chirurgie, pharmacie*, 1806, vol. 11, p. 126.

âgées (de plus de 70 ans), les insensés, les épileptiques, mais aussi les incurables. Un hospice leur est d'ailleurs destiné, lequel accueille les « personnes perclues de leurs membres, ou attaquées d'autres infirmités incurables, et qui les mettent dans l'impossibilité absolue de se livrer à aucun genre de travail » (article XVIII du règlement du 27 novembre 1801).

Il y a là un certain paradoxe : les incurables sont, étymologiquement et par définition, des malades ; or, ils se voient exclus des hôpitaux. Ce point a été souligné par Jason Szabo, dans son livre sur les incurables. Il souligne que « la plupart [des historiens] ont ignoré un des plus frappants paradoxes » de la séparation des hôpitaux et hospices, « justement perçue comme une étape critique dans la médicalisation progressive des hôpitaux » : les incurables, dont les maux relèvent de pathologies chroniques et dégénératives que la médecine aborde sous une grande variété d'angles et dont elle ne sait pas très bien que faire (thérapeutiquement et conceptuellement[1]), s'en voient rejetés. Autrement dit, cette séparation entre hôpitaux et hospices, prélude à la médicalisation, « a mis en place un système élaboré pour exclure *les plus malades*[2] ».

Comprendre ce paradoxe, c'est comprendre une des dimensions principales du tri hospitalier en ce début de siècle, à savoir sa dimension socio-économique. Il apparaît clairement que ce qui fait le malade incurable, c'est moins la maladie que, pour reprendre les critères d'admission à l'hospice homonyme, l'impossibilité, présente et à venir, « de se livrer à aucun genre de travail[3] ». Le même règlement précise que la condition de septuagénaire requise pour pouvoir prétendre à une place dans les hospices « n'est pas nécessaire pour l'admission dans les hôpitaux destinés aux indigens perclus de leurs membres, ainsi qu'aux personnes attaquées d'infirmités incurables,

1. Jason Szabo, *Incurable and Intolerable: Chronic Disease and Slow Death in Nineteenth-century France*, Rutgers University Press, 2009, p. 19-34.

2. *Ibid.*, p. 13.

3. Conseil général d'administration des hospices civils de Paris, *Règlement pour l'admission dans les hospices*, art. VIII, *op. cit.*, p. 3.

mutilées [c'est donc la définition des incurables qui est reprise] ou défigurées par quelque accident ». L'incurable n'est pas un malade qu'on ne peut soigner, c'est une personne qui ne peut travailler. C'est pourquoi il est, sous le rapport hospitalier, homogène à l'individu défiguré, qu'aucun trouble fonctionnel n'empêche de travailler mais que sa monstruosité écarte du marché de l'emploi. *A contrario*, ce qui fait le malade hospitalier, c'est sa curabilité, autrement dit l'impossibilité présente, mais la possibilité future, de travailler.

La perméabilité entre pensée médicale et raison administrative est alors manifeste. Il est donc difficile de continuer à concevoir la médecine comme une pratique et un savoir autonomes, dont l'essence serait restée totalement étrangère aux arrêtés, règlements et autres « paperasseries » qui encadrent et régissent son exercice dans l'hôpital.

Plus de soixante-dix ans plus tard, on explique toujours qu'il existe trois catégories de personnes « qui réclament l'assistance hospitalière » :

> « *1°a, les vieillards sans ressources que leur âge empêche de travailler ; b, les infirmes qui sont et resteront dans l'impossibilité de gagner leur vie ; c, les incurables dont la maladie est au-dessus des ressources de l'art et ne doit se terminer qu'avec la vie ;*
>
> *2° les malades atteints d'une affection aiguë, passagère, curable, qui ont besoin d'être soignés attentivement et guéris le plus vite possible ;*
>
> *3° enfin, la troisième catégorie renferme les malades atteints d'une affection chronique médicale ou chirurgicale, qui ne les empêche pas constamment de travailler, mais qui par moment les oblige à prendre du repos et quelques soins : tels sont les phtisiques, les valétudinaires, ceux qui ont des œdèmes variqueux, etc.*[1] »

Aux premiers les hospices, aux seconds les hôpitaux, quant aux derniers, sorte d'intermédiaires aux relations discontinues avec le marché du travail et avec la médecine, on devrait leur construire des « hospices temporaires ». Il est assez révélateur que l'auteur du rapport précédent ne soit pas un obscur fonctionnaire concevant l'hôpital

1. Jules Édouard Nicaise, *Le Bureau central des hôpitaux. Rapport présenté à la Société des chirurgiens des hôpitaux au nom de la Commission chargée d'étudier la question de la suppression du Bureau central*, Paris, Germer Baillière et Cie, 1877, p. 13-14. On notera que les incurables et les infirmes appartiennent à la même catégorie que les vieillards.

et ses malades au prisme déformant de l'abstraite typologie administrative, mais Jules Édouard Nicaise, un éminent docteur en médecine, interne des hôpitaux, chirurgien du bureau central puis des hôpitaux, professeur à la Faculté de médecine de Paris[1], s'exprimant au nom de la société des chirurgiens des hôpitaux de Paris.

Les critères économiques du tri

Ces considérations d'ordre général recoupent des préoccupations plus pragmatiques, qui forment probablement l'essentiel – pour l'institution – des « intérêts à agir » pour la séparation entre hospices et hôpitaux : le différentiel de « prix de journée[2] ».

Dès sa création, et jusqu'à sa dissolution en 1848, le CGH déploie des efforts considérables pour avoir une connaissance précise de l'allocation de ses ressources financières et de sa pertinence. Il va progressivement sophistiquer sa comptabilité, parfois jusqu'à l'absurde. Ci-dessous, une reproduction d'une double page tirée des comptes de 1822.

Les prix moyens de journée pour les hôpitaux et hospices y sont calculés au... dix-millième de franc, ce qui était tout à fait inutile : les prix moyens pouvaient varier de plus de 10 % sur deux ans, et les déterminants de ces variations étaient pour l'essentiel exogènes à l'administration hospitalière. Ce niveau de précision révèle surtout que le prix de journée était d'une importance capitale pour l'administration, parce qu'elle y voyait à la fois un guide objectif à la décision et un moyen privilégié d'évaluer précisément son action. La conclu-

1. Françoise Huguet, *Les Professeurs de la Faculté de médecine de Paris : dictionnaire biographique, 1794-1939*, Paris, Institut national de recherche pédagogique, 1991.

2. Le prix de journée est à entendre il y a deux siècles comme aujourd'hui : le rapport entre les coûts de la prise en charge des hospitalisés et le nombre de journées d'hospitalisation, en général sur une année.

TABLEAUX COMPARATIFS

Tableau du prix de la journée, de la dépense moyenne de chaque individu et de chaque lit en 1822

Établissements		Dépense (en francs)	Journées	Prix moyen de la journée (en F)	Durée moyenne de séjour en 1822	Dépense moyenne du traitement de chaque malade	Nombre moyen de lits occupés pendant l'année	Dépense moyenne de chaque lit en 1822
Hôpitaux	Hôtel-Dieu	586 867,01	290 941	2,0171	27,02	54,5	797	736,34
	Saint-Louis	485 092,28	289 041	1,6782	60,31	101,21	792	612,49
	Vénériens	253 301,71	185 252	1,3673	66,42	90,81	510	496,67
	Pitié	236 219,54	144 640	1,6331	29,92	47,83	396	596,51
	Charité	222 262,58	106 221	2,0924	30,25	63,29	291	763,78
	Saint-Antoine	145 467,09	85 916	1,6931	31,37	53,45	235	619
	Necker	83 161,55	39 527	2,1039	33,58	70,64	108	770,01
	Cochin	61 204,48	36 608	1,6718	25,83	43,18	100	612,04
	Beaujon	101 146,28	55 910	1,8090	33,68	60,92	153	661,08
	Enfants-Malades	193 578,58	161 497	1,1987	61,73	73,99	442	437,98
	Maison Royale de santé	136 312,79	40 971	3,3270	23,72	78,91	112	1 217,07
	Maison St Jacques	46 166,43	14 019	3,2931	44,16	146,08	38	1 214,90
	Accouchement	209 368,4	111 257	1,8818	14,29	26,89	305	686,45
		2 760 157,72	1 561 800	1,7672	35,15	62,11	4 279	645,04
Hospices	Salpêtrière	1 276 533,26	1 770 962	0,7207			4 852	263,09
	Bicêtre	748 848,75	984 274	0,7608			2 697	277,65
	Incurables Hommes	180 267,66	149 057	1,2093			408	441,83
	Incurables Femmes	211 160,23	187 782	1,1244			515	410,01
	Ménages	248 643	235 200	1,0571			644	386,09
	La Rochefoucauld	73 578,55	54 875	1,3408			150	490,52
	Orphelins	155 664,71	114 328	1,3615			313	497,33
	Sainte-Périne	114 940,33	61 436	1,8708			168	684,16
		3 009 536,49	3 557 914	0,8458			9 747	308,77
Résumé	Hôpitaux	2 760 157,72	1 561 800	1,7672			4 289	645,04
	Hospices	3 009 636,49	3 557 914	0,8458			9 747	308,77
		5 769 794,21	5 119 714	1,1269			14 026	411,36

sion était aisée : sur la période 1801-1830, une journée dans les hospices était 30 à 50 % moins chère que dans les hôpitaux.

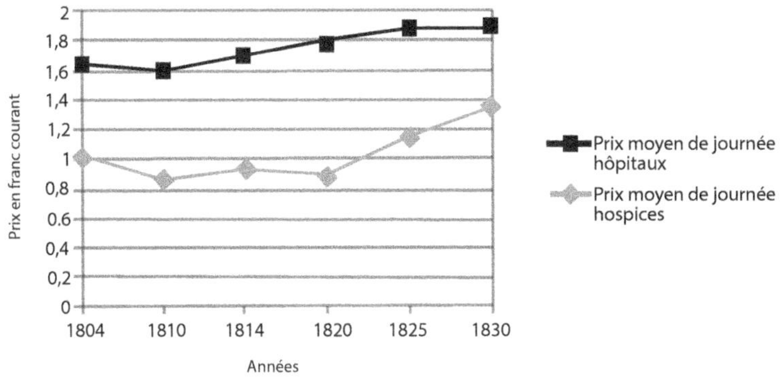

Le principal critère de sélection, *a priori* médical, recoupe ainsi un critère économique, ou socio-économique : outre la relation escomptée de l'individu (venant quérir assistance) au marché du travail, le coût différentiel de l'hospitalisation entre hospices et hôpitaux. Le champ d'action de la médecine s'en trouve naturellement étendu à la question du travail et du retour au travail, en même temps qu'elle intègre dans la production de ses savoirs, les contraintes économiques de son action.

Le tri des malades

Les critères du tri hospitalier passés en revue, revenons maintenant sur son fonctionnement et son principal instrument, le Bureau central d'admission.

Sa composition était médicale. Sa création avait un objectif régulateur, le bureau étant – d'après les dires mêmes des médecins y travaillant – un « établissement [...] essentiellement propre à régulariser, dans cette grande commune, la distribution des secours que le pauvre réclame ». Connaissant les ressources hospitalières disponibles dans l'ensemble de la capitale, il devait assurer la maximisation de leur rendement. Véritable filtre, il ne devait admettre dans les hôpitaux que les malades effectifs, y compris par des mesures plus policières que médicales : les « renvois sans bulletins » d'admission concernent à la fois des personnes qui viennent de bonne foi se croyant malades, mais aussi d'autres qui feignent la maladie. Le bureau et ses médecins devaient constituer le fer de lance de la lutte contre les abus et les « resquilleurs », dont le CGH voulait débarrasser ses hôpitaux :

> « L'apparition fréquente des mêmes individus accoutumés à courir ces aziles, a dû exciter particulièrement l'attention du Bureau Central ; en conséquence il a pris le parti de tenir note de leurs noms, de leur âge, de leur état et demeure, des infirmités dont ils se disoient atteints, et même quelquefois des principaux traits de leur physique, afin de réunir des données capables de les faire reconnoître quand ils se présenteroient, même en changeant de nom et de domicile. Il est résulté de ces précautions une liste assez nombreuse au moyen de laquelle on a pu signaler cette espèce de parasites, se tenir en garde contre la supercherie, et faire cesser un abus dont on se plaignoit en vain depuis longtemps[1]. »

À cette mission de « filtre » s'ajoute un second tri, post-admission, visant à s'assurer que ceux à qui on refuse l'entrée par la porte ne reviennent pas par la fenêtre. C'est le rôle notamment des visites des convalescents, qui vont constituer une part croissance de l'activité du BCA à partir des années 1810[2]. Les médecins et chirurgiens du BCA sont alors chargés de faire une visite annuelle (puis bimestrielle) dans les hôpitaux pour s'assurer que les malades n'y restent pas plus que nécessaire, et de prononcer des sorties. Les administrateurs combattirent le feu par le feu : les entrées et sorties des services hospitaliers

1. Biron, *Rapport sur les opérations du Bureau central d'admission dans les hôpitaux, an XIII*, Conseil général d'administration des hospices, 1803, p. 27, AAP. Comme on peut le constater, tout semble indiquer que les médecins ont agi de leur propre chef, et nous n'avons nulle part trouver d'instructions qui leur auraient imposé l'établissement d'une telle liste.

2. À partir de 1812, les médecins et chirurgiens du BCA doivent faire une visite annuelle de contrôle des hôpitaux.

étaient de la responsabilité des « chefs de service », lesquels n'étaient pas toujours suffisamment soucieux – aux yeux des administrateurs – des durées de séjour. À l'autorité médicale de ces derniers, on opposa l'autorité médico-administrative des médecins du BCA. On sait, d'après les archives, que, si ces visites ont été effectuées[1], elles ne le furent pas toujours avec le sérieux attendu. C'est le cas en 1829 par exemple, où les médecins du BCA furent convoqués par Antoine Portal (membre du CGH et premier médecin du roi), et contraints de la réitérer en présence des agents de surveillance et de l'interne de chaque salle[2].

Que penser d'une telle obstination ? D'abord, à l'examen des chiffres globaux, les admissions par le Bureau central, nonobstant la déception affichée des administrateurs, ne sont pas ridicules : entre 1806 et 1813, années pour lesquelles nous avons des séries complètes[3], elles représentent environ 60 % des admissions pour l'ensemble de la période. Cependant, le poids du BCA semble s'éroder, jusqu'à ne plus représenter que 40 % des admissions en 1821, pour remonter à 55 % en 1828, sans que nous puissions en fournir d'explication satisfaisante[4]. Malgré tout, que près d'un malade sur deux se déplace jusqu'au centre de Paris, attende parfois plusieurs heures, pour se faire examiner et éventuellement renvoyer dans un hôpital éloigné, indique un certain succès du dispositif.

En outre, les médecins et chirurgiens du BCA avaient pouvoir pour prononcer la sortie ou des transferts hors hôpitaux pour les individus jugés guéris ou incurables, grabataires, aliénés, etc. Ces flux, à partir des années 1819-1820, représentent des centaines, voire des milliers de personnes, et le rythme semble être resté sensiblement identique pour les années suivantes. Ceci contribua à faire des hôpitaux des

1. Voir par exemple AAP correspondance L1 Saint-Louis.

2. Arr. CGH 51407 du 20 mai 1829, AAP 136 FOSS[107] F°478-480.

3. Voir Pastoret, p. 232.

4. Voir AAP bibliothèque finance 15U, compte moral pour 1821 et AAP 1M6, compte moral pour 1828.

lieux destinés aux malades et participa de la chute durable de la durée moyenne de séjour constatée pour la période[1].

Le nombre de très longs séjours semble lui aussi baisser : en 1820, ce sont 217 malades qui se trouvent dans les hôpitaux généraux et de quartiers depuis plus de trois mois, et 11 seulement depuis plus d'un an. Les hôpitaux spéciaux, principalement Saint-Louis et les Enfants-Malades, concentrent la plupart des longs et très longs séjours : 565 personnes, dont 85 depuis plus d'un an. À Saint-Louis, parce que les dermatoses sont des maladies chroniques et que l'on se plaint qu'il n'y a pas assez de place à Bicêtre et à la Salpêtrière pour faire admettre les incurables, tandis qu'aux Enfants-Malades le traitement des teigneux et scrofuleux concentre la majorité des pensionnaires de plus de trois mois[2].

Il n'est pas question de prendre les mesures prises par le Conseil général des hospices (règlements d'admission, création du BCA, filtrage et transferts) pour une solution absolue et définitive aux problèmes qu'elles devaient résoudre. Preuve en est la difficulté, toujours présente deux siècles plus tard, à nettement distinguer prise en charge médicale et prise en charge sociale dans les services d'urgence. Ces mesures dénotent toutefois un effort soutenu et constant pour faire respecter la dichotomie hôpitaux/hospices ainsi que la typologie des malades, en mettant un terme à la présence des indigents incurables (plus pauvres que malades) dans les établissements de soin. Cette séparation institutionnelle ne repose pas seulement sur un simple dispositif d'orientation, mais bien sur une opération que l'on peut qualifier de triage. Le processus opère une évaluation médicale tout autant que politique, sociale, morale ou économique des individus. Un tri qui contribua puissamment à la rencontre de la clinique avec son malade.

1. Sur ce point, voir Antoine Ermakoff, *op. cit.*, p. 470-481.
2. Voir AAP bibliothèque finances 15U, compte moral pour 1820.

LES CONDITIONS DE POSSIBILITÉ DU CONCEPT DE TRIAGE. UN REGARD SUR LA LONGUE DURÉE (XVIIIᵉ-XXIᵉ SIÈCLES)

Michael Nurok

Le triage nécessite de définir des priorités dans l'utilisation des ressources dans le temps, et passe ainsi par la projection mentale de l'issue probable d'une situation dans le futur. Pour illustrer ce point, considérons le cas de trois personnes renversées sur un passage piéton par une voiture roulant à grande vitesse. Le premier patient meurt extrêmement rapidement en raison d'un traumatisme crânien majeur, qui cause la suspension immédiate de toutes les fonctions vitales. Le second meurt quelques minutes après l'accident d'une rupture de l'aorte, qui cause une hémorragie. Le troisième meurt dix minutes après d'un pneumothorax. Qu'aurait-on pu faire dans chacun de ces trois cas ?

Dans le premier cas, le cadre temporel correspond aux secondes qui suivent l'accident. En imaginant même qu'une équipe médicale soit, par coïncidence, sur place, pour empêcher le patient de mourir, il faudrait pouvoir prévenir les effets immédiats du traumatisme sur le cerveau, ce qui est irréalisable : les urgentistes peuvent effectivement prendre en charge les fonctions vitales des patients – par exemple, en le ventilant et en restaurant la circulation sanguine par un massage cardiaque – mais le traumatisme cérébral a déjà eu lieu, et rien ne peut y remédier.

Dans le second cas, où le patient meurt d'une rupture de l'aorte, si une intervention médicale pourrait effectivement empêcher le décès du patient, il faudrait que des moyens médicaux soient présents sur place au moment de l'accident, et qu'ils soient mobilisables à la seconde pour traiter immédiatement la lésion de l'aorte et prévenir les conséquences d'une circulation sanguine défectueuse. L'intervention est tout à fait possible dans un cadre différent : par exemple, elle peut parfaitement être réalisée lorsque ce type d'accident arrive lors d'une intervention chirurgicale, que le patient est sur la table d'opération et l'équipe autour de lui : dans ce cas, le chirurgien peut rapidement ouvrir la peau, isoler l'aorte et accomplir la réparation, tandis que l'anesthésiste veille aux fonctions vitales du patient. Évidemment, il est impossible de remplir ces conditions dans le cas d'une urgence pré-hospitalière.

Dans le troisième cas, où le patient meurt d'un pneumothorax, toutes les conditions sont remplies pour que le patient puisse en principe être sauvé : en dix minutes, une équipe d'urgence a le temps d'arriver sur place et d'effectuer une drainage du pneumothorax, voire une intubation pour le soulager. Si le patient est jeune et en bonne santé, le corps peut résister une dizaine de minutes. Toutefois, pour un patient âgé, ou un patient jeune mais souffrant d'une maladie pulmonaire avant l'accident, les dix minutes peuvent constituer un délai trop long et les processus pathologiques peuvent être parvenus au point où d'autres fonctions vitales sont affectées – par exemple l'oxygénation du cerveau. Dans ce cas, le décès peut survenir avant l'arrivée de l'équipe d'urgence.

Imaginons que l'issue finale de ces trois cas soit inconnue et que trois appels téléphoniques soient reçus par un service d'urgence pour traiter ces patients. Trois ambulances sont disponibles, à différents niveaux d'éloignement du site de l'accident. À qui envoyer l'ambulance la plus proche ? Au blessé le plus gravement atteint, au patient le plus âgé ou au patient avec les meilleures chances de survie ? De telles questions, qui mêlent des considérations sur le temps, les moyens médicaux et la valeur des vies, sont au fondement même du concept de triage.

Dans ce texte, je propose un cadre permettant d'examiner comment le concept de triage, qui est aujourd'hui utilisé dans de multiples spécialités, a été élaboré dans la pratique médicale. Pour cela, il est important de revenir sur l'émergence techno-politique des concepts d'urgence médicale, de réanimation et de mort subite. Il s'agit de comprendre comment la temporalité spécifique de la mort est devenue un objet d'étude et d'intervention, au fil d'une histoire de l'urgence et de la réanimation qui relie médecine de guerre et médecine civile. Bien que le concept de triage soit mis en œuvre différemment selon les contextes, je montrerai ainsi, sur un plan général, comment les questions du temps, des ressources, des valeurs et des projections des résultats futurs du tri, sont énoncées et mobilisées pour justifier les pratiques de triage.

Je montrerai d'abord comment le développement historique des pratiques de réanimation est une pré-condition de l'émergence du concept médical de triage. Je montrerai ensuite comment le concept de triage implique deux épistémologies du temps, socio-organisationnelle, d'une part, et pathophysiologique, d'autre part. J'explorerai ensuite comment le triage est pris, sur la durée plus longue de l'histoire médicale, dans un cycle auto-entretenu *(feed-forward cycle)* où l'acte de tri sur une population de patients permet des progrès scientifiques et médicaux dont les effets sont finalement d'élargir la population de patients susceptibles de bénéficier des soins lors d'un tri ultérieur. Le triage implique ainsi une connaissance, à la fois spéculative et empirique, des *« outcomes »* (« résultats futurs ») des actes médicaux. Cette connaissance s'articule de plus en plus aujourd'hui à une évaluation de la valeur de la survie : la question devenant de savoir s'il est nécessaire ou, au contraire, futile de produire des formes de vie diminuée, ou de « vie nue[1] », par l'usage excessif de la réanimation.

1. Giorgio Agamben, *Homo sacer I. Le pouvoir souverain et la vie nue*, Paris, Seuil, « L'ordre philosophique », 1997.

Les origines techno-politiques de la réanimation : l'urgence médicale comme pré-condition du concept de triage

Le mot réanimation (*resuscitate*, en anglais dans le texte original) peut être trouvé dans les manuscrits de l'époque de la Bible. Le terme *« resuscitate »* vient du latin pour faire revivre ou relever ; il s'agit de l'équivalent anglais, dans le lexique médical, de « réanimation ». La réanimation s'est constituée comme un paradigme médical visant à rendre la vie aux patients sur le point de mourir vers le milieu du XXe siècle[1]. Historiquement, les pratiques de réanimation trouvent leur origine au XVIIIe siècle, lorsque l'intérêt pour la question de la mort subite mena à une controverse sur les incertitudes du diagnostic de la mort. Pour certains, il existait des signes fiables du fait que les supposés morts étaient vraiment morts, comme par exemple l'absence de réponse à des tentatives variées pour stimuler les patients. Pour d'autres, ces preuves étaient faillibles, et la mort ne pouvait être diagnostiquée avec certitude que lors de la putréfaction du corps[2]. Les techniques utilisées alors pour tester la réalité de la mort se transformèrent en pratiques visant à restaurer la vie[3] : à la fin du XVIIIe siècle, des associations qui se donnaient pour mission le secours de la vie *(life-saving societies)* émergèrent en Europe, pour assister les victimes de noyade ou d'asphyxie.

Pour intervenir sur la mort, le clinicien doit prendre en charge un patient aussi vite que possible. Même si cela semble tenir de l'évidence, ce n'est qu'au XIXe siècle que l'idée d'une assistance médicale rapide aux « mourants » s'est généralisée. L'idée trouve ses origines

1. Michael Nurok, Elements of the medical emergency's epistemological alignment: 18-20th-century perspectives, *Social Studies of Science*, 2003, n 33(4), p. 563-579.

2. Claudio Milanesi, *Mort apparente, mort imparfaite : médecine et mentalités au XVIIe siècle*, Paris, Payot, « Bibliothèque scientifique », 1991.

3. Michael Nurok, Elements of the medical emergency's epistemological alignment: 18-20th-century perspectives, *art. cit.*

dans le contexte de la guerre ; marqué par la souffrance de soldats blessés forcés d'attendre la fin de la bataille pour recevoir des soins, Dominique Jean Larrey, chirurgien de Napoléon, réorganisa les services médicaux de l'armée pour pouvoir agir pendant les combats[1]. Pour les civils, les soins urgents aux personnes malades ou blessées – mis à part les victimes de noyade ou d'asphyxie – ne devinrent une réalité qu'au milieu du XIXe siècle. Le transport des civils blessés ou malades vers les lieux de soins fut alors introduit au nom de principes humanitaires et laïcs dans le cadre d'une prise de conscience humanitaire[2]. Plus tard, au XIXe siècle, des accidents dramatiques liés à la nouvelle technologie du chemin de fer marquèrent les esprits européens. Les victimes de ces accidents souffraient de ce que l'on appelle un état de choc, dont la compréhension et le traitement allaient se développer pendant la Première Guerre mondiale[3]. La Seconde Guerre mondiale souligna encore l'importance de la prise en charge rapide des blessés. Le concept de choc fut alors constitué en entité pathophysiologique, pour désigner les réponses corporelles à une série d'agressions allant du trauma à l'infection qui, laissées sans traitement, aboutissent à la mort. D'autres manifestations furent interprétées dans le cadre du choc, comme facteurs associés, comme causes ou comme conséquences, dont l'arrêt cardiaque et la détresse respiratoire.

Les deux guerres mondiales ont vu les services médicaux militaires développer des moyens de répondre rapidement aux blessures mettant en jeu la vie des soldats. L'expertise ainsi développée était à la fois organisationnelle et technique, portant sur le transfert rapide des patients vers des sites de soins intensifs et sur toute une panoplie de techniques de réponse à la mort subite[4]. La réanimation en médecine civile se développa grâce aux progrès de l'anesthésiologie réalisés à la

1. Dominique Jean Larrey, *Mémoires de chirurgie militaire*, Paris, J. Smith, 1812.

2. John F. Hutchinson, Civilian ambulances and lifesaving societies: The european experience, *Clio Medica*, 1997, n 41, p. 158-178.

3. Roger Cooter, The moment of the accident: Culture, militarism and modernity in late-victorian Britain, *Clio Medica*, 1997, n 41, p. 107-157.

4. Michael Nurok, The death of a princess and the formulation of medical competence, *Social Science & Medicine*, 2001, n 53, p. 1427-1438.

suite des deux guerres mondiales, l'expertise constituée alors s'exportant hors du théâtre militaire à l'occasion de la réponse aux épidémies de poliomyélite. En 1952, Ibsen, un anesthésiste danois, et son équipe s'appuyèrent sur l'expertise qu'ils avaient développée au bloc chirurgical sur des patients ne respirant pas, pour s'occuper des patients paralysés à la suite d'une infection par la poliomyélite[1]. Les unités de « ventilation » pour les victimes de polio se généralisèrent ainsi. Cette expérience fut suivie d'autres progrès, en particulier l'amélioration des ventilateurs indispensables à l'assistance à long terme de ces patients.

Vers le milieu du XXe siècle, la réanimation devint un paradigme médical accepté, en lien direct avec la médecine d'urgence et les soins intensifs. Les épidémies de polio étaient alors rares, mais les unités de ventilation pouvaient être utilisées pour d'autres patients en détresse respiratoire, notamment des victimes d'overdose aux barbituriques ou atteints de tétanos. Plus tard, ces unités furent établies à l'hôpital pour répondre aux besoins de patients nécessitant des soins de plus en plus complexes – qu'il s'agisse de suites d'opérations importantes ou de maladies graves[2].

La concentration de malades grièvement atteints dans les Unités de soins intensifs a permis, dans le petit groupe de médecins qui les prenait en charge, une accumulation de connaissances sur les états critiques. Mais les techniques et les besoins en personnel liés aux soins intensifs *(critical care)* étaient coûteux, et plaçaient ces soins hors de portée de la plupart des patients. Le développement des assurances maladies et leur extension pour couvrir une grande partie de la population furent ainsi une condition des progrès techniques et organisationnels de la réanimation, aussi bien aux États-Unis qu'en Europe.

Deux autres facteurs jouèrent un rôle important sur le plan médical : l'amélioration des techniques de réanimation cardiaque et le

1. Bjørn Ibsen, Intensive therapy: background and development, *International Anaesthesiology Clinics*, 2001, n 1, p. 1-14.

2. Julie Fairman, Economically practical and critically necessary? The development of intensive care at Chestnut Hill Hospital, *Bulletin of The History of Medicine*, 2000, n 74, p. 80-106.

développement de systèmes de prise en charge du trauma. Jusqu'au milieu du XXe siècle, les tentatives pour restaurer la fonction circulatoire après un arrêt cardiaque étaient rarement couronnées de succès. Une série de progrès permit d'affiner les connaissances sur la gestion des patients en état critique, comme par exemple l'amélioration de la surveillance *(monitoring)* cardiaque et la mise au point de techniques pour rétablir la circulation chez des patients avec une dysfonction cardiaque transitoire[1]. De la Première Guerre mondiale aux conflits coréens et vietnamiens, la preuve fut ensuite donnée que les décès dus à des trauma sévères pouvaient être prévenus en mobilisant des ressources en réanimation et en les amenant rapidement au patient. L'expérience du soin médical en temps de guerre fut là aussi transférée à la population civile : les experts réanimateurs purent affirmer que les morts dues aux accidents de la route n'étaient pas inévitables, et pouvaient être prévenues par une amélioration de la sécurité des voitures, ainsi que par la mise à disposition rapide d'un soin médical d'urgence dès le moment de l'accident[2].

Différents modèles pour fournir des moyens de réanimation aux blessés ou aux malades furent mis au point pendant les années 1960 et 1970 dans le monde développé. Aux États-Unis, les principales figures des services d'urgence avaient souvent une formation militaire, et s'appuyaient sur leurs expériences au Vietnam et en Corée, où des personnels paramédicaux, les *« medics »* – et non des médecins – étaient utilisés pour donner des soins pendant le transport rapide vers l'hôpital. Ce système fut transposé tel quel dans le cadre de la médecine civile aux États-Unis d'Amérique, ce qui conduisit, à quelques exceptions près, à un système dans lequel des non-médecins amènent les patients dans des délais très courts vers les unités d'urgence, où un triage supplémentaire les adresse à l'endroit de leur prise en charge médicale définitive[3].

1. Stefan Timmermans, Hearts too good to die: Claude S. Beck's contributions to life-saving, *Journal of Historical Sociology*, 2001, n 14(1), p. 108-131.

2. Michael Nurok, Elements of the medical emergency's epistemological alignment: 18-20th-century perspectives, *art. cit.*

3. Michael Nurok, The death of a princess and the formulation of medical competence, *art. cit.*

En Europe et dans d'autres parties du monde, le rôle des médecins, qui étaient déjà impliqués dans le transport des patients en état critique vers les unités de ventilation, fut étendu pour couvrir l'ensemble des urgences médicales en dehors de l'hôpital, ce qui aboutit à un modèle de service d'urgence où les patients gravement atteints sont pris en charge par des médecins et orientés *(triaged)* directement depuis le terrain vers le lieu de soin définitif.

Cette analyse des origines techno-politiques des pratiques de réanimation permet de comprendre l'émergence historique des pratiques de triage. Pour étudier à présent comment ces pratiques sont mises en œuvre, il faut se tourner vers l'épistémologie du triage, en analysant ce que l'on peut appeler la médicalisation du temps.

L'ÉPISTÉMOLOGIE DU TRIAGE ET LA MÉDICALISATION DU TEMPS : TEMPS PHYSIOPATHOLOGIQUE ET TEMPS SOCIO-ORGANISATIONNEL

> Il serait nécessaire… de savoir ce qu'est cet état intermédiaire à la santé et à la mort, où toutes les fonctions éprouvent un changement si remarquable, changement qui, varié à l'infini, produit les innombrables variétés des maladies…[1]

On comprend mieux aujourd'hui, comparativement à l'époque de Xavier Bichat, les processus qui font passer un individu de la vie à la mort, la limite entre ces deux états reste cependant toujours une

1. Xavier Bichat, *Recherches physiologiques sur la vie et la mort*, Paris, Gabon et Compagnie, 2e éd., 1802.

énigme[1]. Bichat a constitué en objets de recherche les processus biologiques du processus de mort, en formalisant l'idée que la mort ne survient pas en un instant fulgurant mais prend du temps.

Au même moment, Dominique Jean Larrey élaborait une analyse proprement *organisationnelle* du temps d'intervention, à partir de son expérience de chirurgien des armées napoléoniennes[2]. La conception du temps d'intervention élaborée par Larrey est proche de la manière dont Bichat formulait l'idée que la marche d'une détresse vitale vers la mort repose sur des processus biologiques, mais elle s'en distingue sur un point crucial. Si l'on peut dire du temps de Bichat qu'il est *pathophysiologique* parce que les événements qui accompagnent la détresse vitale sont à la fois pathologiques – ils ne surviennent pas chez un homme en bonne santé – et physiologiques – ils impliquent malgré tout les fonctions physiologiques du corps –, je qualifierai, par contraste, de *socio-organisationnelle* la manière dont Larrey pense le temps, car elle se rapporte à la mobilisation de moyens dans une organisation sociale. Le temps socio-organisationnel peut avancer très vite ou lentement. Le premier temps est proprement médical, le second ouvre à l'analyse sociologique.

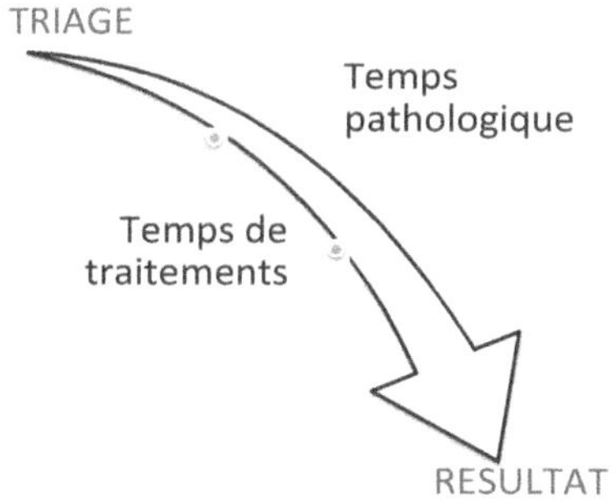

Selon les théories actuelles de la réanimation, certaines interventions peuvent infléchir et détourner la trajectoire de détresse vitale

1. Voir Margaret Lock, *Twice Dead: Organ Transplants and the Reinvention of Death*, Los Angeles, University of California Press, 2002.

2. Dominique Jean Larrey, *Mémoires de chirurgie militaire*, *op. cit.*

vers la mort si elles ont lieu précocement, comme on l'a vu au début de ce chapitre. Les scientifiques donnent plusieurs éléments de preuve à l'appui de ces théories, issus des différents domaines de la physiologie : les études sur le métabolisme montrent que, sans les éléments de base (oxygène et glucose), et au-delà d'un certain temps, les cellules meurent ; d'autres études montrent également que, sans le maintien de certaines fonctions homéostatiques, comme la respiration et une pression sanguine correcte, les organes se mettent à mal fonctionner, et qu'au-delà d'un certain temps cet état est irréversible ; enfin, les études épidémiologiques montrent que les patients en détresse vitale qui sont traités précocement ont tendance à survivre, tandis que ceux qui ne sont pas traités dans un certain délai meurent.

Ces études soulignent que certaines populations, personnes, organes et tissus ont la capacité de mieux résister aux détresses vitales que les autres, et en ce sens mourir correspond à des cadres temporels différents. Elles s'accordent toutefois de manière remarquable pour suggérer qu'un patient nécessite une intervention dans les minutes qui suivent l'entrée en détresse vitale pour pouvoir être sauvé. Toutes ces études insistent dans tous les cas sur la nécessité d'une intervention médicale pour inverser les trajectoires de détresse vitale vers la mort. Cependant, même pour des patients jeunes et en bonne santé, il existe un point dans la trajectoire de détresse vitale vers la mort où les processus « infinis » conduisant à la mort décrits par Bichat sont tellement avancés qu'aucune intervention ne peut plus restaurer l'intégrité des fonctions de l'organisme.

Que signifie intervenir dans une détresse vitale ? Pour qu'une réanimation permette de sauver une personne en détresse vitale, le temps socio-organisationnel doit être aligné sur le temps pathophysiologique, de manière à interrompre la marche de la pathologie vers la mort. Pour que cet alignement soit accompli, quelqu'un doit être mis en alerte, il doit pouvoir parvenir rapidement sur le lieu de la détresse, être en mesure de décider rapidement quel traitement est nécessaire et finalement accomplir les gestes techniques nécessaires au traitement. Devancer la mort n'est possible que lorsque ces trois étapes socio-organisationnelles ont été accomplies. S'ils y parviennent, les professionnels de l'urgence peuvent alors mettre en œuvre les traitements nécessaires pour essayer de sauver le patient. Néanmoins, la réanimation ne permet pas toujours de sauver le patient, même lorsque les professionnels parviennent à amener rapidement les moyens d'urgence sur le lieu de l'accident. Même lorsque les deux temps ont été alignés, il faut en effet qu'une intervention soit tout simplement possible, ce qui n'est pas toujours le cas.

On a vu dans le premier cas de notre introduction (traumatisme crânien instantané) qu'aucun dispositif socio-organisationnel ne peut s'aligner sur la série d'événements pathophysiologiques qui accompagne le processus. L'avancée du temps pathophysiologique, dans ce cas, a dépassé celle du temps socio-organisationnel, les deux ne peuvent pas être alignés. De plus, aucune intervention ne serait en mesure de stopper l'avancée du temps pathophysiologique, même si cet alignement pouvait être réalisé.

Dans le second cas (rupture de l'aorte), il est théoriquement possible d'aligner les deux temps – nous avons vu que si la rupture aortique avait eu lieu alors que le patient était sur la table d'opération, les gestes techniques nécessaires pour la prendre en charge auraient pu être faits avant que les événements pathophysiologiques liés à la rupture de l'aorte ne produisent la défaillance du patient. Cependant, parce qu'il est impossible d'amener ces ressources au patient dans le temps imparti, le patient décède.

Dans le dernier exemple d'un pneumothorax, il est tout à fait possible de réaliser l'alignement du temps socio-organisationnel sur le temps pathophysiologique, et les conditions d'une intervention réussie sont également réunies. L'avancée du temps pathophysiologique est bien plus lente que dans les deux exemples précédents, et si le service d'urgence est bien organisé, le temps socio-organisationnel peut s'y aligner. Qu'arrive-t-il quand les pratiques de triage sont mises en œuvre avec succès et quand les temps socio-organisationnel et pathophysiologique sont mis en concordance ? Une vie est sauvée, certes, mais le problème est plus complexe qu'il n'apparaît. Quelle sorte de vie est sauvée et, plus fondamentalement, que signifie sauver une vie ?

UN CYCLE AUTO-ENTRETENU : LA PROJECTION DE LA SURVIE DANS LE FUTUR

Lorsque l'on envisage le processus de réanimation et de triage dans la durée, on observe un cycle auto-entretenu dans lequel le fait d'avoir une concentration de patients souffrant d'une même pathologie amène à un progrès dans l'expertise liée à leur traitement (aussi bien sur le plan organisationnel – l'application de la thérapie – que sur le plan de la technique et de la compréhension du traitement approprié), et à une augmentation des chances de survie. Par conséquent, les critères de mise sous traitement s'élargissent et les seuils de triage s'abaissent : historiquement, ce processus conduit à une expertise de plus en plus importante pour traiter des patients de plus en plus malades.

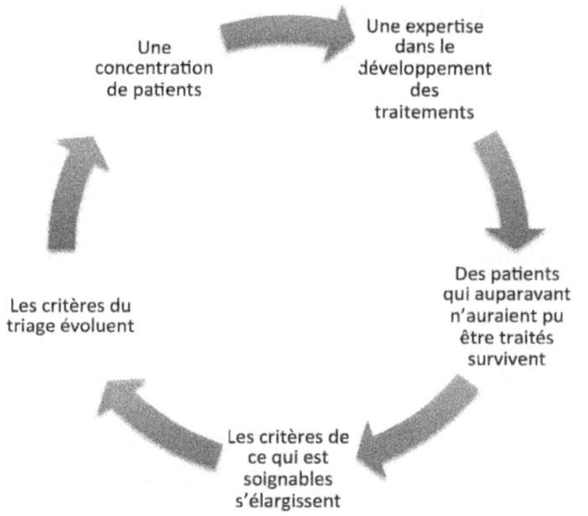

Les progrès de la réanimation au XXe siècle ont ainsi amené des débats sur l'intérêt de la réanimation de certaines catégories de patients. Aujourd'hui, ces catégories problématiques continuent d'être les patients âgés avec un état fonctionnel diminué, et les patients chez qui la réanimation pourrait conduire à un maintien en vie avec des déficits fonctionnels marqués, par exemple les prématurés ou les jeunes enfants atteints de maladies graves[1].

À la fin des années 1980, ces préoccupations entrèrent au cœur de la pratique médicale. Aux États-Unis, une attention considérable fut accordée au concept de « futilité » *(futility)*, au point que l'on parla même de « mouvement » au sein des spécialistes. Le pilier central du concept de futilité est que les médecins sont en mesure de décider de la futilité d'une situation, grâce à leurs compétences et à leur sens du jugement, et peuvent, à la lumière de cette évaluation, décider de suspendre ou de retirer des thérapies qui permettaient le maintien en vie du patient[2]. Helft, Siegler, et Lantos ont montré que les acteurs du « mouvement de la futilité » ont concentré leurs efforts sur quatre points : la définition de la futilité médicale, des tentatives de résolution du débat en utilisant des données empiriques, des discussions théoriques qui présentèrent le débat comme une opposition entre l'autonomie des patients et l'autonomie des médecins, et la mise au point de procédures de résolution des conflits à propos de diagnostic potentiel de futilité[3].

Finalement, il fut reconnu qu'il y avait plus à gagner à impliquer les patients et leurs familles pour comprendre leurs objectifs de soins, plutôt qu'à définir la futilité. Cette reconnaissance correspond à une prise de conscience du fait que les discussions sur le bénéfice d'un traitement sont souvent obscurcies par une mauvaise communication de la part des médecins, et par des obstacles liés à la langue, à la

1. Anne Paillet, *Sauver la vie, donner la mort : une sociologie de l'éthique en réanimation néonatale*, Paris, La Dispute, 2007.

2. Joseph J. Fins, A palliative ethic of care: Clinical wisdom at life's end, *in* Jones & Bartlett Publishers, 2006, p. 189-192 ; Paul R. Helft, Mark Siegler & John Lantos, The rise and fall of the futility movement, *art. cit.* dans *New England Journal of Medicine*, 2000, n 343, p. 293-296.

3. American Society of Anesthesiologists, *Ethical Guidelines for the Anesthesia Care of Patients with Do Not Resuscitate Orders or Other Directives That Limit Treatment*, Park Ridge, IL, ASA, 2008, p. 1-2 ; Mark Siegler, John Lantos & Paul R. Helft, The rise and fall of the futility movement, *New England Journal of Medicine*, 2000, vol. 343 (4), Issue 21, p. 293-296.

classe et à la culture. Les professionnels de santé ont tendance à juger la futilité en mettant en avant le prix du traitement et la souffrance et la perte de dignité des patients ; ces arguments, cependant, sont surtout rhétoriques et utilisés lorsqu'il y a conflit sur le but recherché par le traitement ; ils tendent à être ignorés quand un tel conflit est absent[1]. On prend de plus en plus en compte la souffrance morale[2] des personnels médicaux et infirmiers en charge des soins, liée au fait d'être obligé de fournir un traitement considéré comme sans intérêt. Même si ce dernier point est important, les intérêts des familles et des patients doivent aussi être pris en compte dans la mesure où ceux-ci vivront avec les conséquences à long terme de telles décisions médicales.

Dans bien des cas, bien qu'une thérapie controversée puisse être physiologiquement futile, elle peut aussi entraîner des bénéfices psychologiques ou autres : il n'y a pas de raison de placer un bénéfice au-dessus d'un autre, à moins d'un jugement de valeur arbitraire[3]. De plus, les espaces institutionnels créés pour résoudre des dilemmes liés à la futilité ne représentent souvent pas les individus les plus affectés

1. Mary V. Clemency & Nancy J. Thompson, Do Not Resuscitate' (DNR) orders and the anesthesiologist: a survey, *Anesthesia and Analgesia*, 1993, n 76 (2), p. 394-401 ; Robert D. Truog, Tackling medical futility in Texas, *New England Journal of Medicine*, 2007, n 357, p. 1-3.

2. Christopher M. Burkle, Keith M. Swetz, Matthew H. Armstrong & Mark T. Keegan, Patient and doctor attitudes and beliefs concerning perioperative Do Not Resuscitate Orders: Anesthesiologists growing compliance with patient autonomy and self determination guidelines, *BMC Anesthesiology*, 2013, n 13(1), p. 1-7 ; John D. Lantos & William L. Meadow, Should the "slow code" be resuscitated?, *American Journal of Bioethics*, 2011, n 11, p. 8-12 ; Andrew J. Redmann, Karen J. Brasel, Caleb G. Alexander & Margaret L. Schwarze, Use of advance directives for high-risk operations: A national survey of surgeons, *Annals of Surgery*, 2012, n 255 (3), p. 418-423 ; Ruthie Robinson, Registered nurses and moral distress, *Dimensions of Critical Care Nursing*, 2010, n 29, p. 197-202 ; Robert D. Truog, Is it always wrong to perform futile CPR?, *New England Journal of Medicine*, 2010, n 362, p. 477-479.

3. State of New York, *Department of Health Memorandum: DNR Law Changes, State of New York*, 1992, p. 1-11 ; John M. Luce, End-of-life decision making in the Intensive Care Unit, *American Journal of Respiratory and Critical Care Medicine*, 2010, n 182 (1), p. 6-11.

par ces décisions[1]. Enfin, aux États-Unis, la communauté médicale envisage la futilité d'une manière procédurale, qui contourne la question de sa définition, et se concentre sur les cas où les patients (ou leurs proches) et les médecins ne sont pas d'accord[2]. Cette approche qui met en jeu de multiples parties prenantes a tendance à utiliser une démarche prédéfinie pour résoudre les conflits sur les traitements.

Avec le développement de techniques de plus en plus sophistiquées, comme le cœur artificiel ou des dispositifs de circulation extra-corporelle, des décisions de ce type devinrent plus communes. Les débats américains sur la futilité montrent comment, en prise à des décisions médicales, les médecins se fondent sur leur projection dans le futur de la résolution probable d'un cas. Comment ces projections sont-elles mobilisées dans le processus de triage ? Dans le meilleur des cas, une vie, qui aurait été autrement perdue, est « sauvée » et cette personne est rendue à sa fonction normale dans la société. Mais, malheureusement pour les patients qui ont besoin de soins de réanimation, un tel cas est inhabituel et il est commun de voir l'état des patients détérioré, à différents degrés, après une réanimation majeure : la section suivante analyse ce problème.

ÉVALUER UN RÉSULTAT FUTUR : UNE CONNAISSANCE À LA FOIS SPÉCULATIVE ET EMPIRIQUE

Il est de plus en plus clair que les patients qui passent par un état critique et qui survivent à leur séjour à l'hôpital risquent de connaître des suites difficiles et des problèmes de santé permanents[3]. Les pays à

1. Robert D. Truog, Tackling medical futility in Texas, *art. cit.*

2. Jeffrey P. Burns & Robert D. Truog, Futility: A concept in evolution, *Chest*, 2007, n 132, p. 1987-1993.

3. Hanna Wunsch, Carmen Guerra, Amber E. Barnato, Derek C. Angus, Guoha Li & Walter T. Linde-Zwirble, Three-year outcomes for medicare beneficiaries who survive intensive care, *JAMA: The Journal of the American Medical Association*, 2010, n *303*(9), p. 849-856.

hauts revenus sont aussi confrontés aux dépenses considérables causées par l'utilisation de thérapies pour sauver la vie de patients à l'espérance de vie limitée.

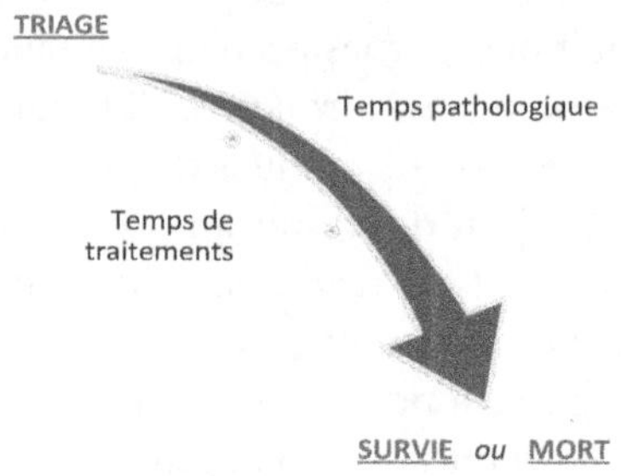

Dans le cas le plus extrême, le triage et les progrès dans les capacités de réanimation chez des patients très gravement atteints peuvent permettre le maintien en vie d'un patient, tout en lui offrant des capacités limitées voire nulles d'apprécier le fait d'être en vie. Une telle forme de vie, par contraste avec la vie au sens social, qui fait la richesse de l'existence humaine, a été caractérisée de différentes manières, qu'il s'agisse de la *zoe* chez les Grecs, de la « vie animale intérieure » chez Bichat, ou de la « vie nue » chez Agamben[1]. La production d'une vie à l'état nu *(bare life)* est problématique. De nombreux patients ne voudraient pas passer leurs derniers jours dans un contexte hautement médicalisé où la plupart voire l'intégralité de leurs fonctions corporelles dépendent d'une assistance extérieure et/ou de la technique. Il est difficile de savoir à quel point les patients dans ces états souffrent à la fois physiquement et existentiellement, et l'on sait de plus que leurs familles et leurs proches souffrent de conséquences psychologiques à long terme[2].

1. Michael Foucault, *Histoire de la sexualité I. La volonté de savoir*, Paris, Gallimard, 1976 ; Giorgio Agamben, *Homo sacer I. Le pouvoir souverain et la vie nue*, *op. cit.* ; Giorgio Agamben, *Ce qui reste d'Auschwitz*, Paris, Payot-Rivages, 1999.

2. Judy E. Davidson, Christina Jones & Joseph O. Bienvenu, Family response to critical illness: Postintensive care syndrome-family, *Critical Care Medicine*, 2012, n 40(2), p. 618-624.

Le plus difficile, enfin, est le fait qu'une fois qu'un patient a été stabilisé dans un état de vie nue, cet état peut être maintenu indéfiniment, dans la mesure où les événements naturels ont été empêchés de suivre leur cours normal. Une décision doit alors être prise pour mettre fin à cette vie, et savoir par qui et comment une telle décision doit être prise est à la fois compliqué et lourd à porter.

Les organisations professionnelles demandent à présent que des limites soient fixées, et que l'utilisation des ressources de la réanimation soit discutée quand il est probable que l'issue sera mauvaise. Par exemple, pour des arrêts cardiaques ayant eu lieu en dehors de l'hôpital, les taux de survie sont approximativement de 8 %, et sont seulement marginalement meilleurs, à 18 %, quand l'arrêt cardiaque a lieu à l'hôpital[1] ; de nombreux patients qui survivent gardent des déficits neurologiques importants[2]. Ces réalités sont différentes de celles que rapportent les médias, qui surestiment dans leurs récits le succès de la réanimation cardio-pulmonaire, et passent sous silence sa brutalité[3]. La question se pose alors de savoir si la mise en œuvre de soins très intensifs n'inflige pas une sorte de blessure quand cette thérapie ne fait que créer une vie nue et les conditions d'une souffrance permanente ?

1. William J. Ehlenbach, Amber E. Barnato, J. Randall Curtis, William Kreuter, Thomas D. Koepsell, Richard A. Deyo & Renee D. Stapleton, Epidemiologic study of in-hospital cardiopulmonary resuscitation in the elderly, *New England Journal of Medicine*, 2009, n 361(1), p. 22-31 ; WRITING GROUP MEMBERS ; Donald Lloyd-Jones, Robert J. Adams, Todd M. Brown, Mercedes Carnethon, Shifan Dai, Giovanni de Simone *et al.*, Heart disease and stroke statistics – 2010 update: A report from the American Heart Association, *Circulation*, 2010, n 121(7), p. e46-e215.

2. Gisela Pusswald, Elisabeth Fertl, Margit Faltl & Eduard Auff, Neurological rehabilitation of severely disabled cardiac arrest survivors. Part II. Life situation of patients and families after treatment, *Resuscitation*, 2000, n 47(3), p. 241-248.

3. Susan J. Diem, John D. Lantos & James A. Tulsky, Cardiopulmonary resuscitation on television. Miracles and misinformation, *New England Journal of Medicine*, 1996, n 334(24), p. 1578-1582 ; G. Kirk Jones, Kori L. Brewer & Herbert G. Garrison, Public expectations of survival following cardiopulmonary resuscitation, *Academic Emergency Medicine: Official Journal of the Society for Academic Emergency Medicine*, 2000, n 7(1), p. 48-53.

Comment déterminer à quoi ressemblerait une prise en charge idéale des états critiques[1] ?

Tant que la technique et les ressources (dont les lits en réanimation) sont disponibles sans demande concurrente de patients avec des besoins plus importants, la probabilité que ces ressources soient utilisées augmente. Plus des patients feront l'objet de soins agressifs, plus nombreux ils seront à survivre ; mais, dans le même temps, plus fréquents seront aussi, probablement, les complications et autres effets négatifs des réanimations involontaires ou inappropriées qui produisent une forme de vie nue, biologique – de survie.

Bien que la plupart des professionnels s'accordent sur l'importance de rendre prioritaire *(to triage)* l'accès aux soins intensifs à ceux qui ont le plus de chances d'en bénéficier, la définition de ce bénéfice est complexe, comme rappelé précédemment à propos de la question de la futilité. L'attention se porte de plus en plus sur une évaluation des résultats futurs centrée sur le patient, sur le long terme et sur la qualité de vie, dans la mesure où ce que les patients valorisent dans la qualité de vie peut être différent de ce que les médecins valorisent par ailleurs. Cette reconnaissance de l'importance de la qualité de vie, d'une part, et la capacité à créer de la vie nue, d'autre part, conduisent à une situation où le « désalignement » actif des temps socio-organisationnel et pathophysiologique devient peut-être souhaitable, et où il est nécessaire de réévaluer l'intérêt de continuer le cycle de l'innovation.

Dans ce processus, il sera important de considérer comment l'on peut prioriser au mieux des thérapies coûteuses, mais qui prolongent la vie : si certains critères sont explicites et relativement consensuels, par exemple l'âge et la probabilité de survie, d'autres sont plus problématiques et reposent souvent sur des jugements fondés sur des valeurs complexes propres à la culture médicale[2].

1. Hanna Wunsch, Is there a starling curve for intensive care?, *Chest*, 2012, n 141(6), p. 1393-1399.

2. Michael Nurok & Nicholas Henckes, Between professional values and the social valuation of patients: the fluctuating economy of pre-hospital emergency work, *Social Science and Medicine*, 2009, n 68, p. 504-510.

En conclusion, on voit qu'historiquement un cycle auto-entretenu *(feed forward cycle)* s'est mis en place, par lequel le processus de triage a permis de constituer une expertise grandissante sur le traitement de patients qui n'auraient autrefois pas survécu à leur maladie. La pratique médicale peut donc « créer » une vie soutenue par la technique, et privée des qualités qui peuvent être généralement reconnues comme fondamentalement humaines. Cette « survie » pose des problèmes existentiels et sociaux complexes.

Le concept de triage n'est pas neutre. Il a des conséquences qui dépendent de la manière dont il est utilisé et des valeurs mobilisées dans les décisions de tri. Deux impératifs concurrents ont ainsi évolué. Le premier est un principe de retenue : du fait de l'expertise engendrée par le travail de triage, se font entendre des appels pour utiliser avec plus de mesure les techniques médicales produites par ces cycles d'innovation, afin de tenter d'éviter la production de vie nue. Le second impératif évoque ce que Renée C. Fox a appelé « le courage d'échouer[1] » : un désir enhardi d'accélérer le cycle de l'innovation dans l'espoir d'en tirer dans le futur de meilleurs résultats pour des patients de plus en plus malades. Choisir l'un ou l'autre de ces impératifs expose au risque de laisser mourir ceux qui auraient pu avoir le temps de vivre une vie riche, ou de produire une forme de vie biologique à l'état nu ; et parce que le processus de triage est toujours urgent, il est toujours difficile de trancher en temps réel. Les sciences sociales ont ici la tâche importante de démêler les positions souvent polarisées et les valeurs qui sous-tendent chacun de ces impératifs.

1. Renée C. Fox & Judith P. Swazey, *The Courage to Fail: A Social View of Organ Transplants and Dialysis*, *op. cit.*

DE L'ÉTAT D'EXCEPTION DE L'URGENCE COLLECTIVE AU RATIONNEMENT INVISIBLE DES POLITIQUES DE SANTÉ PUBLIQUE. ENJEUX D'UN « CONTINUUM DU TRIAGE »

Frédérique Leichter-Flack

Depuis quelques années, le terme technique de triage, issu de la médecine d'urgence, est largement sorti de son domaine réservé. Brandi comme une menace, ou convoqué comme un opérateur de lisibilité destiné à éclairer de sa lumière crue des choix de priorisation budgétaire opaques, il se laisse repérer, explicite ou implicite, dans un grand nombre de débats politiques sur l'allocation des ressources en santé publique, dans l'humanitaire ou dans l'action sociale, y compris donc en dehors du seul champ de l'urgence médicale. Cet usage « extensif » de la référence au triage s'observe surtout aux États-Unis d'Amérique : dans les médias américains, les pratiques de triage, de sélection et de rationnement des ressources, se fraient un chemin comme des sujets d'intérêt public. Mais qu'implique ce partage d'enjeux généralement réservés aux spécialistes ? Quelles sont, dans les différents contextes concernés, les implications de cette appréhension large du triage ? Quelle pertinence ont ces références parfois très éloignées du strict contexte de l'urgence médicale et de ses enjeux de vie ou de mort imminents ? Et plus profondément, est-il utile et fécond, sur le plan éthique, de penser le triage en continuum ? Jusqu'où encore étendre ce continuum, en aval des situations d'urgence médicale collective qui ont servi à en formuler les premiers protocoles, mais aussi en amont d'elles, vers des expériences historiques qui ont contraint des groupes humains à s'organiser quand il n'y avait « pas assez de vie » pour tout le monde, ou vers des situations fictionnelles artificiellement fabriquées pour éprouver les réactions des hommes placés en situation extrême ? Telles sont les questions que cet article voudrait soulever.

Parcourir les nouvelles gammes du tri

Partons de quelques exemples de ces usages extensifs du « triage » et du « rationnement », et des efforts de vulgarisation de ces notions. En 2009, une longue enquête parue dans le *New York Times* offre à l'attention publique une affaire de triage qui a mal tourné, dans un hôpital inondé de la Nouvelle-Orléans dévastée par le cyclone Katrina en 2005. Une dizaine de corps retrouvés sur place après l'évacuation complète de l'hôpital avait semé le soupçon : des médecins avaient-ils pris la décision d'euthanasier certains patients dont l'évacuation leur paraissait trop difficile, afin d'éviter de les abandonner vivants sur place ? Un non-lieu avait finalement refermé le volet judiciaire de l'affaire, mais c'est le fossé entre l'expérience des spécialistes de la catastrophe, et les perceptions ordinaires du grand public, que la journaliste Sheri Fink a voulu explorer, en se lançant dans une minutieuse reconstitution des cinq jours vécus à Memorial après le passage du cyclone – de l'intérieur même de ce huis clos qu'était devenu l'hôpital[1]. Si les situations de catastrophe font imploser les protocoles

1. Sheri Fink, Deadly choices at Memorial, *NYTimes*, 30 août 2009 (http://www.nytimes.com/2009/08/30/magazine/30doctors.html ?pagewanted=all. Consulté le 15 octobre 2013). Voir aussi Sheri Fink, *Five Days at Memorial. Life and Death in a Storm-Ravaged Hospital*, Crown, 2013. Pour une analyse de l'affaire Memorial, voir F. Leichter-Flack, Sauver ou laisser mourir. Catastrophe et éthique médicale, 25 avril 2011, dans la revue *La Vie des Idées* (http://www.laviedesidees.fr/Sauver-ou-laisser-mourir.html. Consulté le 15 oct. 2013).

d'éthique de l'urgence médicale, le triage d'urgence médicale doit-il être adapté à l'avance aux contextes extrêmes ? Comment repenser la responsabilité pénale et morale des médecins décisionnaires[1] ? L'effort de vulgarisation de l'expérience des médecins de Memorial, auquel la journaliste se risque dans son enquête, attise le débat sur les conditions et les critères devant régir le triage de catastrophe – et donc aussi sur les différences entre le triage d'urgence médicale « banale », et le triage de catastrophe. Les critères presque exclusivement médicaux du premier ne posent pas problème au grand public, qui trouve logique de faire attendre les blessés qui le peuvent pour soigner en priorité les blessés graves ; mais la catastrophe ne suppose-t-elle pas, dans un réflexe utilitariste, de faire exactement l'inverse, de réserver toutes les ressources pour ceux qui ont une chance de s'en tirer, en faisant attendre, et éventuellement en laissant mourir, ceux dont les chances de survie sont moindres ? Ne faudrait-il pas alors mobiliser le grand public pour qu'il donne son avis sur la manière dont il souhaiterait être traité en pareil cas ? Par bien des aspects, en effet, les situations d'urgence collective exceptionnelle, avec pénurie de moyens, pourraient bien ne plus relever de la même catégorisation que les pratiques de triage d'urgence médicale « ordinaire ».

Cette question a été reposée ces dernières années à l'occasion des menaces de pandémie grippale. Dans la plupart des pays, les protocoles de priorisation des ressources médicales (soins, médicaments, vaccins) préparés en prévision de pandémies de grande ampleur, sont restés l'apanage d'experts, mais certains États américains ont pris au sérieux l'enjeu de justice démocratique, jusqu'à solliciter l'avis spontané du grand public sur les logiques de priorisation et les hiérarchies de valeurs à mettre en œuvre. Divers exercices de *public engagement* (visant, par la sollicitation qualitative de panels représentatifs, à

1. Dans le cas de l'hôpital Memorial étudié par Sheri Fink, c'est sur la responsabilité des médecins eu égard à la décision d'euthanasier des patients que la justice a eu à se prononcer, mais la défense a justement cherché à déplacer le débat sur le terrain de la responsabilité des médecins eu égard aux critères et méthodes de triage retenus dans cette situation d'urgence exceptionnelle.

prendre le pouls du grand public sur une affaire dont il faut qu'il se saisisse puisqu'il est au premier chef concerné) ont ainsi vulgarisé les dilemmes éthiques surgissant de la double nécessité de penser des logiques de priorisation en amont de la catastrophe à prévoir, et de respecter la pression démocratique de l'égalité de valeur des vies.

Or, avec la pandémie (et sa forte part d'aléa, tant sur le plan des risques de contamination que sur celui des chances de guérison), le triage sort en grande partie du seul champ de l'expertise médicale : dans les exercices de *public engagement*, des expériences de pensée sont conçues pour mesurer les choix spontanés des gens entre des profils de patients socialement bien identifiés (âge, métier, statut familial, etc.) et qui recevraient un bénéfice équivalent (avec le même degré d'incertitude) de l'accès en réanimation[1]. S'il est impossible de dire qui profitera le plus de l'accès aux soins sur le plan médical, il est possible de dire avec quasi-certitude que ceux à qui on n'offre pas leur chance sont condamnés. Le triage devient une sorte de gestion humaine de l'arbitraire du sort, une correction de l'injustice aléatoire de la contamination… Mais selon quels critères opérer ? La pandémie articule plusieurs sens du triage, plusieurs questions afférentes à ces logiques de priorisation, de sélection, et somme toute, d'exclusion : qui protéger (une fois le vaccin disponible) et qui laisser exposer ; à qui donner une chance de survie potentielle (par l'accès en réanimation) et à qui la dénier ? Les théories de la justice se retrouvent alors confrontées aux limites de leur pertinence sur le terrain, face à la singularité toujours renouvelée des situations.

C'est un écueil similaire qu'interroge un reportage de la radio américaine au moment du séisme de 2010 à Haiti : le dilemme des urgentistes américains dépêchés sur place face au cas d'une jeune femme en insuffisance respiratoire chronique qu'on renoncera à secourir, pour réserver l'oxygène disponible aux nombreuses victimes qui, suite au séisme, en ont besoin chacune un peu et peu de temps, attire l'atten-

1. Voir par exemple, en ligne, le rapport suivant : http://s3.amazonaws.com/propublica/assets/docs/seattle_public_engagement_project_final_sept2009.pdf. Consulté le 15 oct. 2013.

tion du grand public sur les sacrifiés du triage opéré par les services de secours américains[1]. L'application d'un critère d'efficacité utilitariste peut conduire à des protocoles impliquant de refuser de soigner – c'est-à-dire de laisser mourir – ceux qui auraient besoin de beaucoup de ressources médicales pour leur seul cas... Ce qui amène à se poser la question essentielle : pourquoi est-on là, sur place, au lendemain du séisme ? Pour sauver toutes les vies qui peuvent l'être ? Ou pour sauver, avec un stock de ressources limitées, le plus de vies parmi celles (seulement ?) que la catastrophe a menacées (autres pathologies, s'abstenir...) ? Si le triage de l'aide humanitaire d'urgence, après une catastrophe naturelle, vise, par définition, le retour le plus rapide possible à la situation « normale » d'avant la catastrophe, quelle sorte de résignation ontologique à l'injustice des sorts ce « retour à l'ordinaire » recouvre-t-il ?

Un autre contexte de recours à l'imaginaire du triage dans le débat public américain – le plus fréquent – nous est fourni par la récente réforme de la santé. Les détracteurs de la réforme ont usé et abusé de l'imaginaire tragique du triage pour agiter la menace d'un « rationnement » arbitraire et antilibéral de la santé : le modèle britannique de rationnement des soins coûteux et ses raisonnements mobilisant l'unité de mesure QALY (« Quality Adjusted Life Year ») ont ainsi été convoqués pour faire le portrait de victimes du triage, dans le dessein avoué d'invalider la prétention de justice sociale de l'Obamacare. En exploitant l'émotion facilement créée autour de quelques anecdotes, les détracteurs de la réforme de la santé valident bien sûr sans le dire un autre type de tri de la santé, implicite celui-là, fondé sur les logiques de marché. Puiser dans l'imaginaire tragique du triage – brandi ici comme un épouvantail et un repoussoir – est pour eux un moyen de clore le débat plutôt que de l'ouvrir.

Au contraire, l'importante série radiophonique « Rationing Health » (PRI's the World) visait l'effet inverse : si elle choisit d'ouvrir le champ du triage dans plusieurs directions très différentes, c'est pour

1. Voir http://pri.org/stories/2010-02-23/doctors-face-ethical-decisions-haiti. Consulté le 15 oct. 2013.

mieux convaincre le public profane de la nécessité démocratique de s'approprier ce débat[1]. La série évoque en effet quatre contextes dans lesquels un rationnement de l'accès aux ressources de santé vitales est opéré : la gestion du pic pandémique en Inde, à travers un reportage sur les dilemmes d'une pédiatre indienne que la pénurie de matériel de soin contraint à choisir auquel des bébés gravement atteints elle accordera l'opportunité du dernier respirateur artificiel disponible dans le service ; l'attribution des dialyses en Afrique du Sud, assujettie à la décision de commissions médicales examinant le dossier complet (médical et social) de chaque patient ; l'agence NICE (National Institute for Health and Care Excellence) en Grande-Bretagne, qui, sur la base de raisonnements convertis en unités QALY, accorde ou non la prise en charge de traitements coûteux – avec l'exemple d'un patient cancéreux qui s'est vu refuser le traitement qui aurait pu prolonger son existence de quelques mois ; et, en Zambie, la distribution des trithérapies contre le VIH/sida sur une base de *« first come first serve »*, procédure qui, sous des allures d'accès libre ouvert à tous, régit un rationnement implicite qui discrimine socialement ceux qui ne peuvent pas se permettre de consacrer une journée par mois à faire la queue. Par ces quatre coups de projecteur, la série cherche à éclairer le débat sur les politiques de santé en montrant que le rationnement et le triage sont des réalités repérables dans tous les contextes de santé publique, à des titres différents et selon des critères et méthodes spécifiques à chaque fois, mais comparables, et qu'il vaut mieux, pour des raisons de justice sociale, qu'ils soient alors publiquement discutés, régulièrement réévalués, et démocratiquement validés par une pleine implication en conscience de tous les acteurs concernés. Loin de militer contre tout rationnement, ou de s'effaroucher du concept, les auteurs de la série cherchent à le rendre visible et familier à tous sous toutes ses formes, afin d'améliorer la justice des systèmes en jeu, de

1. La série est une coproduction BBC, PRI et WGBH, avec le soutien d'un financement de la Bill and Melinda Gates Foundation. Les contributeurs sont S. Fink, D. Wickler, P. Cox et D. Baron. Voir http://www.rationinghealth.org (déc. 2010). Consulté le 15 oct. 2013.

dénoncer leurs effets pervers éventuels, et de documenter leurs effets de seuil et leurs angles morts. C'est la raison sans doute pour laquelle, dans chacun de ces reportages destinés au grand public, c'est surtout par le biais des « sacrifiés » du triage (les non-évacués, les privés de traitement, les derniers sur les listes d'attente, etc.) que ces choix tragiques sont évoqués. L'insistance sur les *morituri* – ceux que l'on considère comme non prioritaires au point parfois de les abandonner à la mort – rappelle le caractère tragique des arbitrages de santé publique, ou le réveille, même quand il est dissimulé derrière des décisions très en amont de l'imminence de mort.

Réveiller les fantômes du triage. Dilemmes historiques et fictionnels en situation extrême

Des situations de catastrophe et d'urgence collective, aux arbitrages budgétaires plus ordinaires, un continuum du triage semble donc pouvoir être dessiné, le long d'une échelle où la décision de vie ou de mort paraît plus ou moins nette ou floue, imminente ou lointaine, directe ou indirecte. Une même unité de mesure peut circuler des situations les plus extrêmes où les choix engagent directement qui vivra et qui mourra, vers des répartitions de budgets aux conséquences humaines moins immédiatement perceptibles en termes de vie ou de mort. Certes, l'usage que l'on peut en faire ne va pas de soi : assigner des conséquences mortelles à des choix abstraits de priorisation budgétaire peut relever du coup de force argumentatif. Mais ce continuum-là ne poserait pas tant question si ne planait sur lui une ombre, un « fantôme » qui constitue l'amont du triage. Il s'agit de désigner ainsi toutes ces références, dans l'imaginaire collectif – souvenirs et expériences historiques traversées, ou fictions grand public –, où, en situation extrême, la question de « qui sauver quand on ne peut pas sauver tout le monde » s'est posée sans que le recours à une expertise médicale (état clinique, pronostic...) ne soit une option de guidance possible. Le paradigme qui s'impose alors à l'esprit est celui des naufrages : quand il n'y a pas assez de places pour tous les passagers dans les canots de sauvetage, qui doit y monter et qui doit laisser sa place ? Et que faire quand le canot surchargé risque de couler sous le poids des naufragés en trop ?

Mais l'histoire du XXe siècle a fourni d'autres exemples reformulant à une échelle massive les dilemmes d'allocation de vie ou de mort. Retracer le continuum du triage dans l'autre sens suppose non plus d'aller de la catastrophe d'urgence collective vers les choix opérés en situation ordinaire, mais de la catastrophe pensée comme une contrainte « naturelle » et subie, vers des situations extrêmes où les dilemmes d'allocation de la rareté vitale sont le fruit de volontés malveillantes et perverses : évacuation ou exfiltration clandestine de quelques-uns au milieu d'une population en danger d'extermination ou de génocide, organisation de réseaux de sauvetage restreints, gestion des contingents de travail forcé ou de déportation par les conseils juifs des ghettos sous l'occupation nazie, négociation autour de la constitution de listes de protégés et, bien sûr, sélections au sens nazi du terme… Dans toutes ces situations, l'imaginaire de la rareté vitale est fabriqué artificiellement comme si c'était le fruit du mal physique, alors même que c'est celui du mal moral…

Davantage : si l'on réveille les fantômes du triage, d'autres images en surimposition peuvent s'inviter dans le débat. Car la fiction a pris le relais, dans une large mesure, de cet imaginaire de la pénurie de vie produit par la terreur concentrationnaire nazie que la littérature de témoignage et l'historiographie nous ont transmis. La fiction donne à imaginer et à sentir le triage en inventant des vignettes de « réalité augmentée » : ainsi du célèbre « choix de Sophie » qu'un médecin nazi, dans le roman de William Styron, impose à une mère, entre ses deux enfants, sur le quai d'Auschwitz[1]. Mais la fiction ne se limite pas au contexte de l'appareil de terreur nazie : elle travaille aussi d'autres contextes, soit réalistes, soit fantastiques ou de science-fiction, où les dilemmes de rareté vitale sont déplacés et servent de support à une

1. William Styron, *Sophie's Choice*, New York, Random House, 1979.

réflexion globale sur les valeurs et les lignes rouges de notre société. Dans l'un et l'autre cas, la fiction tire son attrait de la fascination produite par ces expériences d'horreur morale qu'elle nous propose de vivre par procuration[1].

Faut-il donc voir et faire voir partout du tri ? L'usage « en continuum » du concept est-il rendu inéluctable par les choix de vocabulaire, qui emportent des associations d'idées réflexes et déclenchent des analogies spontanées dans les perceptions du grand public, réveillant alors des traumatismes historiques (« sélection », « rationnement ») ? Ou bien correspond-il à un objectif d'engagement public et de mobilisation citoyenne destiné – par l'insistance sur la part non médicale des enjeux de triage – à élargir l'assise des décideurs, du champ de l'expertise médicale ou éthique, à celui du grand public ? Les analogies opérées par l'usage en continuum du concept de triage sont-elles utiles ou nocives ? Constituent-elles une occasion d'éveil au débat public et un instrument au service de l'exigence d'une plus grande justice sociale, ou le passage à la « puissance tragique » (à la « puissance triage » ?) a-t-il des effets pervers ?

ENJEUX, RISQUES ET INTÉRÊTS DU « PASSAGE À LA PUISSANCE TRIAGE »

Il est certain que l'insistance sur l'angle mort du tragique concourt à obliger l'ensemble des citoyens concernés à se réapproprier les décisions en les sortant du domaine réservé de l'expertise. Le passage à la « puissance triage » alerte sur les limites et les risques de certains choix publics insuffisamment discutés ; son pouvoir de clarification des enjeux en termes d'éthique et de justice sociale est incontestable. Ainsi de la formulation au prisme du triage des questions soulevées par les politiques publiques d'incitation au dépistage anténatal, ou du débat

1. Je renvoie aussi sur ce point à la conclusion de mon *Laboratoire des cas de conscience*, Paris, Alma, 2012.

sur l'allocation des fonds collectés à l'occasion du Téléthon (inventer des thérapies et améliorer la qualité de vie des personnes atteintes ? Ou mieux dépister pour éviter la naissance de futurs malades ?). Cependant, lancer le débat sous l'angle du triage et du rationnement, alors que règne une approche coutumière bien acceptée par le grand public, comporte des risques. Réinjecter du tragique dans la vie ordinaire c'est risquer de rompre les équilibres existants sans certitude qu'un nouveau consensus à moindre coût social pourra être trouvé. Il n'est du reste pas garanti que l'accent soit alors mis sur la nécessité de débattre publiquement des critères acceptables. La médiatisation des « sacrifiés du triage » peut ainsi conduire, en rendant intolérable le tragique de ces arbitrages de vie ou de mort, à des réflexes d'évitement pas toujours pertinents pour le bien-être collectif, comme par exemple la décision de supprimer la rareté en augmentant, au détriment d'autres causes, les ressources disponibles en amont de leur répartition. Inversement, la fascination pour le tragique des décisions de vie ou de mort peut pousser, au contraire, à faire passer pour une condition existentielle naturelle la quantité de ressources à distribuer, alors même que ce curseur du tragique est entre nos mains.

La réflexion publique sur les critères est rendue d'autant plus difficile qu'aujourd'hui la frontière se brouille entre les catégories de discrimination jugées acceptables (l'état de santé, le pronostic) et celles jugées injustes (la richesse, le statut social et la capacité d'influence, la race). Ces catégories se mêlent non seulement à cause des corrélations évidentes, impossibles à ignorer, entre les deux familles de critères (un riche qui pourra se payer du repos et des soins supplémentaires aura un pronostic meilleur qu'un pauvre dont les conditions de vie et de travail sont moins favorables à la récupération), et à cause de l'influence des conditions sociales et économiques sur la répartition des maladies et sur les chances de chacun face à la vie et la mort, mais aussi, plus profondément, en raison d'une poussée de l'exigence de justice sociale sur le terrain anciennement dévolu à la nature. L'état de santé, utilisé comme critère médical pour asseoir un pronostic ne serait ainsi que l'autre nom de notre résignation à l'impuissance médicale : si l'on tient compte de tout ce qu'il est possible de tenter pour repousser toujours plus loin les limites de la condamnation à mort du destin qu'est pour nous la maladie, avec les progrès des technologies médicales (disponibles contre frais, ou envisageables sous forme d'essais cliniques innovants comportant risques et chances), le critère du pronostic a-t-il encore une légitimité dans les pratiques de triage ? Dans quelle mesure les critères médicaux ne sont-ils pas la couverture de notre résignation à l'inégalité des chances ?

La résignation face aux contraintes objectives du sort, de la nature ou de la providence, qui a prévalu dans l'invention du modèle du triage militaire sur le champ de bataille, ne tient plus dans un monde où tout est choix et décision humaine, et où la providence n'est plus acceptée comme un modèle légitime de répartition des sorts. Retracer alors tout cet amont du triage, ce réservoir de références, souvenirs, situations et d'expériences éventuellement fictionnelles qui animent l'imaginaire collectif, doit aussi permettre de réinterroger la part de l'expertise médicale dans les logiques éthiques de triage. Car ces variations, historiques et fictionnelles, font intervenir des choix de priorisation des vies dans lesquelles le pronostic, l'autre nom de notre impuissance face aux forces de la nature et du destin, n'est plus d'aucun recours. Face au mal (incarné par la pénurie de vie), l'imaginaire du triage non médical nous renvoie à nos responsabilités : non plus comment combattre le mal, mais comment le gérer, comment le répartir, comment en décider… Penser le triage en continuum enlève ainsi le tragique à l'antique confrontation entre le destin (sort ou providence) et la volonté humaine, pour le situer tout entier sur le terrain de la confrontation des volontés humaines.

II

LES THÉÂTRES DU TRIAGE : MÉDECINE HUMANITAIRE, CATASTROPHES ET PANDÉMIES

TRIAGE SANS FRONTIÈRES

Peter Redfield[1]

> « Dans leur salle d'attente 2 milliards d'hommes. »
>
> Bulletin Médecins sans frontières, 6 avril 1977

Je commencerai par une question simple : est-il possible de procéder à un triage à une échelle globale ? La réponse peut sembler *a priori* à la fois évidente et dépourvue de sens. Il existe évidemment des formes de sélection globalisées. L'espérance de vie et les ressources en matière de santé sont distribuées de manière inégale selon les régions du monde, certaines populations ayant accès à des soins de santé tandis que d'autres en sont totalement dépourvues. Étant donné la banalité de cette vérité dérangeante, il ne semble pas forcément pertinent de la saisir sous le prisme médical plutôt que selon des termes politiques et économiques. Les ressorts de l'injustice et de l'inégalité découlent incontestablement d'autres logiques plus dures et profondes que les décisions en matière de santé. Il nous semble néanmoins que cette question conserve toute sa valeur heuristique lorsqu'elle est examinée à la lumière des pratiques et des expériences vécues plutôt qu'à l'aune de valeurs abstraites. Analyser les logiques du triage à l'échelle mondiale permet d'ouvrir certaines pistes pour identifier à la fois les formes de sélection qui sont revêtues d'une légitimité médicale et celles qui suscitent des inquiétudes en termes éthiques. Quels sont les limites et les types de relations sous-tendus par les opérations ordinaires de triage ? Quelles sont les implications de la revendication – ou au contraire de la réfutation – d'une responsabilité en matière de sélection ? Quelles sont les limites éthiques éventuelles de la raison biomédicale ?

1. Traduction de Sara Dezalay.

Dans la langue anglaise courante, le mot *triage* désigne au moins deux formes de sélection médicale connexes, quoique très différentes. La première renvoie aux zones de guerre ou de catastrophe et, partant, à des situations exceptionnelles où les décisions en jeu déterminent directement la survie de populations, notamment par l'allocation de ressources limitées. La deuxième acception s'attache aux décisions prises dans la salle d'urgence d'un hôpital : en l'occurrence, l'enjeu est celui de l'établissement de priorités pour la fourniture – et non pas le refus – de soins. Ces deux traditions en matière de triage délimitent un cadre spatial de proximité, tout en définissant une population objet de soins. Toutes deux impliquent de mobiliser une expertise médicale pour trier une population à des fins de traitement. Les enjeux éthiques, cependant, sont loin d'être identiques. Alors que la première renvoie à des questions de survie et à une sorte de pouvoir souverain de distribuer la vie ou la mort par un traitement médical, la seconde participe apparemment d'une logique beaucoup plus ordinaire visant à assurer l'ordre et un traitement équitable. En ce sens, le triage peut désigner à la fois la distribution inégale de soins médicaux et l'opération de sélection visant, au contraire, à assurer une équité médicale.

L'objet de cette contribution est d'explorer, précisément, la contradiction entre ces deux acceptions du terme de triage – celle pouvant intervenir dans un contexte exceptionnel et celle qui se déroule dans un cadre routinier – à la lumière des pratiques d'un acteur particulier et bien connu : l'organisation humanitaire Médecins sans frontières (MSF). Cette étude de cas semble particulièrement pertinente dans la mesure où cette organisation revendique précisément une action humanitaire à l'échelle mondiale. Créée comme une modeste alternative française à la Croix-Rouge, l'organisation est devenue progressivement une entité réellement transnationale, dotée d'une structure complexe intégrant de nombreuses sections, un budget annuel d'environ un milliard d'euros et des programmes déployés dans le monde entier[1]. Bien que les projets d'urgence ne constituent plus l'essentiel

1. Cette contribution s'appuie sur des matériaux recueillis pour mon ouvrage : Peter Redfield, *Life in Crisis: The Ethical Journey of Doctors Without Borders*, Berkeley, University of California Press, 2013.

de ses opérations, le groupe continue dans une large mesure de fonder ses actions sur un concept d'urgence, aussi bien dans son fonctionnement organisationnel que dans sa représentation médiatique. Par ailleurs, l'organisation revendique un *ethos* humanitaire de défense de la valeur de la vie humaine dans une acception biomédicale séculière. Face à l'ampleur des besoins – qui dépassent de loin les capacités d'une ONG même relativement importante –, MSF combine la nécessité de faire des choix avec la revendication morale d'une égalité entre les vies humaines. Elle est ainsi constamment confrontée à une forme de triage : elle doit opérer une sélection et justifier les actions qu'elle entreprend tout en définissant des priorités.

Outre cette ambition mondiale et ses engagements humanitaires, trois autres caractéristiques de MSF en font un cas particulièrement révélateur pour penser la problématique du triage. Tout d'abord, l'organisation embrasse une identité médicale explicite, de par son nom même : bien que les employés de MSF ne soient pas tous des médecins, l'organisation dans son ensemble revendique la valeur éthique de la biomédecine. Par ailleurs, l'organisation se caractérise par une indépendance relativement forte. Contrairement à de nombreuses autres ONG, elle parvient à préserver un haut degré d'indépendance financière, en recueillant la majeure partie de ses fonds auprès de donateurs individuels plutôt que de bailleurs de fonds gouvernementaux. Enfin, MSF revendique explicitement cette indépendance, que ce soit par des prises de position publiques ou par une diplomatie discrète, en revêtant parfois ses positions des atours de l'indignation morale. L'organisation est donc un point d'entrée extrêmement révélateur des tendances au sein du champ de l'action humanitaire et des politiques de santé à l'échelle mondiale. De fait, l'organisation se positionne en permanence sur l'évolution de ces questions, que ce soit spontanément ou en réaction à des sollicitations et ce, quelles que soient les actions d'autres acteurs. Dans un sens restreint et évidemment limité, on pourrait avancer que cette organisation joue un rôle en quelque sorte souverain, ne serait-ce que parce qu'elle refuse leur pleine souveraineté à d'autres acteurs : en ce sens, elle participe de l'articulation plus large entre le vivant et le politique telle qu'analysée par Michel Foucault, dans la mesure où son action vise à favoriser le bien-être des populations (même s'il s'agit davantage d'assurer la survie des populations que leur épanouissement). Bien que MSF ne soit attachée à aucun gouvernement, elle participe à la prise en charge médicale des populations, en particulier dans les situations de crise et lorsque les services de santé étatiques s'avèrent insuffisants. Aussi approximative cette terminologie de la souveraineté soit-elle, elle permet de souligner les évolutions historiques beaucoup plus larges auxquelles participe l'organisation.

On commencera par souligner certaines des caractéristiques principales du triage communes au travail ordinaire des acteurs humanitaires. Les formes de sélection opérées en pratique dans l'action humanitaire et les tensions qu'elles suscitent seront ensuite illustrées à la lumière d'exemples tirés des actions de MSF.

TRIAGE HUMANITAIRE

De nombreuses analyses de l'action humanitaire – y compris produites par MSF elle-même – ont souligné les effets potentiellement néfastes de l'action humanitaire. Certaines analyses vont même jusqu'à soutenir que la tragédie et la cruauté sont au cœur d'une action humanitaire confrontée à des ressources limitées et à des principes contradictoires[1]. Pourtant, les organisations humanitaires font rarement référence au triage, sauf en tant que terme technique employé dans les contextes de guerre et de catastrophe. La sélection opérée par les humanitaires dans ces situations exceptionnelles se justifie au nom de la vie et parce qu'elle ne poursuit d'autre intérêt que de sauver des vies humaines. Pour autant, les opérations de triage effectuées dans ces situations obéissent à une logique médicale habituelle, consistant à établir une échelle de priorités en définissant à la fois un cadre

1. Voir, par exemple, Alex de Waal, The humanitarians' tragedy : Escapable and inescapable cruelty, *Disasters*, 2010, n° 34 (S2), p. 130-137.

temporel d'urgence et un cadre spatial de proximité. Dans ces situations exceptionnelles, le cadre d'intervention est défini par la zone de guerre ou de catastrophe. Dans les situations plus ordinaires de crise, c'est la salle d'attente de l'hôpital qui circonscrit la population sur laquelle cette opération de sélection sera effectuée. Si l'on imagine, en retour, que cette salle d'attente s'étend, pour MSF, à l'ensemble du globe – pour reprendre l'image d'une célèbre publicité de MSF des années 1970 citée en épigraphe –, alors cette opération de sélection requiert non seulement une évaluation immédiate mais un cadre comparatif de problèmes concurrents : autant de choix difficiles à faire.

Dans une étude utile, en deux parties, consacrée à la sélection médicale, Kenneth Iserson et John Moskop donnent au terme *triage* un sens plus restrictif que celui attribué aux notions de *rationnement* ou d'*allocation.* Le terme lui-même dérive du verbe *trier* (qui signifie choisir ou sélectionner), et il comporte des connotations clairement médicales. Malgré cette définition restreinte, les auteurs soulignent que le terme peut s'appliquer à un continuum de six scénarios, allant de la forme « quotidienne » d'un service d'urgence à la situation de chaos provoquée par une catastrophe de masse[1]. Ces auteurs proposent également une définition *a minima* du terme, entendu comme combinant 1) une condition de rareté des ressources, 2) un travailleur de la santé et 3) une forme de système pour établir des priorités. Notant que la pratique et la logique du triage sont toutes deux issues d'un contexte de guerre, Iserson et Moskop suivent l'historiographie traditionnelle en associant l'émergence moderne de ce terme – ainsi que de celui de l'ambulance – au chirurgien en chef de l'armée de Napoléon, Dominique Jean Larrey.

Larrey avait reconnu l'importance d'opérer une sélection et une catégorisation des soldats blessés au champ de bataille en fonction

1. Kenneth Iserson & John Moskop, Triage in medicine, Part I : Concept, history, and types, *Annals of Emergency Medicine*, art. cit. Voir également John Moskop & Kenneth Iserson, Triage in medicine, Part II : Underlying values and principles, *art. cit.* Je simplifie ici leur ensemble de six scénarios aux situations les plus courantes en pratique – l'hôpital et la zone de guerre.

de la gravité de leur état plutôt que selon leur statut social ou des liens d'affinités :

> « Il faut toujours commencer par le plus dangereusement blessé, sans avoir égard au rang et aux distinctions. Les moins maltraités peuvent attendre que leurs frères d'armes, horriblement mutilés, aient été pansés et opérés ; autrement ceux-ci ou n'existent déjà plus quelques heures après, ou ne vivent que jusqu'au lendemain, ce qui est encore assez rare[1]. »

Dans leur évaluation d'une masse de blessés, les chirurgiens de guerre ne devraient donc voir que les corps, et non les insignes arborés par l'uniforme. Au moment de la Première Guerre mondiale, cette pratique de triage était devenue une norme de la médecine militaire. Deux autres critères potentiels de sélection ont émergé en parallèle : le principe pragmatique visant à traiter en priorité les personnes pouvant être sauvées au détriment des cas clairement irréversibles, et un critère utilitariste visant à déterminer ce qui pourrait entraîner le plus grand bien pour le plus grand nombre[2]. Avec l'expansion de la médecine d'urgence durant la seconde moitié du XXe siècle, le triage est devenu une pratique courante au sein des hôpitaux et, au gré de l'émergence de nouvelles technologies, il est aussi devenu un référentiel dans les débats éthiques sur l'allocation de soins médicaux.

Il convient de souligner que les implications du triage ne sont pas unidimensionnelles. La sélection médicale peut mettre l'accent sur la survie, en accordant la priorité à ceux qui ont une chance de vivre

1. Dominique Jean Larrey, *Mémoires de chirurgie militaire, et campagnes*, t. III (1812), p. 4, disponible à l'adresse suivante : http://archive.org/details/mmoiresdechirur00larrgoog, consulté le 13 oct. 2013.

2. Kenneth Iserson & John Moskop, Triage in medicine, Part II : Underlying values and principles, *art. cit.* Ce principe d'utilité permet, en cas de divergence, de faire prévaloir les intérêts militaires plutôt que ceux du patient. Lorsque la pénicilline, nouvelle merveille de la médecine, est arrivée en Afrique du Nord en 1943, les médecins américains auraient traité en priorité les soldats atteints de maladies vénériennes plutôt que ceux souffrant de blessures graves, en se fondant sur le présupposé que les premiers pourraient repartir au combat plus vite. Voir Robert Baker & Martin Strosberg, Triage and equality : An historical reassessment of utilitarian analyses of triage, *Kennedy Institute of Ethics Journal*, juin 1992, p. 103-123.

par rapport à ceux qui sont condamnés. Il peut aussi mettre l'accent sur l'acuité des besoins, en donnant la priorité à ceux qui nécessitent une attention immédiate. Dans un contexte d'abondance relative, il se fonde sur le postulat que tous les individus considérés finiront par recevoir des soins. La variante la plus routinière du triage est celle de la sélection opérée au quotidien dans la salle d'urgence de l'hôpital, par laquelle un patient souffrant d'une attaque cardiaque est traité en priorité par rapport à un patient souffrant d'une plaie sans gravité. Dans les contextes de pénurie grave, d'autres modalités de triage, moins routinières et autrement plus troublantes, sont en jeu : en cas de catastrophe, ou lorsqu'il s'agit d'allouer une quantité limitée de biens médicaux dans un contexte de rareté relative. Ce dilemme de la sélection dans un contexte de pénurie est souvent au cœur des débats de philosophie éthique ; il s'avère, en pratique, bouleversant pour les prestataires de soins de santé, les travailleurs humanitaires ainsi que les anthropologues sur le terrain. Vinh-Kim Nguyen affirme par exemple que les effets terribles de l'insuffisance de soins de santé pour traiter le sida en Afrique de l'Ouest participent d'une histoire plus longue de soins cruellements électifs[1].

Lorsque l'établissement de priorités a un impact direct sur la survie ou la mort d'une population donnée, la distribution de ces soins de santé s'assimile dans une certaine mesure à un pouvoir souverain. Selon le système à code de couleurs recommandé par l'Association médicale mondiale, une étiquette noire représente l'état d'un individu « dont le décès ne fait aucun doute » – et désigne donc les patients qui ne peuvent pas être sauvés et qui ne peuvent dès lors plus revendiquer une quelconque priorité. Cette catégorisation peut certes sembler terrible, mais, en cas de pertes massives et de ressources limitées, le sort d'autres personnes peut en dépendre. Dans la perspective de la médecine d'urgence, le fait d'accorder une attention indue à un patient constitue un gaspillage de ressources éthiquement inaccep-

1. Vinh-Kim Nguyen, *The Republic of Therapy: Triage and Sovereignty in West Africa's Time of AIDS*, *op. cit.* Voir également João Biehl, *Will to Live: AIDS Therapies and the Politics of Survival*, Princeton, Princeton University Press, 2007.

table. Mais il serait encore moins défendable d'assister passivement à cette situation : « Ne pas agir en raison d'une incertitude morale est cependant inacceptable, dans la mesure où l'inaction est souvent la pire des options possibles[1]. »

Le terme triage peut donc être employé en ce sens pour occulter le problème plus général des priorités qui doivent être établies dans l'action humanitaire. Il convient également de souligner l'importance potentielle de l'innovation éthique suggérée par Larrey selon laquelle le triage vise à catégoriser les individus selon leur état physique immédiat. Quelles que soient les circonstances et leur charge émotionnelle, le triage implique l'exercice d'un jugement professionnel dénué de passion. Le regard médical opère donc une discrimination au nom d'un égalitarisme des corps. Larrey notait d'ailleurs que les officiers ayant des chevaux pouvaient se rendre par eux-mêmes vers l'hôpital[2]. Son système de « secours méthodique » visait à éviter tout gaspillage des ressources, qu'il soit engendré par un traitement médical laissé au hasard ou dû à une distribution des soins par ordre d'arrivée. Larrey cherchait à instaurer une approche plus systématique, fondée sur des critères explicitement médicaux. De manière générale, le triage représente donc un système de sélection opéré sur la base des souffrances elles-mêmes. Il exclut donc par essence toute autre valeur, qu'il s'agisse par exemple de critères sociaux, politiques ou religieux susceptibles de distinguer les victimes les unes des autres. Lorsque le triage est imposé par une situation d'urgence, il suspend les autres normes régissant habituellement la pratique médicale : l'autonomie, la fidélité, et même l'appropriation des soins. Le triage leur substitue la vie, la santé, l'efficacité et l'équité, entendue comme une valeur procédurale et distributive[3].

1. Kenneth Iserson & John Moskop, Triage in medicine, Part I: Concept, history, and types, *art. cit.*, p. 279.

2. Comme cela a été signalé par Robert Baker et Martin Strosberg, *art. cit.*, p. 110. Ces auteurs s'opposent à ceux qui considèrent Larrey comme un militaire utilitariste, en soulignant son égalitarisme révolutionnaire. J'ai adopté ce point de vue, étant donné qu'il préfigure tout à fait la position de MSF.

3. Kenneth Iserson & John Moskop, Triage in medicine, Part.II: Underlying values and principles, *art. cit.*, p. 282-284.

Contrairement au sacrifice, le triage n'implique pas d'échange symbolique, de stratégie politique ou de lien social entre individus ou avec des divinités. Au contraire, il repose sur une approche pragmatique consistant à définir les actions immédiates à effectuer face à un état de santé donné. Il fournit en ce sens un référentiel extrêmement pertinent pour examiner la problématique de la sélection humanitaire, en particulier dans des contextes de crise. Certes, les humanitaires peuvent, comme l'a souligné Jean-Hervé Bradol, refuser de justifier leur action en termes de sacrifice[1]. Mais il leur est impossible d'éluder la responsabilité d'opérer des choix. Si leur vision est celle de cette salle d'attente d'un hôpital public, où tous les patients finiront par être soignés, en pratique leur action implique d'opérer une sélection et elle engendre nécessairement des choix à effectuer. Dans leurs opérations de triage, les humanitaires sont dès lors confrontés au dilemme de désigner leurs propres « sacrifices », même s'ils s'opposent aux sacrifices décidés par d'autres. Dans son discours d'acceptation du prix Nobel de la paix en 1999, MSF a d'ailleurs abordé la question délicate de la sélection en opérant une distinction explicite entre ses modalités de choix et celles des acteurs politiques :

> « Une vie, aujourd'hui, ne peut être évaluée en fonction de la valeur qu'elle aura demain. Soulager la souffrance "ici" ne peut légitimer d'abandonner une autre souffrance "ailleurs". Certes, le manque des moyens induit parfois la nécessité d'effectuer des choix, mais le contexte et les contraintes de l'action ne doivent pas modifier nos principes fondamentaux qui, par définition, ignorent les choix politiques[2]. »

En l'occurrence, le triage représente donc la revendication éthique de la raison humanitaire – dans sa forme biomédicale – face à d'autres logiques de choix.

1. Jean-Hervé Bradol, L'ordre international cannibale et l'action humanitaire, *in* Fabrice Weissman (dir.), *À l'ombre des guerres justes. L'ordre international cannibale et l'action humanitaire*, Paris, Flammarion, 2003, p. 13-23.

2. Médecins sans frontières, « Discours d'acceptation du Prix Nobel », 1999, disponible à l'adresse suivante : http://www.msf.ca/fr/au-sujet-de-msf/prix-nobel-de-la-paix/discours-d-acceptation/?type=98&tx_ttnews[tt_news]=

Le problème de la sélection tout comme l'angoisse suscitée par la nécessité d'opérer des choix étaient manifestes dès la genèse de la Croix-Rouge. Confronté au carnage de la bataille de Solférino, Henry Dunant, déchiré, ne savait vers où se tourner : quelle que soit la direction choisie, les victimes situées de l'autre côté seraient laissées sans assistance[1]. Cependant, le problème de la sélection est rendu plus aigu du fait de l'élargissement de la gamme des besoins auxquels les organisations comme MSF veulent répondre, et du fait de la portée mondiale tant de la couverture médiatique que des actions humanitaires. Alors que l'éventail potentiel des actions s'est élargi, la durée d'attention des médias tend à se réduire, mêlant ensemble différentes situations dans une même image confuse. Par ailleurs, plus les acteurs humanitaires s'attachent à des problèmes persistants comme le sida ou la violence sexuelle, ou aux racines de problèmes comme la pauvreté, plus ils sont confrontés à un problème de tri et de choix, en particulier s'ils opèrent dans le monde entier.

Entendue en termes biopolitiques, la logique de l'humanitaire est à la fois minimale et inflationniste. L'*ethos* humanitaire se refuse à laisser mourir des individus et vise à promouvoir la vie. Si l'objectif est de soulager la souffrance, alors pourquoi la cause de celle-ci devrait-elle entrer en jeu ? De nombreux membres de l'organisation, au tournant du millénaire, s'étaient d'ailleurs résolus à croire qu'un malade du sida méritait autant de soins qu'une victime de guerre. Cependant, le fait d'élargir la gamme d'actions rend le choix des projets à mettre en œuvre d'autant plus difficile. Même si les ressources et la capacité organisationnelle de MSF continuent de croître, elles demeurent limitées. Seuls quelques-uns des nombreux patients potentiels peuvent être traités, tandis que la grande majorité doit continuer à attendre. La pratique humanitaire implique donc d'opérer une sélection qui, *de facto*, abandonne à leur sort ceux qui n'y ont pas été inclus. Cela

1. Henry Dunant, *Un souvenir de Solferino*, Genève, Jules Fick, 1863, p. 90 : « [...] puis pourquoi se diriger à gauche, tandis qu'à droite il y en a tant qui vont mourir sans un mot amical, sans une parole de consolation, sans seulement un verre d'eau pour étancher leur soif ardente ? »

est révélateur de la tension qu'engendre « la mise en pratique des idéaux », pour reprendre un slogan de recrutement de la section américaine de MSF.

Un système global de sélection réticente

Déployer une action « sans frontières » pour réagir aux crises requiert une mobilité constante, et une sélection tout aussi continuelle. Ce processus de sélection est souvent problématique et fait l'objet de débats permanents. Il symbolise également parfaitement la propension des humanitaires à vouloir toujours répondre à l'urgence « présente ». « Évidemment, nous pensons le changement », me déclarait un interlocuteur au tout début de mes enquêtes, en exprimant un dilemme souligné par la suite par beaucoup d'autres, « mais à *ce moment précis*, que doit-on faire ? » La question se pose avec d'autant plus d'acuité lorsqu'une organisation telle que MSF se trouve confrontée à une crise encore potentielle et qu'elle dispose des moyens pour y répondre. « Est-ce que vous devez lancer une opération de secours pour quelque 100 000 personnes déplacées avant même que la crise n'ait éclaté ? », demandait de manière rhétorique un directeur opérationnel de MSF-Hollande en faisant allusion à la situation en Macédoine à l'été 2001, « ou bien devez-vous attendre que les populations soient effectivement déplacées ? Quelle que soit votre décision, vous serez l'objet de critiques ». Il soulignait que même les crises ayant une dimension moins explicitement politique, telles que les inondations en Inde et au Pakistan, soulèvent un dilemme en raison même de leur ampleur : « Nous pourrions consacrer l'ensemble du budget du mouvement à de telles situations, mais cela ne changerait pas grand chose. » Face à de telles situations, quelle décision prendre lorsque l'organisation ne peut pas changer à elle seule la donne, même sur le très court terme ?

In fine, les arbitrages indispensables sont effectués loin du terrain, dans les sièges des différentes sections de MSF. Les administrateurs de cet échelon supérieur passent au crible et évaluent la valeur relative des projets actuels et potentiels. Les questions particulièrement délicates et la planification à long terme sont, quant à elles, décidées par les présidents de section et membres des conseils d'administration, élus par les membres des différentes sections de MSF. Les unités de coordination au sein de chaque section sont chargées de standardiser les approches médicales et logistiques, tandis que le Bureau international s'efforce de maintenir une certaine cohérence entre les différentes sections. Si cette logistique organisationnelle a évolué dans le temps tout comme la structure des différents centres opérationnels, mes enquêtes ont révélé une persistance frappante des pratiques au-delà de ces transformations de l'organigramme. Quelles que soient les sections, le personnel de MSF change constamment de poste – une pratique destinée à préserver l'organisation contre le risque de sclérose institutionnelle. Les branches de l'organisation dans leur ensemble cherchent à se prémunir contre toute planification excessive et le risque d'autosatisfaction. Les projets restent définis par les frontières géographiques des États-nations et n'ont que rarement une dimension régionale. En outre, il y a des personnalités fortes à tous les niveaux et les débats peuvent être extrêmement vifs.

La logique de cette approche globale découle des engagements historiques de MSF en faveur de l'urgence et de la mobilité. Si la forte rotation du personnel a des effets délétères en termes de mémoire institutionnelle, elle prémunit contre le risque d'un attachement trop fort pour une situation géographique particulière ou celui d'un sentiment superficiel d'expertise. « L'ignorance n'est pas un problème », m'assurait même un cadre administratif de l'organisation à Amsterdam, en 2002. « Au contraire, c'est peut-être un avantage. » Il expliquait qu'un certain degré d'ignorance encourageait les questionnements et un retour constant aux principes fondamentaux. Il faut toujours se demander si une mission a été récupérée par le « système » au lieu de demeurer focalisée sur les besoins des patients. Le fait de limiter le séjour des chefs de mission dans chaque pays, assurait-il, permettait de nourrir « une ignorance perpétuellement renforcée ». De même, à un plus haut niveau, l'organisation s'interdit d'accorder une quelconque priorité à une région donnée. Plutôt que de se plier aux conventions des *area studies* ou de diviser le globe en tranches contiguës, les systèmes administratifs de l'organisation agrègent un assemblage de pays attribués à chaque *desk* ou directeur des opérations. L'objectif est de se prémunir contre toute balkanisation tout en favorisant les réflexions comparatives et l'enrichissement mutuel. Même au sein de la section hollandaise – qui accorde pourtant une importance centrale au terrain –, le siège, à Amsterdam, maintient une perspective comparative sur chacune des situations, comme me l'expliquait un autre administrateur en 2006 :

> « La comparaison nous aide à avoir une vision plus large, au-delà des simples besoins. La souffrance est absolue, certes, mais elle est aussi relative. Sinon, nous concentrerions tous nos efforts sur le Darfour ou du moins sur le continent africain. MSF-Pays-Bas s'efforce également de rester focalisée sur les zones de conflits – c'est la raison pour laquelle nous nous sommes engagés en Irak, même si nous n'avions pas une idée très claire de notre rôle et des besoins auxquels nous pouvions répondre. Les besoins d'un autre type sont toujours difficiles à évaluer. »

Malgré ces garde-fous structurels, certaines tendances se sont imposées. Comme cela a déjà été observé, les projets mis en œuvre en Amérique latine ont été plutôt moins axés sur l'urgence que sur une dimension interculturelle et un positionnement politique. À l'inverse, l'organisation a souvent eu du mal à définir son action dans des contextes très bureaucratisés, comme ceux de l'ancienne Union soviétique. Certains réflexes géographiques ont également émergé dans les pays où l'organisation reste longtemps ou retourne à plusieurs reprises. Ainsi, certaines régions sont devenues, au fil du temps, familières, ce qui accroît la probabilité que l'organisation y travaille de nouveau.

Néanmoins, MSF est confrontée à un impératif constant d'agir, en particulier face aux urgences manifestes. Les choix de l'organisation sont également déterminés par des impératifs médiatiques et de collecte de fonds, comme le notait un directeur de la communication à MSF-France : « C'est vrai que s'il y a une crise majeure, MSF doit s'y engager. C'est ce que dicte notre identité organisationnelle et ce qu'attendent nos soutiens. » L'organisation a parfois tenté de renverser cette logique – par exemple lorsqu'elle a interrompu la collecte de fonds après le tsunami dans l'océan Indien. Cette décision pourrait être considérée comme une forme de triage à un niveau plus universel, MSF défendant les crises « oubliées » par les médias. Le tsunami est à cet égard un cas exemplaire, non pas tant du fait d'une surenchère médiatique, mais plutôt parce que l'étendue même du désastre et l'afflux d'autres organisations ont réduit comme peau de chagrin toute prétention de MSF à offrir une quelconque expertise spécifique. Le choix est aussi fonction des individus, comme le soulignait un administrateur à Genève en 2004 : « L'une des dimensions les plus intéressantes de MSF est qu'un individu peut provoquer des changements dans le programme opérationnel. Un seul individu, ça suffit. Il suffit que vous soyez convaincant, c'est tout. Le plus dur est de préserver une perspective globale, un sens des proportions, pour ne pas s'engager dans toutes les situations. » L'action de l'organisation s'inscrit, cependant, inévitablement dans une économie morale plus large qui conduit MSF et ses membres à envisager le problème éthique souvent en fonction de « l'option la moins mauvaise[1] ».

Le fardeau émotionnel du choix

En pratique – particulièrement dans les situations exceptionnelles –, cette logique de l'option la moins mauvaise est extrêmement difficile. Plus les options s'amenuisent, plus les décisions deviennent déchirantes émotionnellement. Une femme allemande, travaillant pour MSF en Ouganda, décrivait ainsi brutalement le poids de la responsabilité qu'impliquent les soins, en faisant explicitement référence au triage :

> « C'est douloureux de devoir accepter des limites et d'admettre qu'il y a un niveau différent de soins entre des endroits comme Berlin et ici. Mais

1. Sur ce thème, voir Eyal Weizman, *The Least of All Possible Evils: Humanitarian Violence from Arendt to Gaza*, Londres, Verso, 2011. Voir également David Rieff, *A Bed for the Night: Humanitarianism in Crisis*, New York, Simon & Schuster, 2002.

en tant que travailleur humanitaire, c'est nécessaire, sinon vous ne pouvez pas continuer ce métier. Je compare toujours cette situation à une sorte de système de triage, dans lequel, par exemple, vous avez 40 victimes, et vous devez décider lesquelles traiter. Je me souviens avoir dû le faire en Tchétchénie en 1995 après un bombardement. Ça a été dur, mais si je n'avais pas été là, si je n'avais pas réagi, personne n'aurait reçu de soins. J'y pense lorsque je prends des décisions. Je suis infirmière, j'ai une formation médicale et c'est peut-être ce qui me rend particulièrement sensible à ce problème. C'est difficile d'admettre que nous opérons une sélection, que nous prenons des décisions, que nous faisons des choix. »

Elle s'est interrompue, puis a ajouté doucement : « Aujourd'hui marque une date historique. J'étais à Srebrenica avec une équipe de MSF, et nous avons dû choisir qui resterait et qui partirait. Les hommes jeunes sont partis, et c'est difficile maintenant quand on sait ce qui s'est passé. » Elle s'est tue de nouveau, regardant au loin.

De telles décisions ne sont pas plus faciles à prendre lorsqu'il est question de vie ou de mort. L'ancien président international de MSF, James Orbinski, décrit ainsi un épisode particulièrement déchirant de sélection dans le contexte du génocide au Rwanda. Confrontés à un afflux massif de blessés, les membres de l'équipe ont réparti les patients en trois groupes, y compris une catégorie de patients dont le sort était considéré comme irréversible :

> « Ils étaient tellement nombreux et ils ne cessaient d'affluer. On a collé des étiquettes avec les chiffres 1, 2 ou 3 sur le front des patients : 1 signifiait traiter maintenant, le 2 était pour les patients à traiter dans les 24 heures, et 3 voulait dire irréversible. Les patients de cette troisième catégorie ont été emmenés vers une petite colline, le long de la route en face de la salle des urgences et abandonnés à la mort dans le plus grand confort possible. On les a recouverts de couvertures pour les maintenir au chaud, et on leur a donné de l'eau et toute la morphine que l'on avait. Les patients de la catégorie "1" ont été portés sur des civières vers la salle des urgences ou à l'entrée. Les patients de la seconde catégorie ont été placés par groupes, derrière ceux portant le "1". Nous étions dépassés. On n'arrivait pas à déplacer les morts assez vite. C'était difficile de transporter les blessés au-

dessus des morts vers la salle des urgences, la salle d'opérations ou les salles communes[1]. »

Cette procédure était certes brutale, mais c'était une tentative classique de parvenir à une forme de rationalité médicale dans un contexte de chaos et de souffrances incompréhensibles. En tant que médecins, quel autre choix pouvait être fait ?

Cependant, les individus confrontés à un tel choix n'en sortent pas indemnes. Même si elle accepte que la mort puisse être une issue inévitable, la médecine contemporaine demeure mal à l'aise face à l'idée de donner la mort par compassion. L'euthanasie ouvre une zone grise dans l'éthique libérale, en définissant une limite potentielle au choix individuel. De même, l'option de la mort trouble les humanitaires et demeure conçue comme pathologique en toute circonstance – sauf cas extrêmes. La question n'est donc pas cantonnée à celle du suicide. Le fait que certains individus préfèrent la mort à un soin palliatif débilitant, ou qu'une population soit amenée à désigner des victimes sacrificielles est tout autant révélateur de la veine émotionnelle qui irrigue la raison médicale. Le médecin n'assume que difficilement ce rôle souverain d'assigner la vie et la mort. Orbinski relate ainsi les paroles d'une femme horriblement défigurée qui attendait avec d'autres personnes grièvement blessées. Remarquant la détresse du médecin, cette femme lui a soufflé d'avoir du courage et de s'occuper des autres. Si, à ce moment de désespoir, il s'est résolu à continuer à agir, ce n'était pas mû par son éthique professionnelle, mais grâce à la forme d'absolution que lui offrait cette victime.

La rationalité médicale est également parfois confrontée à une logique de sélection concurrente. Au cours d'une présentation devant le Carnegie Council en 2001, l'ancien président de MSF-France, Rony Brauman, a relaté le cas particulièrement troublant d'une population de patients potentiels contestant la priorité des traitements préconisée par l'équipe humanitaire. Dans le chaos du premier projet

1. James Orbinski, *An Imperfect Offering: Humanitarian Action for the Twenty-First Century*, New York, Walker & Co., 2008, p. 226. Un documentaire consacré à Orbinski et son travail a d'ailleurs été intitulé *Triage: Dr. James Orbinski's Humanitarian Dilemma*, 2008.

mis en œuvre par l'organisation pour répondre à la famine, à Karamoja en Ouganda, au début des années 1980, MSF disposait d'approvisionnements insuffisants en nourriture. L'organisation s'est donc concentrée sur les enfants en bas âge – respectant en cela les perceptions médicales du risque et la tradition de l'aide. Elle a cependant été rapidement confrontée à une sorte de choc culturel inattendu :

> « Nous avons très vite constaté que la nourriture était détournée de la soi-disant population cible des enfants de moins de cinq ans et des femmes enceintes, pour être donnée aux anciens dans ces villages. Pour nous, il y avait une valeur morale directe attachée aux femmes enceintes et aux enfants – ils représentent l'innocence, le futur, qui sont toutes deux des valeurs importantes (je tiens à préciser qu'elles ne le sont plus pour moi, mais elles l'étaient à l'époque, et je sais que cette perception reste encore largement partagée). Mais pour les Karamojong, qui constituaient le groupe dominant dans cette région de l'Ouganda, le fait de maintenir en vie les anciens était d'une importance primordiale, pour des raisons qui pourraient apparaître évidentes même dans les pays occidentaux : cohésion de la société, autorité sociale, et normes sociales décentes. Tandis que les enfants – même si la mort d'un enfant est toujours douloureuse, partout dans le monde – peuvent être remplacés facilement. Un ancien est irremplaçable. C'est un constat évident, quoique douloureux. Alors, qui avait raison, qui avait tort ? Avions-nous raison de chercher à atteindre les populations que nous avions définies comme notre groupe cible ; ou bien alors la population ougandaise avait-elle raison d'accorder cette forme de privilège aux anciens et de sacrifier les enfants de moins de cinq ans ? La question est évidemment sans fondement. Personne n'avait raison ; personne n'avait tort[1]. »

Dans une perspective humanitaire, la seule solution était de chercher à accroître les approvisionnements en nourriture pour réduire la nécessité d'avoir à faire ce « choix terrible » et éprouvant, ce que MSF s'est efforcée de faire. Certains membres de l'équipe ont essayé d'ignorer ce problème troublant, tandis que d'autres ont dénoncé ce

1. Rony Brauman, Controversies within health and human rights: Remarks by Rony Brauman, February 14, 2001, Carnegie Council for Ethics in International Affairs.

qu'ils percevaient comme une injustice. Même si l'incident dépassait *in fine* les simples considérations morales, comme le suggère Brauman, il a suscité « des discussions extrêmement intenses et émotionnelles ». Les enfants sont au cœur de l'affect humanitaire, comme le reflètent les argumentaires mis en avant pour la collecte de fonds. De fait, rien n'est plus bouleversant que de faire des choix qui discriminent les enfants[1].

Limites ordinaires

Le triage dans les zones de guerre reste exceptionnel, même dans le contexte du travail humanitaire. MSF est confrontée à un problème beaucoup plus ordinaire de sélection : celui de décider de se retirer ou non d'un terrain d'intervention. Il n'est pas surprenant que l'organisation tende à se concentrer sur le lancement de projets – plutôt que sur leur clôture. Toute forme de sélection bouleverse la logique morale ordinairement déployée par les humanitaires, en ce qu'elle conduit à opérer une distinction entre victimes. Même si les acteurs politiques portent la responsabilité des effets de leur négligence et des souffrances humaines, comme le suggère Jean-Hervé Bradol, il n'est pas difficile de déceler une sorte de logique sacrificielle lorsqu'une organisation consacrée à l'action décide de se retirer ou de ne pas intervenir. Même si MSF s'efforce de maintenir une perspective réaliste sur ses capacités et s'appuie sur un raisonnement médical plutôt que politique, ses actions impliquent inévitablement d'opérer une sélection, d'établir des priorités et de prendre des décisions à chaque instant.

Les membres de l'organisation sont conscients de ce problème invariable. « C'est très difficile de clôturer un projet », me déclarait de

1. Voir Philippe Bizouarn, dans ce volume. Voir également Erica Bornstein, The value of orphans, *in* Erica Bornstein & Peter Redfield (dir.), *Forces of Compassion: Humanitarianism between Ethics and Politics*, Santa Fe, SAR Press, p. 123-147.

manière emphatique un administrateur au tout début de mon enquête – c'est une assertion que j'allais entendre à maintes reprises. Comme les équipes sur le terrain ont tendance à s'attacher au lieu et à ses habitants, le poids de la décision de se retirer repose en général sur le chef de mission et le personnel au siège, qui encadre la mission. En pesant le pour et le contre, ils doivent évaluer si le projet a rempli ses objectifs initiaux et si la situation s'est suffisamment stabilisée pour être qualifiée de « post-crise ». La « dérive des missions » est une préoccupation constante, étant donné la diversité des problèmes de santé auxquels l'organisation peut être amenée à répondre dans de nombreuses situations. Dans l'idéal, MSF devrait pouvoir transférer ses projets à des services étatiques ou à une autre organisation plus à même d'opérer sur le long terme. Cependant, c'est très rare en pratique. Les gouvernements manquent de capacités, les autres organisations ne sont pas disponibles ou sont déjà surchargées, et MSF elle-même ne prépare souvent pas adéquatement son retrait. « Il est toujours satisfaisant de disposer d'une équipe qui reconnaît les limites de ses capacités et planifie son retrait », notait un administrateur d'un ton approbateur à New York, en 2006, en décrivant une exception heureuse. L'*ethos* d'urgence de l'organisation et sa focale sur les problèmes présents ne laissent cependant que peu de temps pour une telle planification. Bien que ce soit une éventualité prédictible, la clôture des programmes n'est jamais une préoccupation prioritaire.

Ma première enquête sur un projet de MSF – le programme de long terme de traitement de la maladie du sommeil de la section française au Nord de l'Ouganda – s'est déroulée durant la dernière phase de clôture de ce projet. Mes conversations avec les autorités locales chargées de la santé et le personnel restant étaient empreintes d'un sentiment de deuil. MSF n'avait pas seulement fourni des services, elle avait aussi généré des emplois et une atmosphère d'activités foisonnantes, et personne ne s'attendait à ce que le gouvernement soit en mesure de prendre le relais. J'ai par hasard effectué le trajet de retour vers Kampala avec la nouvelle chef de mission, qui avait proposé et autorisé mon séjour. « Nous savons comment lancer un projet, mais nous ne savons toujours pas comment le clôturer », reconnaissait-elle. Selon elle, le retrait devrait être planifié étape par étape, afin de vérifier que les services pourront effectivement continuer à être rendus après le retrait de l'organisation. Pour autant, cela n'était pas toujours facile à faire, particulièrement pour une organisation nourrie par l'urgence.

Durant un débat sur la responsabilité médicale organisé par MSF-France, un gestionnaire de programme adjoint en République démocratique du Congo (RDC) a souligné l'impact restreint de l'organisation, et la nature nécessairement temporaire de ses programmes : « Je préfère parler des limites. Pour répondre à nos objectifs, notre intervention doit être circonscrite dans l'espace et dans le temps. En RDC, tu crées un accès aux soins qui bien souvent n'existait pas avant et n'existera plus après[1]. » Et son collègue de renchérir : « Qu'on le veuille ou non, c'est une parenthèse. » Tous deux affirmaient que, dans ce contexte relativement démédicalisé, les soins ne pouvaient être assurés que de manière partielle – et partiale. « Si nos décisions d'intervention se basaient uniquement sur des critères épidémiologiques, notamment en termes de seuil d'urgence et de taux de mortalité, on devrait ouvrir des projets partout en RDC. Il est donc primordial de définir les problématiques humanitaires auxquelles nous décidons de répondre. » En pratique, cependant, cette perspective est difficile à faire comprendre aux communautés locales. Au fur et à mesure de la mise en œuvre des projets, ont ajouté ces deux administrateurs, les réactions sont passées d'une posture initiale d'un « C'est pas la peine on est déjà morts ! » à des protestations contre le départ de l'organisation. Ils reconnaissaient qu'il était difficile de répondre à une mère demandant : « Mon gamin, qui va le soigner quand vous serez partis ? » Néanmoins, étant donné que l'épicentre du conflit s'était déplacé, l'organisation devait « suivre le mouvement ». Pour monter un nouveau projet, il lui fallait nécessairement en clore d'autres et, par là même, reconnaître que tout projet avait une durée de vie limitée.

1. De la difficulté d'un départ, *Messages*, nov. 2005, 138, p. 15-18.

Les critères sous-tendant les objectifs ne sont pas non plus toujours évidents pour le personnel de l'organisation et ils font l'objet de discussions fréquentes. La fermeture d'un projet est presque toujours un moment délicat et suscite souvent des doutes lancinants et un sentiment de perte. Toute personne observant l'évolution de MSF sur le long terme pourrait indiquer des contre-exemples pour toutes les actions adoptées au nom des principes de l'organisation, ce qui suggérerait que la cohérence est autant produite *a posteriori* que dans le feu de l'action. C'est ce que reconnaissait un administrateur à Amsterdam en 2006 :

> « Il y a beaucoup de principes que nous pouvons invoquer pour rationaliser (nos actions) *a posteriori*. Mais il arrive un moment où il faut prendre des décisions. Au risque de paraître cynique, je pense que notre rationalisation est souvent effectuée après la prise de décision. Je ne veux pas dire que tout est machiavélique, mais qu'avec le recul les choses paraissent plus claires. Malgré ses efforts pour fonder ses actions sur un raisonnement rigoureux, MSF reste mue par l'action. »

Les décisions de se retirer, cependant, sont souvent révélatrices d'un conflit entre engagement personnel et enjeux éthiques collectifs. L'ouverture même de l'organisation aux initiatives individuelles rend chacun plus responsable de ses choix. Au niveau du terrain, cependant, plus on est attaché à un projet donné, plus il est difficile de maintenir un sens des proportions ou une « perspective globale ».

Au même titre que la mort, la clôture des programmes secoue les sensibilités humanitaires. La rationalité médicale du triage peut résoudre les dilemmes de l'action, mais rarement apaiser les émotions. Les décisions que MSF prend régulièrement dans le contexte des crises bouleversent les valeurs humanitaires fondamentales de ses membres. Lorsqu'une crise perdure, l'organisation doit déterminer ce qui constitue une situation acceptable « normale » dans ce contexte et fixer les limites de ses propres opérations[1]. Elle doit décider si elle doit

1. Voir Jean-Hervé Bradol, dans ce volume, sur le rôle de l'épidémiologie pour définir la normalité. Dans le cadre de son processus de professionnalisation à la fin des années 1980, MSF a mis en place un centre épidémiologique, Épicentre, chargé de lui fournir, sur demande, certains paramètres statistiques.

se retirer, même si des problèmes de santé graves persistent. Il est rarement facile de prendre une telle décision. Comme me le déclarait un juriste travaillant pour MSF : « Quels arguments pouvez-vous opposer à la souffrance humaine ? Si vous souhaitez vraiment que votre projet reste opérationnel, vous dites : "Est-ce que vous allez laisser ces gens mourir ?" »

Cependant, cette préoccupation pour la vie humaine est confrontée aux contraintes pratiques de l'organisation et à son engagement global, sa mobilité et son indépendance. MSF opère une sélection continuelle parmi ses projets, en reconnaissant de manière pragmatique l'existence du cadre plus large d'inégalités qui entoure toute crise, et le fait que les vies ont des valeurs sensiblement différentes en temps ordinaire. Parallèlement à ces micro-biopolitiques, l'organisation met en œuvre ce que Didier Fassin appelle une politique de la vie, en évaluant les individus qui présentent la plus grande légitimité ou les plus grandes chances d'être sauvés[1]. Une telle sélection est en contradiction avec la vision de MSF d'une égalité morale radicale face à la vie humaine, selon laquelle une action ne devrait jamais être pesée à l'aune d'une autre. S'étant proclamée « sans frontières », cependant, l'organisation lutte continuellement pour définir ses limites. Ses choix prennent en compte le travail des autres organisations et les réalités plus larges de la pauvreté et des inégalités, tout comme son besoin irrépressible d'aller de l'avant. Si tant est que l'urgence puisse offrir aux humanitaires les atours de la clarté morale – l'action comme réaction pure –, la pratique du triage révèle le malaise inévitable que suscite ce type de prises de décision. La racine grecque du mot crise, il convient de le rappeler, dérive du verbe *κρίνειν*, décider. Il semble donc que cela reste le cœur éthique comme étymologique du terme, et partant, de la condition humanitaire.

1. Didier Fassin, *La Raison humanitaire : une histoire morale du temps présent*, Paris, Hautes Études-Gallimard-Seuil, 2010.

EN SITUATION DE CATASTROPHE : S'ORIENTER, TRIER ET AGIR

Jean-Hervé Bradol

Le 12 janvier 2010, un séisme de forte magnitude entraîna l'effondrement de nombreux édifices dans l'agglomération de Port-au-Prince en Haïti. Les chutes de blocs de béton provoquèrent des dizaines de milliers de morts et de blessés. Les répliques sismiques, les prévisions de certains sismologues et les rumeurs publiques alimentaient la crainte de la répétition du cataclysme. La maison, l'école, l'église, l'hôpital, les locaux professionnels, tous ces lieux qui abritaient les habitants de la capitale et leurs principales activités étaient devenus des pièges mortels et une menace permanente.

Pour l'équipe de Médecins sans frontières (MSF) travaillant dans la clinique de la Trinité, la première urgence fut d'abord de s'extraire des bâtiments avant d'être ensevelie et d'aider les patients hospitalisés à faire de même. Les deux étages supérieurs de la clinique s'étaient écrasés sur le rez-de-chaussée. Le nombre de personnes disparues sous les décombres était estimé à une dizaine. Un anesthésiste, un agent d'entretien et un chirurgien comptaient parmi les morts. Certains demeurèrent coincés dans les décombres pendant plusieurs heures avant d'être dégagés. Il était parfois possible de communiquer avec eux et des tuyaux furent glissés par des interstices pour les ravitailler en eau. D'autres encore en vie après quelques heures agonisaient sous les gravats. Dans le même temps, l'équipe produisait un premier bilan de sa situation et demandait du renfort au siège de l'association. Dans toute la ville, des dizaines de milliers de blessés tentaient de sortir des ruines avec l'aide de leurs proches et d'atteindre un hôpital encore fonctionnel.

C'est ainsi que les treize premiers jours suivant le séisme, l'équipe de la Trinité prit en charge plusieurs centaines de blessés couchés à même le sol[1] dans la rue ou dans le jardin d'une villa servant auparavant de pharmacie, de local administratif et d'entrepôt. Les interventions chirurgicales étaient pratiquées dans un container métallique rapidement aménagé à cette fin. Dans ces circonstances exceptionnelles où la demande de soins explose et l'offre s'effondre, comment décider par qui commencer ? Pour répondre à cette question, les sociétés savantes et les autorités sanitaires recommandent l'usage d'une procédure empruntée à la médecine militaire : le triage. Dans l'esprit de cette procédure, un chirurgien et un médecin anesthésiste triaient les blessés de la Trinité sous la supervision du médecin directeur de la clinique. Sans utiliser l'un des protocoles standardisés, ils respectaient l'esprit de la procédure de triage telle que formulée par l'OMS (Organisation mondiale de la santé[2]) : « Les dits patients doivent être répartis en fonction de la gravité de leurs blessures, et les traitements à leur appliquer doivent être décidés selon les ressources disponibles et les chances de survie. Le principe de sélection sur lequel reposent les décisions à prendre en la matière est celui de l'allocation des ressources pour le plus grand bénéfice sanitaire du plus grand nombre. » Selon cette recommandation de l'OMS, l'équipe médicale chargée du triage définissait la gravité et donc l'ordre de passage de chaque cas au bloc opératoire à partir de critères habituels (lésions constatées, fréquence respiratoire, temps de recoloration cutanée, fré-

1. Observations recueillies par l'auteur, membre de l'équipe de renfort à cette mission.

2. Groupe de travail sur les situations d'urgence – Maladies transmissibles : surveillance et action, Bureau régional OMS des Amériques, Bureau de l'OMS en Haïti, *Évaluation des risques pour la santé publique et interventions. Séisme : Haïti*, janvier 2010, p. 14. http://whqlibdoc.who.int/hq/2010/WHO_HSE_GAR_DCE_2010.1_fre.pdf. Consulté le 1er oct. 2013. Pan American Health Organization. Pan American Sanitary Bureau, Regional Office of the World Health Organization, *Establishing A Mass Casualty Management System*, Washington (DC), 2001.

quence cardiaque, tension artérielle, coloration des conjonctives, état de conscience, température). Une fiche était remplie et donnée au patient ou à un accompagnant. Le blessé était enregistré et hospitalisé sous l'un des abris de fortune réalisés à partir de bâches en plastique. Une équipe de techniciens veillait à ce qu'un générateur fournisse l'électricité et à ce qu'un camion-citerne amène l'eau. Un restaurateur apportait les repas. Le nombre d'interventions chirurgicales augmentait de jour en jour. Aux nouveaux cas continuant d'arriver s'ajoutaient les blessés déjà opérés ayant besoin de passer une nouvelle fois au bloc, ne serait-ce que pour refaire leur pansement dans des conditions de propreté et avec un traitement antalgique suffisant. Pour satisfaire ces multiples demandes, le bloc opératoire devait sans cesse améliorer ses performances. L'ordre de passage des blessés au bloc était établi chaque matin et revu tout au long de la journée selon les arrivées de nouveaux cas. Les treize premiers jours, 1 275 blessés[1] ont été accueillis, triés et soignés. Environ 400 interventions chirurgicales ont été effectuées. Pour l'ensemble du pays[2], du 12 janvier au 30 avril 2010, les équipes MSF, au total 3 400 personnes sur 26 sites, ont effectué 165 543 consultations externes et 5 707 interventions chirurgicales.

L'exemple ci-dessus montre bien que le triage est imposé par une demande exceptionnelle qui conduit à l'emploi d'une procédure particulière afin d'établir les priorités. La généralisation de l'usage du terme triage comme la clarification de ses objectifs datent de la Première Guerre mondiale[3] : trier les blessés pour renvoyer au plus vite dans leur régiment ceux dont l'état de santé le permet et trier pour

1. Florian Cabanes, *Pratique de l'anesthésie réanimation en situation précaire : analyse d'une mission humanitaire avec MSF à Haïti lors du séisme du 12 janvier 2010*, thèse de médecine/spécialité anesthésie réanimation, Université Paris VI, 15 oct. 2010.

2. MSF, *Haiti earthquake response/Inter-sectional review/Executive report/Synthesis of six specific reviews from 12th or January to 12th of April 2010*, 2010, Geneva. http://www.msfassociation.org/wp-content/uploads/2011/01/Haiti-Review_Executive-report_final-Dec-171.pdf. Consulté le 1er oct. 2013.

3. Kenneth V. Iverson & John C. Moskop, Triage in medicine, Part I: Concept, history, and types, *Annals of Emergency Medicine*, mars 2007, vol. 49, n° 3.

mieux ordonner les soins dans l'espoir d'éviter le plus grand nombre possible de décès et de déficits fonctionnels sévères[1] parmi ceux qui demeurent à la charge du service de santé. Depuis la Première Guerre mondiale, les usages du triage se sont diversifiés et étendus. Le triage est aujourd'hui le plus souvent employé en dehors de son contexte de naissance : les guerres dites de position comme la Première Guerre mondiale. Il a trouvé une place dans la réponse aux cataclysmes naturels, aux épidémies et aux famines et dans la gestion de situations de rareté des ressources plus banales, comme lors de la sélection des patients en salle d'attente d'un service d'urgence ou la sélection des patients pour l'admission en service de soins intensifs.

Ce que ne dit pas l'exemple haïtien présenté plus haut, c'est qu'avant de trier des individus, les responsables des secours sélectionnent des lieux et des situations, donc des populations, qui sont privilégiés par rapport à d'autres dans l'allocation des secours. Dans ces circonstances, les différentes façons de mettre en scène dans l'espace public le malheur des uns et des autres déterminent, autant que les critères médicaux et sanitaires, les populations qui seront servies en premier et celles qui devront attendre, voire se résigner à ne pas recevoir l'aide attendue. Chaque catastrophe se déroule dans un contexte (social, culturel, économique et politique) particulier et évolutif.

Cela souligne l'importance pour les responsables de l'organisation des secours d'une qualification précise des lieux, des situations et des populations retenues comme prioritaires. Déclencher à tort les procédures d'urgence, dont celle du triage des individus, provoquerait une inutile désorganisation des soins aux conséquences médicales et sanitaires négatives. À l'inverse, ne pas déclencher à temps la procédure d'urgence exposerait les centres de soins à un embouteillage paraly-

1. Dans l'objectif de simplifier la présentation, la suite du texte sera centrée sur la réponse à des mortalités inhabituelles. Le même raisonnement s'appliquerait aussi à des déficits fonctionnels n'engageant pas le pronostic vital, par exemple la perte de l'usage d'un œil, d'une main, de la parole ou encore la persistance d'une douleur invalidante…

sant à un moment où le nombre exceptionnel de blessés ou de malades requiert une administration rigoureuse des soins.

Ce texte aborde en premier lieu les questions posées par la sélection des situations, puis celles induites par les procédures de triage des individus.

S'ORIENTER

Le défi consiste à déclencher une procédure d'urgence à temps, ni trop tôt, ni trop tard. À cette fin, la veille sanitaire cherche à détecter le plus tôt possible des variations importantes, plus ou moins soudaines et évocatrices d'un événement catastrophique. Ce dernier peut se décrire dans trois dimensions. La première est démographique : une population, un nombre de cas et un nombre de morts inhabituels sur un territoire et une période de temps donnés. La deuxième dimension est sociale et politique : l'existence ou non de tensions dans la société au sujet de la prévention et de la réaction à l'événement. La troisième dimension est institutionnelle : le degré de réponse en urgence des pouvoirs publics.

Il existe une grande variété de catastrophes décrites dans ces trois dimensions. Parfois, des événements peu meurtriers induisent des mobilisations sociales et politiques importantes qui entraînent une réponse institutionnelle en urgence démesurée. Par exemple, en France, pendant les années 2009 et 2010, les dépenses effectuées en réponse à l'épidémie de grippe H1N1 ont été importantes, autour de 600 millions d'euros[1], alors que les données épidémiologiques n'indiquaient ni une incidence, ni une létalité, ni une mortalité plus élevées que les années précédentes. Très souvent, l'origine de la catastrophe fait l'objet de débats passionnés. L'inondation de la Nouvelle-Orléans

1. Voir Cour des comptes, *La Politique vaccinale de la France, communication à la commission des affaires sociales du Sénat*, Paris, oct. 2012. http://www.senat.fr/rap/r12-351/r12-3511.pdf. Consulté le 1er oct. 2013.

(USA) et ses 1 800 victimes[1] sont-elles imputables à une volonté divine, à l'ouragan Katrina ou à des digues mal conçues et mal entretenues ?

La durée de certaines catastrophes peut également être déconcertante. Si le terme catastrophe est réservé à des événements de courte durée, certaines situations marquées par de fortes mortalités chroniques ne sont pas retenues comme devant faire l'objet d'une réponse rapide et massive. Par exemple, dans la région de Zinder au Niger, au début des années 2000, en raison des carences alimentaires et de la haute fréquence des infections, la mortalité des enfants de moins de 5 ans était double[2] de celle de la capitale, Niamey. Cela ne signait-il pas l'existence d'une catastrophe de longue durée dans cette région du pays ?

Afin d'éviter les principaux pièges de l'évaluation initiale d'une situation, débuter l'analyse des catastrophes sous l'angle de l'ampleur des préjudices est un bon point de départ : les morts, les blessés ou les malades et les destructions de biens[3]. Cela implique de comprendre ce qu'est une mortalité normale.

La mortalité, un indicateur majeur de la situation de catastrophe…

L'épidémiologie qualifie de normale la mortalité habituelle. En 2011, les taux bruts annuels de mortalité ont varié[4] selon les pays entre 0,5 (Bahamas) et 1,6 % (Afghanistan). D'un point de vue mné-

1. Richard D. Knabb, Jamie R. Rhome & Daniel P. Brown, *Tropical Cyclone Report Hurricane Katrina 23-30 August 2005*, National Hurricane Center, 20 déc. 2005. http://www.nhc.noaa.gov/pdf/TCR-AL122005_Katrina. pdf. Consulté le 1er oct. 2013.

2. Institut national de la statistique, Ministère de l'Économie et des Finances, *Enquête démographique et de santé et à indicateurs multiples*, Niamey, Niger, 2006. http://www.measuredhs.com/pubs/pdf/FR193/FR193-NI06. pdf. Consulté le 1er oct. 2013.

3. Les destructions de biens ne seront pas analysées dans ce texte.

4. http://donnees.banquemondiale.org/indicateur/SP.DYN.CDRT.IN. Consulté le 1er oct. 2013.

motechnique, retenir le chiffre de 1 % [0,5 – 1,6] de morts par an comme une estimation de la normale, quelle que soit la société, est utile pour apprécier rapidement la situation examinée. Ne meurt-on pas plus dans les pays à bas revenu ? Non, le nombre de morts n'est pas forcément plus élevé ; en revanche, l'espérance de vie est beaucoup plus courte, notamment du fait d'un grand nombre de décès durant la petite enfance. Dans les pays à haut revenu, l'espérance de vie est beaucoup plus longue, la mortalité des enfants est faible et les personnes âgées constituent la plus grande partie des décès.

Données de 2010	Revenu national brut par habitant/an en $	Espérance de vie à la naissance en années	Taux brut de mortalité pour 100 habitants/an	Taux de mortalité infantile pour 1 000 naissances/an	Population âgée de moins de 5 ans en % de la population
Norvège	85 380	81	0,9 %	3	6 %
Mauritanie	2 000	58	1 %	75	15 %

Sources : Unicef, http://www.unicef.org/french/statistics/index_countrystats.html

Pour que l'événement soit significatif d'un point de vue quantitatif, il faut enregistrer une variation importante (multiplication par 2, voire beaucoup plus) de la mortalité en comparaison de la normale. Pour un suivi serré de la mortalité dans l'intention de la corriger le plus tôt possible, un indicateur journalier est utilisé : le nombre de morts pour une population de 10 000 personnes par jour (1 % par an = 10 pour 1 000 par an = 0,27 pour 10 000 personnes par jour). Un doublement du taux brut de mortalité journalier, par exemple, pendant une semaine devrait au minimum déclencher une investigation. Pour les Centers for Disease Control[1] (CDC, USA), en temps normal, il ne

1. Francesco Checchi & Les Roberts, *Interpreting and Using Mortality Data in Humanitarian Emergencies. A Primer for Non-Epidemiologists*, Overseas Development Institute/Humanitarian Practice Network, network paper number 52, September 2005, London, p. 7. http://www.odihpn.org/documents/networkpaper052.pdf. Consulté le 1er oct. 2013.

devrait pas dépasser 0,5 pour 10 000 par jour (1,8 % par an) et quand il atteint 1 pour 10 000 personnes et par jour (3,6 % par an), déclencher une procédure exceptionnelle (une urgence) pour diminuer au plus vite le nombre de morts devient impératif. Avoir les yeux rivés sur les chiffres ne garantit pas une réaction suffisamment rapide. La veille sanitaire doit être aussi qualitative et produire une alerte dès le premier cas clinique d'une pathologie à forte létalité induite par un mécanisme susceptible de produire un très grand nombre de cas, par exemple dès l'arrivée du premier blessé venant d'un quartier bombardé ou dès le diagnostic du premier cas de choléra.

...à apprécier dans la durée et le contexte

Comprendre le contexte avant de se décider à agir nécessite de connaître non seulement l'état de la mortalité à un instant donné, mais surtout d'en saisir la dynamique dans le temps. En effet, secourir en situation de catastrophe est une course contre la montre démarrée en général avec retard. À quel moment de l'histoire l'opération de secours se profile-t-elle ? Au début quand tout est encore possible ? Ou, au contraire, après que le pic du nombre de morts a déjà été atteint ? Une mortalité basse peut indiquer qu'il est déjà trop tard pour espérer qu'une intervention en urgence sauve de nombreuses vies. La normalisation du nombre de décès s'est produite dans ce cas tout simplement en raison de la disparition récente d'une grande partie des individus les plus fragiles.

L'évolution de la mortalité[1] parmi les réfugiés somaliens du camp de Kobe, Liben, Éthiopie, en 2011, est un exemple de ce type de situation où la normalisation se produit surtout en raison d'une saignée démographique et beaucoup moins en raison de l'impact des

1. Mzia Turashvili & David Crémoux, *Review of the OCA Emergency Intervention in Liben, Ethiopia. Evaluation report, September 19th to November 15th*, Vienna evaluation unit, MSF internal report, 2012. http://evaluation.msf.at/evaluation-reports/review-of-the-oca-emergency-intervention-in-liben-ethiopia. Consulté le 1er oct. 2013.

secours. La population était affaiblie par le manque de nourriture et les infections. Une épidémie de rougeole était très meurtrière parmi les jeunes enfants dénutris. Pendant des mois, les secours furent limités par l'administration éthiopienne. Quand, en novembre 2011, les organismes d'aide internationaux dont MSF[1] se décidèrent à protester publiquement, plus de 1 200 personnes sur une population de 25 000 réfugiés (4,8 % en 3 mois : juin, juillet et septembre) étaient déjà mortes. À la suite de ce plaidoyer, de nouvelles facilités furent accordées aux organismes d'aide par l'administration éthiopienne, mais la mortalité était déjà revenue à la normale depuis le début du mois d'octobre.

Taux hebdomadaires de mortalité, camp de réfugiés de Kobe, Éthiopie, 2011

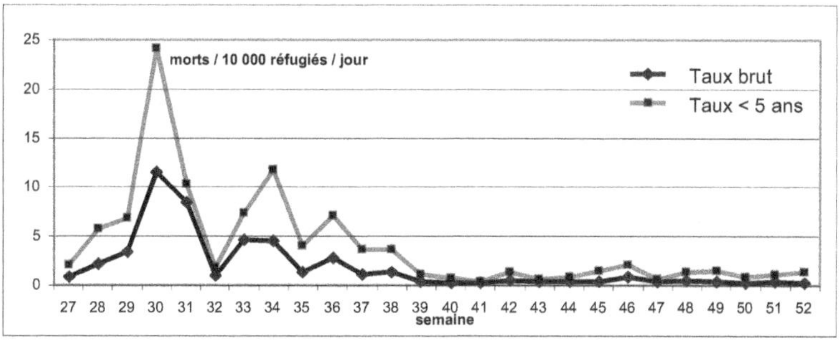

Source : Heidi Becher et Johan de Smedt, *MSF response to nutritional crisis Dolo Ado refugee camps, Liben, Ethiopia, 2011*, International conference on operational evaluations, Paris, février 2013.

Les données de mortalité s'obtiennent par la visite des cimetières, la consultation des registres des pompes funèbres, de ceux de l'état civil et de ceux des institutions sanitaires ou par une enquête au sein d'un échantillon représentatif de la population. Pour construire un échantillon représentatif, il faut au préalable connaître la taille de la population et sa répartition sur le territoire étudié au moment de

1. http://www.msf.org/article/ethiopia-surge-number-somali-refugees-demands-increased-capacity. Consulté le 1er oct. 2013.

l'enquête. Les catastrophes s'accompagnent souvent de variations démographiques soudaines dues à des déplacements de population comme à des mortalités élevées. La signification d'une augmentation des nombres de cas et de morts n'est pas toujours évidente. Il faut distinguer entre, d'une part, une simple augmentation de la taille de la population accompagnée d'une variation proportionnelle des cas et des morts, par exemple à la suite d'un afflux de population et, d'autre part, une aggravation de la catastrophe expliquant les hausses des cas et des morts alors que la population est restée la même. L'estimation de la taille de la population de référence, dénominateur de tout calcul de proportion, est l'information la plus déterminante pour l'interprétation de toutes les autres données et aussi la plus difficile à obtenir et à suivre avec précision.

Décider des réponses pertinentes face à une catastrophe demande une compréhension des évolutions de la mortalité, mais plusieurs autres éléments sont également déterminants et doivent être définis avec précision : l'événement considéré, le choix de la population de référence, le territoire et la période de temps pris en compte. En 2003, lors de la canicule en France, les décès liés à des températures extérieures élevées n'ont pas été retenus dans un premier temps par les autorités comme une catégorie d'événements devant faire l'objet d'un recueil spécifique d'informations. En cohérence, aucune réponse d'envergure n'a été déclenchée pendant l'accident climatique. La crise sociale et politique qui s'en est suivie a été à la mesure de la couverture médiatique de l'afflux massif de personnes âgées dans les services d'urgence et des 18 000[1] morts en excès durant la période caniculaire, par rapport à la même période lors des années précédentes.

Le choix de la population cible est déterminant. Une épidémie de rougeole dans une population d'enfants sans problèmes de santé parti-

1. Denis Hémon et Éric Jougla, *Impact sanitaire de la vague de chaleur d'août 2003 en France. Bilan et perspectives – Octobre 2003. Rapport remis au Ministre de la Santé et de la Protection sociale*, INSERM et Institut national de veille sanitaire, Paris, 26 oct. 2004. http://www.invs.sante.fr/publications/2003/bilan_chaleur_1103/vf_invs_canicule.pdf. Consulté le 1er oct. 2013.

culiers est peu meurtrière. Au contraire, une épidémie de rougeole parmi des enfants hospitalisés pour dénutrition sévère peut entraîner une énorme mortalité. Dans ce cas, en raison d'une surmortalité rapportée non à la population générale mais à une sous-population d'enfants hospitalisés, l'impact devient majeur à une échelle limitée au centre de réhabilitation nutritionnelle en question. Le même nombre de morts rapporté à la population totale d'enfants du même âge habitant le territoire couvert par le centre de réhabilitation nutritionnelle intensive pourrait indiquer une faible variation du taux de mortalité.

Le choix de la période de temps étudiée est aussi important. Certains phénomènes sont aigus et parfois saisonniers. Si l'analyse dilue la mortalité qu'ils occasionnent dans des périodes de temps beaucoup plus longues, la situation peut paraître normale. Au contraire, dans d'autres exemples, une mortalité élevée en permanence peut faire oublier qu'il s'agit bien d'une catastrophe. Au Botswana, entre 2001 et 2006, en raison de l'impact de l'épidémie à VIH, la mortalité[1] évoluait entre 2,4 et 3,2 % par an. En 2009, elle était revenue autour de 1 %. L'amélioration a été due en bonne partie à une diffusion massive des traitements contre le VIH.

Encore faut-il garder à l'esprit que les services de soins ne se contentent pas de répondre aux catastrophes mais qu'ils les alimentent parfois. Quand les activités médicales et sanitaires se dégradent trop, le mauvais fonctionnement du système de santé devient en lui-même un facteur du risque d'explosion de la mortalité. Dans certains cas, l'impact des dysfonctionnements ne se limite pas uniquement à une mauvaise prise en charge des patients, et le centre de soins lui-même peut se transformer en un lieu très iatrogène. Un exemple classique de ce type de phénomène est l'utilisation de la même seringue et de la même aiguille pour injecter un traitement à un grand nombre de patients.

1. http://www.indexmundi.com/g/g.aspx ?v=26&c=bc&l=fr. Consulté le 1er oct. 2013.

Trier

Le triage ne s'applique pas seulement à l'afflux de patients dû à la catastrophe. Il s'impose également aux activités de routine pour ne préserver que celles ayant un effet direct sur la mortalité due aux pathologies courantes, hors de tout contexte catastrophique. Les autres activités doivent être suspendues afin que les ressources humaines et matérielles puissent être affectées à l'accomplissement des tâches prioritaires pour la survie du plus grand nombre. Par exemple, il faut conserver la possibilité de réaliser une césarienne même après l'arrivée d'une cinquantaine de blessés. Par contre, les chirurgies pour le traitement des cancers peuvent être différées. D'une manière générale, l'objectif est de concentrer les ressources afin d'empêcher l'augmentation du nombre de cas (par exemple, évacuer une population exposée à un bombardement, vacciner contre une menace épidémique) et éviter le décès des personnes déjà touchées (opérer des blessés, administrer des traitements antibiotiques lors d'une épidémie).

L'efficacité du triage repose sur trois postulats[1] utiles et fragiles : l'équité dans le traitement des individus, l'unicité du mécanisme lésionnel en cause et l'adoption d'un comportement standardisé par les soignants. En théorie, le triage fait la démonstration mathématique de sa supériorité sur la forme habituelle d'organisation par l'obtention d'une meilleure adaptation quantitative de l'offre à la demande de soins que traduit un nombre de morts moins élevé.

La recherche de l'équité

Afin d'être efficace à l'échelle collective et d'être équitable avec les individus, le triage est censé s'appliquer à tous selon les mêmes critères

1. Dr Michel Nahon, *Les Principes généraux de la médecine de catastrophe*, SAMU de Paris, cours pour la capacité d'aide médicale d'urgence, université Paris V, janvier 2011. http://www.urgences-serveur.fr/IMG/pdf/princip_cata_s.pdf. Consulté le 1er oct. 2013.

médicaux et sanitaires. Une présentation idéalisée de cette procédure souligne notamment que la place au sein de la hiérarchie sociale ne sera pas retenue comme un critère déterminant de l'accès aux soins. Le Baron Dominique Jean Larrey a attaché son nom à l'invention du triage pour avoir écrit[1] : « Blessés, doivent être pansés sans distinction des grades en raison de la gravité de leurs plaies et de l'importance des opérations qu'elles exigent. » Cette promesse de ne pas prendre en compte la place occupée par le patient dans la société n'est pas toujours aisée à tenir.

Un exemple : en août 2012[2], les services médicaux de la partie d'Alep, en Syrie, contrôlée par l'opposition prennent en charge chaque jour plusieurs centaines de blessés civils et militaires. Les hôpitaux et leurs personnels sont la cible de bombardements de la part de l'ennemi. C'est l'exemple type de la situation exigeant un tri rigoureux des blessés pour ne pas gaspiller les maigres ressources disponibles en les affectant à des cas désespérés. Le blessé est dans un coma profond, avec des difficultés respiratoires. Son hémorragie abdominale n'a pu être contrôlée par la première chirurgie effectuée dans un petit hôpital privé de la ville. Pourtant, une ambulance évacue un blessé en direction de la Turquie alors que ses chances de survie sont des plus faibles. Pour le professionnel, il s'agit d'un cas. Pour son père qui est à son chevet, il s'agit d'un fils. Pour ses frères d'armes, qui l'entourent, fusil en bandoulière, il est un héros. Pour tous, c'est à Allah de décider de son sort. Comment le médecin pouvait-il leur faire comprendre que, pour lui, toute tentative de réanimation était probablement vouée à l'échec et qu'il serait mieux avisé de réserver les ressources disponibles à des cas au pronostic plus favorable ?

Si les critères médicaux et sanitaires du triage ne prévalent pas toujours, alors quels sont ceux qui entrent en ligne de compte ? La règle d'une équitable répartition des soins entre individus souffre d'exceptions légitimes. Par exemple, il faut reconnaître que ne pas

1. Baron Dominique Jean Larrey, *Mémoires de chirurgie militaire et campagnes*, t. IV, Paris, J. Smith, 1817, p. 487.

2. Observation de l'auteur lors d'une mission sur le terrain, août 2012.

privilégier l'accès aux soins de certains dirigeants de la société amplifierait la catastrophe et les troubles sociaux qui l'accompagnent.

Plus préoccupant, quand les circonstances s'y prêtent, les secours peuvent aussi être aussi détournés au profit d'intérêts partisans, par exemple ceux d'éventuels belligérants ou ceux d'une clientèle politique. Des intérêts économiques particuliers peuvent également prévaloir, ceux de profiteurs de guerre dans un contexte de conflit armé ou plus généralement ceux d'escrocs, à l'extérieur comme à l'intérieur des organismes d'aide, pour qui une catastrophe constitue surtout l'opportunité de faire de bonnes affaires. Mais l'étude[1] de la sélection des patients à l'admission en service de soins intensifs en temps normal nous rappelle que des phénomènes beaucoup plus communs sont toujours à l'œuvre. Par exemple, en France, malgré l'existence de critères médicaux, la demande d'admission en unité de soins intensifs a moins de chances d'être satisfaite si elle est formulée au téléphone et non à l'occasion d'un contact physique direct, de même si elle survient durant certaines plages horaires.

En dehors des critères médicaux, des contraintes organisationnelles subies par les soignants et des entreprises de détournements des secours à d'autres fins (militaires, politiques ou économiques), la sélection des patients relève en réalité souvent des motifs ordinaires de discrimination en usage dans la société qui sont puisés dans un registre à la fois classique et renouvelable à l'infini : « [...] au nom d'un principe symbolique connu et reconnu par le dominant comme par le dominé, une langue (ou une prononciation), un style de vie (ou une manière de penser, de parler ou d'agir) et, plus généralement, une propriété distinctive, emblème ou stigmate...[2] ».

L'idée de considérer comme *a priori* égaux les individus lors de la procédure de triage et de ne les distinguer les uns des autres que selon

1. M. Garrouste-Orgeas, L. Montuclard, J.F. Timsit, J. Reignier, T. Desmettre, P. Karoubi, D. Moreau, L. Montesino, A. Duguet, S. Boussat, C. Ede, Y. Monseau, T. Paule, B. Misset, J. Carlet, Predictors of intensive care unit refusal in french intensive care units: A multiple-center study, French ADMISSIONREA Study Group, *Critical Care Medicine*, avril 2005, 33(4):750-5.

2. Pierre Bourdieu, *La Domination masculine*, Paris, Seuil, 1998, p. 8.

un tout petit nombre de critères médicaux définis possède également des limites médicales. Par exemple, les conséquences d'un traumatisme thoracique sont différentes selon qu'il survient chez un patient auparavant sain ou chez un patient atteint d'insuffisance respiratoire chronique.

L'action sur un mécanisme lésionnel unique

Dans l'idéal de la médecine de catastrophe, après celui d'un traitement équitable des individus, le deuxième postulat avancé est celui de l'existence d'un mécanisme lésionnel unique[1] à l'origine d'un nombre inhabituel de cas du même type qui diffèrent par leur gravité. La mortalité en excès objective la dimension démographique de l'événement et renvoie à un ou à un petit nombre de mécanismes lésionnels donnant lieu à une épidémie (de traumatismes, d'infections, de carences...) en rapport avec le type de la catastrophe. Si ces mécanismes lésionnels particuliers n'existaient pas, la mortalité serait normale.

Le retour à une mortalité normale survient si ces mécanismes lésionnels en nombre très limité disparaissent spontanément – ils peuvent aussi être contrôlés par une action préventive – ou si la prise en charge curative des cas permet de leur éviter une issue fatale. L'identification et le tri par ordre de gravité des cas directement en rapport avec l'événement catastrophique sont donc au cœur de l'organisation de la réponse en urgence. L'espoir que l'offre de soins puisse être rapidement ajustée à la demande repose sur le fait que le petit nombre de mécanismes lésionnels rendra possible une simplification des prises en charge favorisant un déploiement rapide et massif des secours. L'erreur opérationnelle fréquente est de ne pas relever que la surmortalité est due à un petit nombre de causes et de ne pas concentrer l'effort sur leur prise en charge. Légitime en dehors d'une situa-

1. Ou bien d'un tout petit nombre de causes.

tion d'exception, une relative dispersion des ressources pour exécuter une multitude de tâches conduit en urgence à l'échec du contrôle de la mortalité, tout en produisant l'impression rassurante d'une tentative de répondre à tous les besoins couverts en temps normal.

L'idée de l'unicité du mécanisme lésionnel rend possible une préparation rapide et simple des personnels à leur tâche par la diffusion de protocoles de triage aussi succincts que possible : le cas très grave (code noir[1], un agonisant ou un mort, une urgence dépassée, non prioritaire), le cas grave (code rouge, une urgence absolue, à traiter en priorité), le cas modéré (code jaune, une urgence relative qui peut attendre quelque temps en fonction des disponibilités) et le cas bénin (code vert, non urgent, qui peut éventuellement être renvoyé dans son foyer).

Le retour d'un équilibre entre demande et offre de soins s'obtient au prix de la réduction de la diversité des tableaux cliniques à un petit nombre de catégories en fonction de la gravité, deux à cinq le plus souvent selon les différents systèmes de triage. Pourtant, dans la réalité, l'idée de l'unicité du mécanisme lésionnel montre des limites. Par exemple, deux patients atteints d'une blessure par balle dans la même partie du corps peuvent présenter au moment précis du tri des paramètres identiques selon les quelques critères retenus pour décider en une minute de l'orientation du patient alors qu'en réalité leurs pronostics sont très différents. Ils sont fonction des différents organes touchés par le projectile lors de son trajet à l'intérieur du corps. Un réel examen clinique permettrait de les distinguer, mais le temps manque pour l'effectuer selon les modalités habituelles.

L'adoption d'un comportement standardisé

L'efficacité supposée des interventions (diagnostiques, préventives ou curatives) est la principale justification des procédures de triage.

1. Exemple du protocole de triage START (Simple Triage And Rapid Treatment) et de son système de codage par couleur des patients des plus graves aux plus bénins : noir, rouge, jaune et vert.

Elle devrait pouvoir être étayée par des études réalisées selon les standards actuels de la médecine fondée sur les niveaux de preuves *(evidence based medicine)*. Or, les situations catastrophiques se prêtent mal à la réalisation d'expérimentations scientifiques. Les protocoles de réponse aux catastrophes, derrière leur apparente rationalité, reposent en bonne partie sur des raisonnements déduits de connaissances physiologiques et sur des savoir-faire cliniques acquis par la pratique. Quand, en dépit de la précarité des circonstances, des études scientifiques sont néanmoins réalisées, leurs résultats exposent les limites pratiques des procédures de triage.

Voici les résultats de l'étude d'un triage effectué parmi les blessés d'une catastrophe ferroviaire (2003) selon le Simple Triage and Rapid Treatment (START) dont l'usage est très répandu aux USA depuis les années 1980.

Catégorie de triage	Résultats du triage sur le lieu de l'accident de train	Résultats à l'examen des dossiers dans les 14 hôpitaux qui ont reçu les blessés
Rouge	22	2
Jaune	68	26
Vert	58	120
Total des blessés	148	148

Source : Christopher A. Kahn, Carl H. Schultz, Ken T. Miller, M. Craig, L. Anderson, Does START triage work? An outcomes assessment after a disaster, *Annals of Emergency Medicine*, sept. 2009, vol. 54, issue 3, p. 424-430.

78 blessés ont vu leur ordre de priorité surestimé, 3 ont été sous-estimés. Pour 66 blessés, la catégorie de triage a été confirmée par les données hospitalières. Dans cet exemple, le triage sur le lieu de l'accident ferroviaire a bien permis que les patients étiquetés « rouge » arrivent une heure avant les « jaune » et les « vert » dans les hôpitaux. Mais, parmi ces 22 patients étiquetés « rouge » lors du triage sur le terrain, les données hospitalières confirmeront que seuls 2 étaient bien des « rouge ».

L'exemple ci-dessus illustre parfaitement que, si les ressources disponibles sont encore relativement importantes, le professionnel en charge du tri aura tendance à vouloir éviter de léser l'individu devant lui à un moment donné. La tentation est alors d'accorder trop souvent la priorité à des cas dont la prise en charge pourrait être différée selon une application rigoureuse des critères.

Si, à l'inverse, les ressources sont très réduites, la volonté de protéger les intérêts de la collectivité prend l'ascendant. Le risque devient alors d'écarter des patients qui auraient pu être sauvés s'ils avaient été jugés prioritaires. Par exemple[1], en novembre 2012, dans le centre de santé de Konseguela (cercle de Koutiala, Mali), les cas de malnutrition aiguë sont nombreux. Pour l'admission dans le programme de réhabilitation nutritionnelle intensive, le triage s'effectue en utilisant un indice anthropométrique. Il est calculé à partir du poids et de la taille de l'enfant, comparés à ceux d'une population d'enfants de référence dont la croissance a été estimée optimale. Lors de la visite, une discussion survient au sein de l'équipe soignante à propos d'un enfant atteint de marasme qui se voit refuser l'admission. Son rapport poids sur la taille est égal au seuil choisi pour distinguer les cas modérés des sévères dans la malnutrition aiguë. Pour accéder à la filière de soins nutritionnels intensifs réservée aux cas sévères, un indice anthropométrique non pas égal mais strictement inférieur à la valeur seuil retenue est exigé. Pourtant, un rapide coup d'œil à l'enfant, à ses deux frères et quelques questions simples posées à leur mère permettent de comprendre, sans utiliser un indice anthropométrique, qu'il a grand besoin d'une réhabilitation nutritionnelle intensive. Notons que l'enfant a été écarté des soins à l'aide d'un test diagnostic imparfait[2], l'indice anthropométrique, dont l'usage est justifié en grande partie par des raisons économiques. Nourrir tous les enfants dénutris serait trop coûteux. Pertinent ou non, l'usage de l'indice anthropométrique donne l'impression d'un rationnement des aliments thérapeutiques reposant sur l'usage d'un critère scientifique, le calcul du rapport entre le poids

1. Observation relevée lors d'une visite de l'auteur sur ce terrain.

2. André Briend, *La Malnutrition de l'enfant. Des bases physiopathologiques à la prise en charge sur le terrain*, cours dispensé dans le cadre de la Chaire Danone 1996, Institut Danone, 1998, p. 35. http://www.danoneinstitute.be/files/pdf/chairs/monographies/mono6.pdf. Consulté le 1er oct. 2013.

et la taille. Cela peut-il suffire à faire oublier que la décision prise est de donner de la nourriture à un enfant et non à l'autre alors que tous deux n'ont plus que la peau sur les os ?

Agir

Le rationnement des soins au profit de certains et au détriment d'autres est souvent présenté dans la littérature comme étant à la source de dilemmes éthiques importants. L'exemple le plus souvent exposé concerne le choix, lors des afflux massifs de blessés ou de malades, de ne pas tenter de modifier le pronostic vital de ceux jugés trop gravement atteints. Leur prise en charge est réduite à un traitement palliatif afin que la fin de leur vie soit la moins douloureuse possible. En réalité, le pronostic vital des agonisants déjà mauvais en temps normal devient effroyable lors d'une catastrophe en raison de la précarité des conditions de vie et de soin. Lors de la prise en charge médicale de ce type de patients, l'angoisse du soignant relève plus de la difficulté à accepter sa propre impuissance face à l'ampleur de la catastrophe que du cruel exercice d'un pouvoir de vie et de mort lors du triage.

Au-delà des dilemmes induits par la gestion des patients ayant le plus mauvais pronostic, le plus déconcertant pour le personnel soignant est l'injonction de passer d'une éthique à l'autre. La première, celle de l'ordinaire, est présentée comme centrée sur l'intérêt individuel du blessé ou du malade. Lors d'une situation extraordinaire, où la demande dépasse l'offre d'une manière beaucoup plus forte que d'habitude, le risque perçu est celui de gaspiller les maigres ressources disponibles et un temps précieux en accordant trop d'attention aux cas ayant un trop bon ou, à l'inverse, un trop mauvais pronostic. L'approche éthique alors recommandée est dite utilitariste. L'objectif devient « le plus grand bien pour le plus grand nombre », quitte à sacrifier quelques individus à l'intérêt général. La tension entre les intérêts individuels et l'intérêt collectif est déjà présente en dehors de contextes d'exception dans la routine de l'administration des soins. Mais les événements socialement considérés comme des catastrophes donnent une inhabituelle visibilité à des discriminations dans l'accès au soin d'ordinaire mieux acceptées car noyées dans la banalité du quotidien.

Alors que les demandes sont nombreuses et pressantes, comment empêcher que la distribution parcimonieuse d'une aide réduite à quelques priorités ne provoque trop de tensions, voire des violences ? La justification des choix du triage donnée par les soignants est formulée en des termes qui soulignent que tout le monde sera traité non de la même façon mais d'une façon qui conduise à diminuer au mieux le nombre de décès à l'échelle de la population. Penser recevable une telle justification par un individu en détresse repose sur l'hypothèse qu'il prendra son mal en patience pour le bien du plus grand nombre. L'expérience montre que l'invocation de l'intérêt collectif ne peut toujours suffire à calmer des personnes en situation précaire et leurs proches. Un usage, au mieux dissuasif, de la force est souvent inévitable, par exemple afin d'empêcher que la pharmacie ou l'entrepôt de nourriture ne soient pillés par une foule en colère privée des biens essentiels à sa survie. En ce sens, la réussite d'une urgence est surtout celle d'une mobilisation sociale et politique exceptionnelle, capable de produire un consensus en matière de répartition de l'aide et des soins de façon à prévenir des troubles sociaux et politiques trop importants.

Ainsi, le triage se révèle pour ce qu'il est avant tout : l'étape essentielle d'une opération de rationnement et de maintien de l'ordre. Compris comme l'affirmation d'une nouvelle norme sociale de répartition de ressources devenues plus rares, le triage trouve alors son sens et son utilité : « En toute rigueur une norme n'existe pas, elle joue son rôle qui est de dévaloriser l'existence pour en permettre la correction[1]. »

Avant de trier des individus, les secouristes orientent la distribution des secours en réponse à certaines situations et à destination de certaines populations. L'analyse des politiques d'aide devient précise

1. Georges Canguilhem, *Le Normal et le Pathologique*, Paris, Puf, 1966, p. 41.

quand elle ne se contente pas seulement d'exposer qui en sont les bénéficiaires, mais quand elle informe aussi sur ceux qui sont écartés des soins et des secours. Qui sont-ils ? Pourquoi ne sont-ils pas prioritaires et quelles sont les conséquences de ce choix ? Des choix différents étaient-ils possibles ? Quand et comment l'évolution du contexte permettra de mieux les inclure dans les soins ?

Chaque opération porte la marque d'une ou d'un petit nombre de personnalités qui ont régulé la distribution des secours et des soins. Ce rôle est rempli au mieux quand elles gardent à l'esprit que le triage n'est pas seulement une technique mais également le passage, pour le meilleur et pour le pire, d'une norme de justice distributive à une autre. La nouvelle norme n'est pas là pour être suivie aveuglément, mais pour servir de balise à la création d'une politique des secours à chaque fois originale afin de répondre au mieux à une situation d'exception et aux besoins toujours singuliers de ses victimes.

IMPARTIALITÉ ET PRATIQUES DE TRIAGE EN MILIEU HUMANITAIRE. LE CAS DE MÉDECINS SANS FRONTIÈRES AU PAKISTAN

Marion Péchayre

Les humanitaires partagent avec les médecins une aspiration à l'impartialité. Les médecins urgentistes revendiquent la rigueur médicale dans le triage des patients, et les humanitaires revendiquent la non-discrimination politique, culturelle ou religieuse dans leur désignation de ceux qu'ils aident, ainsi que la proportionnalité de l'assistance par rapport aux besoins identifiés. Historiquement, l'impartialité fait partie des principes fondateurs de l'aide en contexte de guerre revendiqués, au lendemain de la bataille de Solferino en 1859, par Henri Dunant[1], à l'origine du mouvement Croix-Rouge. L'innovation de Dunant consistait à garantir secours et soins aux combattants blessés, personnes dites « hors de combat », quel que soit leur camp. L'impartialité est peut-être le seul principe dans lequel tous les humanitaires se reconnaissent ; c'est aussi le moins débattu des grands principes humanitaires hérités du mouvement Croix-Rouge, contrairement aux principes de neutralité et d'indépendance[2].

1. Henry Dunant, *Un souvenir de Solferino*, Genève, ICRC, 1862.
2. Nicholas Leader, *The Politics of Principle: The Principles of Humanitarian Action in Practice*, Londres, Overseas Development Insitute, 2000 ; Hans Haug, Neutrality as a fundamental principle of the Red Cross, *International Review of the Red Cross*, 1996, n° 315.

Comme le souligne Peter Redfield, les acteurs humanitaires sont néanmoins dans l'impossibilité de « secourir *toutes* les victimes » et ils doivent établir des priorités dans « un monde de besoins infinis[1] ». Les professionnels de l'aide désignent le processus de choix des personnes à assister en priorité comme une opération de *sélection* ou de *ciblage*. Cet article préfère employer le mot *triage* car, contrairement aux deux précédents qui ne parlent que des personnes *in fine* choisies et aidées, le mot *tri* dans *tri-age* met le doigt sur ceux qui, dans le processus de choix, sont écartés. Alex De Waal parle à cet égard de la « cruauté inéluctable » des travailleurs humanitaires contraints de hiérarchiser les vies à sauver face à l'impossibilité de les sauver toutes[2], se trouvant ainsi engagés dans ce que Didier Fassin désigne des « politiques de la vie[3] ». En effet, les humanitaires sont confrontés à des limites liées au contexte dans lequel ils évoluent – insécurité importante, autorisations administratives longues à négocier ou non accordées – ainsi que, comme en médecine, à des contraintes de moyens, qu'ils soient financiers, logistiques, ou liés aux ressources humaines. Des choix sont faits sur la zone où intervenir, sur les catégories de personnes à qui proposer une assistance et aussi sur le type de services à offrir. Cette série de choix constitue le *triage humanitaire*. Une différence majeure entre *triage médical* et *triage humanitaire* réside cependant dans le fait que les candidats à l'aide, trop nombreux, ne sont pas vus avant d'être sélectionnés. Cet article présente donc la « sélection des bénéficiaires » par les organisations humanitaires comme une forme métaphorique de triage opérant à grande échelle, dont la rigueur est d'emblée mise à mal par l'impossibilité d'application d'un protocole scientifique uniforme. Par quoi la politique de triage d'une organisation humanitaire est-elle alors façonnée ? Qu'est-ce qui, dans les

1. Peter Redfield, Sacrifice, triage and global humanitarianism, *Humanitarianism in Question: Politics, Power, Ethics*, Cornell University Press, 2e éd., 2008, p. 196-214.

2. Alex de Waal, The humanitarians' tragedy: escapable and inescapable cruelties, *Disasters*, 2010, vol. 34, p. S130-S137.

3. Didier Fassin, *La Raison humanitaire : une histoire morale du temps présent*, Paris, Seuil, 2010, p. 290.

logiques organisationnelles, influence les choix sur qui assister en priorité ?

Dans la lignée des ouvrages d'anthropologie du développement et de l'aide humanitaire[1], cet article propose quelques éléments de réponse issus d'une étude ethnographique d'un programme de la section belge de Médecins Sans Frontières (MSF-B), réalisée au Pakistan en novembre 2011. Il montre notamment que le triage géographique est indépendant, voire contraire aux valeurs du personnel médical de MSF, et que l'adhésion paradoxale de ces derniers à un triage politique en amont du triage des patients dans l'hôpital relève à la fois d'une division du travail au sein de l'organisation et d'une adhésion générale à l'idée de sauver des vies – celles de victimes de l'ordre politique dominant.

MSF au Pakistan

Cette ethnographie a porté sur un programme de MSF-B de soins secondaires au sein d'un hôpital situé dans le nord-ouest du Pakistan, non loin de la frontière avec l'Afghanistan. Bien qu'accusé par ses alliés occidentaux d'être trop proche du mouvement des talibans afghans et du réseau Haqqani[2], le Pakistan fait lui-même face depuis 2003 à la montée en puissance de réseaux de talibans pakistanais qui revendiquent régulièrement des attentats dans les Régions tribales fédéralement administrées (FATA) et dans la province du Khyber

1. Jean-Pierre Olivier de Sardan, *Anthropologie et Développement. Essai en socio-anthropologie du changement social*, Karthala, 1995 ; Michel Agier, *Gérer les indésirables. Des camps de réfugiés au gouvernement humanitaire*, Paris, Flammarion, 2008 ; Laëtitia Atlani-Duault, *Au bonheur des autres. Anthropologie de l'aide humanitaire*, Paris, Armand Colin, 2009, et Introduction. Les figures de l'aide internationale, *Ethnologie française*, 2011, vol. 41, n° 3, p. 389-392.

2. Matt Waldman, *The Sun in the Sky: The Relationship between Pakistan's ISI and Afghan Insurgents*, Carr Center for Human Rights Policy, Kennedy School of Government, Harvard University, 2010.

Pakhtunkwa (KPK). Les populations des FATA vivent sous la menace quotidienne d'attentats, d'opérations militaires pakistanaises, d'assassinats extrajudiciaires et d'attaques de drones américains ciblant les bases arrière des talibans afghans. Les affrontements entre talibans et militaires ont fait des milliers de morts et entraîné le déplacement de millions de personnes[1] depuis les FATA en direction de certains districts du KPK plus calmes. En août 2008, une opération militaire d'envergure à Bajaur Agency (FATA) entraîne un déplacement de 200 000 à 300 000 personnes vers les districts de Lower Dir et Malakand[2] (KPK). C'est suite à ce déplacement de populations que MSF-B déclenche une opération de secours dans un camp à la frontière entre le KPK et le FATA, pour finalement investir l'hôpital de district de Timergara[3], dans le KPK en mars 2009 et prendre en charge le service des urgences, de chirurgie et la maternité (principalement pour les accouchements avec complication).

Selon son responsable à Bruxelles, le projet de Timergara correspond à l'époque le mieux aux ambitions de MSF-B au Pakistan. L'accès à cette zone repose sur un équilibre fragile entre le respect des coutumes locales et la mise à disposition d'une offre médicale attractive et gratuite. Il est le fruit d'une négociation longue avec les différentes parties prenantes : avec l'administration et l'armée pakistanaise, pour obtenir l'autorisation de circuler dans cette partie du territoire, avec les autorités administratives et religieuses locales, pour s'assurer de leur soutien, et avec le ministère de la Santé, en ce qui concerne la répartition et la coordination des services de santé. Seule organisation humanitaire disposant d'une présence expatriée permanente dans cette région du Pakistan très traditionnelle, MSF a accepté de se faire la plus discrète possible : les femmes doivent être intégralement voilées lorsqu'elles sortent de leur maison, les hommes doivent

1. International Crisis Group, *Pakistan: The Worsening IDP Crisis*, Islamabad-Bruxelles, ICG, 2010.

2. MSF-B, Document de Projet Interne Lower Dir 2008.

3. Pour visualiser les zones, se référer à la carte GIS/IM Unit OCHA, « Khyber Pakthunkhwa Field Atlas » http://floods2010.pakresponse.info/LinkClick.aspx?fileticket=4yF5dGCv0h4%3d&tabid=66&mid=1331 (consulté le 27 nov. 2013).

porter une *chawar-kamiz*, l'habit traditionnel pachtoune, et en règle générale les expatriés sont priés de sortir le moins possible en dehors des enceintes de leur maison et de l'hôpital. Pour les équipes de MSF-B, les risques de s'exposer à un attentat ou de se faire kidnapper demeurent réels.

À leurs yeux, cette prise de risque est acceptable dès lors qu'elle permet de soigner les « blessés de guerre ». Le développement d'activités chirurgicales à destination des personnes souffrant de traumatismes liés aux combats est en effet une priorité pour les dirigeants de MSF-B en poste depuis le début des années 2000. Tirant un bilan mitigé de l'implication de leur organisation dans la problématique de la « sous-médicalisation chronique du tiers monde », ils entendent recentrer la politique opérationnelle de MSF-B sur le secours aux blessés « dans les situations de belligérance[1] ».

Cependant, lorsque l'on regarde les faits et selon les rapports internes de MSF-B sur plusieurs années, la plupart des patients soignés à Timergara ne sont pas des « blessés de guerre ». Au cours des deux premiers trimestres de 2011 par exemple, seuls 25 % des patients admis dans le service de réanimation souffrent de traumatisme, dont 2 % seulement sont imputés à des faits de guerre, les autres relevant de l'accidentologie civile (accidents de la circulation, domestiques, etc.[2]). Les autres patients admis en urgence présentent des problèmes cardiaques, obstétriques, de santé mentale et parfois des problèmes liés à des tentatives de suicide[3]. Par ailleurs, selon un rapport d'évaluation des programmes, « il y a peu de données ou analyses médicales

1. L'opposition « interventions d'urgence lors des catastrophes, séismes et raz-de-marée, ou lors des "coups durs", à savoir les situations de belligérance [...] [à ceux de] l'autre urgence : la sous-médicalisation chronique du tiers-monde » est présente dès le premier Conseil d'administration de MSF en 1972. Voir Anne Vallaeys, *Médecins sans frontières : La biographie*, Paris, Fayard, 2004, p. 134.

2. Calculs dérivés de MSF-OCB in Pakistan, « Summary of the Quarter 1 medical activities » et de MSF-OCB in Pakistan, « Summary of the Quarter 2 medical activities ».

3. Boris Stringer, *Pakistan Operational Review*, MSF Sweden Evaluation Unit, Médecins sans frontières, 2011.

qui suggèrent que les besoins au KPK sont plus importants qu'ailleurs dans le pays, excepté peut-être les restrictions culturelles d'accès à la santé pour les femmes[1] ». En effet, le Pakistan dispose d'un réseau d'infrastructures de santé important mais n'investit que 2.6 % de son PIB[2] dans le secteur de la santé. Concrètement, il y a peu de personnels dans les hôpitaux, 50 % des médecins exercent en cabinet privé[3] et les fonctionnaires affectés à des postes hospitaliers ont en fait souvent leur cabinet privé en parallèle.

MSF-B ne traite donc quasiment pas de blessés de guerre et reconnaît que la situation de santé publique n'est pas pire dans le nord-ouest qu'ailleurs au Pakistan.

Si les données de santé publique ne sont pas le critère de choix « impartial », quels mécanismes de tri sont alors à l'œuvre ? Pour répondre à cette question nous allons essayer de comprendre ce qui anime les acteurs de ces choix, c'est-à-dire les employés de MSF-B à tous les échelons hiérarchiques et au sein des différents départements. Nous verrons quelles sont leurs priorités et comment elles inter-agissent.

La division du travail de tri : les médicaux, les politiques et les supports

De manière schématique, il est possible de distinguer trois catégories de personnel au sein de la mission MSF-B : les Médicaux, les

1. Citation traduite de Boris Stringer, *Pakistan Operational Review*, MSF Sweden Evaluation Unit, Médecins sans frontières, 2011, p. 4.

2. Sabeena Jalal, Improving health: can Pakistan prioritise?, *The Lancet*, 2012, vol. 379, n° 9814, p. 410.

3. Lilani Kumaranayake, The role of regulation: Influencing private sector activity within health sector reform, *Journal of International Development*, 1997, vol. 9, n° 4, p. 641-649, p. 2.

Politiques et les Supports[1]. Les Supports sont les responsables des finances, des ressources humaines, de la logistique, des achats, et de la communication, basés à Islamabad et sur les différentes bases de terrain. Ce sont ceux par qui s'expriment les limites de moyens : limites administratives liées aux difficultés d'obtention d'autorisations administratives (visas, autorisation de circuler dans les zones proches du conflit, etc.), limites budgétaires, limites liées aux difficultés de recrutement ou aux délais d'approvisionnement en médicaments. Cependant, il est frappant de constater l'énergie déployée par cette catégorie d'employés afin de faciliter la mise en œuvre des activités médicales. Ils se vivent en effet comme des *supports* de l'action. Parler d'argent est presque tabou face aux enjeux médicaux et à l'impératif de sauver des vies constamment rappelé. Les employés supports se font un devoir de gérer les contraintes matérielles afin qu'elles n'entravent pas la liberté programmatique. Leur influence sur la politique de triage réside donc dans l'art de permettre le maximum de flexibilité dans la mise en œuvre des programmes et de rappeler les limites qui s'imposent malgré leurs efforts. C'est par eux donc que « le triage s'affirme comme nécessaire en intériorisant comme point de départ la rareté des ressources[2] ».

Les Médicaux regroupent spécialistes (chirurgiens, anesthésistes, gynécologues, etc.), médecins généralistes, pharmaciens, infirmières et aides-soignants. Cette catégorie peut être divisée en trois sous-catégories : ceux qui aux yeux de tous « ne font que passer », ceux qui restent plus longtemps et les encadrent, et ceux qui restent.

MSF-B recrute des spécialistes tels que les chirurgiens, anesthésistes ou gynécologues obstétriciens qui ne restent jamais plus de quelques semaines et retournent pour la plupart à leur activité principale dans leur pays d'origine. Généralement, ils n'ont pas la connaissance de l'historique de la mission, et une faible compréhension du contexte.

1. Ces catégories ne sont pas mobilisées par les acteurs eux-mêmes, mais aident ici à clarifier trois grands types d'influence internes sur le triage humanitaire.

2. Voir Guillaume Lachenal, Céline Lefève & Vinh-Kim Nguyen, « Le triage en médecine : une routine d'exception », dans ce volume.

Ils arrivent avec un regard neuf sur les activités en cours. Ils raisonnent en médecins avant tout, et leur intérêt se porte sur les pratiques cliniques. Le chirurgien veut faire agrandir la salle postopératoire, le gynécologue obstétricien veut faire agrandir la maternité, et l'urgentiste, sans qu'on le lui demande, écrit les protocoles de médicaments non encore inclus dans le guide des médicaments essentiels de MSF – alors qu'une équipe au siège est dédiée à ce travail. Il en sera de même pour leurs remplaçants, et parfois les recommandations se contredisent d'une personne à l'autre. C'est une multitude d'idées pour améliorer la qualité des soins pour chaque patient qui émanent de cette catégorie, et pour eux la qualité du projet réside dans la qualité des soins prodigués. Il faut ensuite canaliser ces idées et cette énergie afin de les transformer en une stratégie cohérente.

Ceux qui encadrent les spécialistes ainsi que les autres personnels médicaux sont les référents médicaux (au niveau de chaque base de terrain) et le coordinateur médical (au niveau national à Islamabad). Ces personnes, qui dans le cas de la mission Pakistan sont tous des expatriés, sont responsables de la stratégie d'intervention médicale. Leur descriptif de poste inclut « l'examen des besoins liés à la santé, les missions exploratoires ou évaluations semi-annuelles ; la participation à la mise en œuvre et au suivi des programmes ». En théorie donc, ils devraient avoir une influence importante sur le triage humanitaire, en définissant la nature des problèmes de santé prioritaires et les solutions à proposer. En pratique, ils passent beaucoup de temps et d'énergie à canaliser la créativité clinique de *ceux qui ne font que passer*, comme l'explique l'un d'entre eux : « Une grosse contrainte est le *turnover* constant des expatriés, qui arrivent et voient quelque chose qu'ils voudraient changer, et poussent pour cette idée pendant un temps... certains sont très enthousiastes et veulent les choses comme ci ou comme ça. Ils ne réalisent pas que leur prédécesseur l'avait justement changé dans l'autre sens. Et même lorsque je le leur dis, ils insistent pour me convaincre que leur façon est la meilleure. Et c'est toujours comme ça... »

Ces cadres passent leur temps à briefer et à débriefer les expatriés qui arrivent et repartent. Ils expliquent et réexpliquent le cadre de l'intervention de MSF-B dans ce contexte particulier afin de s'assurer que les nouveaux arrivants s'adapteront au mieux. Ils échangent avec les expatriés à propos de leurs idées d'amélioration des pratiques cliniques. Au cours des entretiens, lorsqu'ils évoquent le sujet du suivi de projets et de l'analyse des indicateurs médicaux, ils admettent que cela doit être amélioré et que c'est le prochain chantier sur leur liste. Mais le fait est que, jusqu'ici, la posture analytique par rapport aux projets en cours n'a pas été la priorité, et donc leur influence sur la politique de triage reste limitée.

Les employés pakistanais sont *ceux qui restent.* Parmi eux, certains ont été responsabilisés et promus aux postes d'adjoint, de référent ou de coordinateur médical. Ce sont ceux-là qui, au cours des entretiens, semblent avoir le plus de distance critique quant au positionnement médical de MSF-B au Pakistan. Ils ont fait des études supérieures, connaissent le contexte, ont de l'expérience et ont été responsabilisés par l'institution. De toute évidence, ils peuvent émettre des opinions, des objections auprès de leur hiérarchie ; cependant, la frustration avec laquelle ils évoquent des opinions et conseils maintes fois exprimés sans qu'ils aient été pris en compte montre le peu d'influence que leurs commentaires ont pu finalement avoir sur les choix faits.

Il en résulte que c'est au niveau des pratiques cliniques au sein des projets existants que l'influence des Médicaux s'exprime.

Les Politiques sont en charge de la coordination des différents départements et des liens avec les autorités politiques et administratives. Ils sont, avec leurs adjoints, les décisionnaires finaux à leur niveau géographique (local, national ou international s'ils sont au siège). Cela va du directeur des opérations à Bruxelles au coordinateur de terrain et son responsable de la sécurité à Timergara en passant par le chef de mission basé dans la capitale du pays, Islamabad. Là encore, il y a *ceux qui restent*, les nationaux, et *ceux qui passent*, les expatriés. En l'occurrence *ceux qui restent* sont les référents sécurité pakistanais et *ceux qui passent* les coordinateurs de terrain et le chef de mission. Même si les Politiques doivent superviser les activités médicales, logistiques, administratives et la gestion de la sécurité, en pratique ils passent une bonne partie de leur temps à l'analyse du contexte et au suivi de la sécurité. Les coordinateurs de terrain sont très proches des référents sécurité pakistanais – ces derniers accumulant par conséquent beaucoup de pouvoir. Ils décident si une pratique est acceptable ou non pour la culture pachtoune, même si leur réponse ne fait pas l'unanimité parmi les employés eux-mêmes pachtounes. Alors que l'analyse du domaine de la santé au Pakistan est très peu formalisée à l'écrit, à l'exception de quelques paragraphes dans les stratégies annuelles ou dans les rapports de missions exploratoires, l'analyse du contexte politique et culturel est formalisée et capitalisée[1]. La prise de décision s'appuie donc beaucoup sur ces analyses sans oublier de toujours rappeler le manque d'accès aux soins des populations, ce qui, au Pakistan, est vrai de quasiment toutes les zones rurales. Sur les projets existants, lorsque l'on interroge les Politiques sur leur suivi et analyse des objectifs des projets, ils s'en remettent aux référents et coordinateurs médicaux et reconnaissent qu'ils manquent d'analyses qualitatives des statistiques récoltées par les Médicaux pour y voir plus clair. Corriger cette insuffisance n'a manifestement jamais été la priorité des Politiques.

Lorsque MSF-B décide de lancer une mission exploratoire au Pakistan en 2004, c'est pour des raisons stratégiques liées à une analyse politique de la région, que l'on appellera ici raisons politico-stratégiques.

« Avec l'espace humanitaire qui rétrécissait en Afghanistan et les activités de MSF-B qui étaient de plus en plus limitées et laborieuses, la décision fut prise de quitter l'Afghanistan et d'établir un contact avec les Pachtounes de l'autre côté de la frontière au Pakistan. Suite à cette décision, MSF-B commença des missions exploratoires au Pakistan début 2004, se concentrant sur la ligne de contrôle au Kash-

1. Comme en témoignent ces trois rapports internes Jonathan Whittal, *A Summary of the Political Dimensions of the Pakistan Flood Emergency*, 2010 ; Jonathan Whittal, *Flood Affected IDPs in Karachi and the Politics of Neglect. An Analysis of the Politicization of Aid in Karachi and its Operational Implications for MSF*, 2011 ; Jonathan Whittal, *The Challenge of Politicised and Militarised Aid in Pakistan. An Internal MSF Analysis Document*, 2011.

mir et dans les zones frontalières de l'Afghanistan le long du FATA entre Peshawar et Quetta[1] ».

L'ouverture du projet de Timergara en 2011 est l'illustration de cette volonté stratégique de rester connecté au conflit afghan après le départ de MSF du pays en 2004. Mais ce projet repose également sur une logique d'anticipation de besoins en cas de dégradation du conflit dans le district voisin de Bajaur Agency, dans le FATA. Comme Timergara est un hôpital de district, il est suffisamment grand pour assurer la prise en charge d'une arrivée de blessés en nombre. On peut parler de pré-positionnement : si le conflit prend de l'ampleur à Bajaur Agency, les équipes MSF-B seront prêtes à secourir un grand nombre de blessés de guerre grâce à leur proximité géographique et à la préparation des équipes et des infrastructures médicales.

Le positionnement des projets dépend finalement de considérations politico-stratégiques, celles des Politiques, qui sont relativement indépendantes du va-et-vient des spécialistes médicaux. Les Supports n'influencent que la faisabilité des activités en optimisant les ressources. Le cadre de travail est ainsi fixé pour les Médicaux, alors responsables de traiter les patients au quotidien. Comment les Médicaux acceptent-ils la prééminence de critères politiques dans le choix des patients au Pakistan, alors même que l'identité médicale est un des piliers identitaires de l'organisation MSF ?

L'ÉQUILIBRE DES LOGIQUES STRATÉGIQUES ET CLINIQUES

Chez MSF-B, la mission médicale est décrite par tous comme primordiale. Les professions médicales pourraient en effet être irritées du positionnement *stratégique* adopté au Pakistan. Et pourtant ce n'est pas le cas. Les logiques politico-stratégiques et médico-cliniques s'équilibrent d'abord parce qu'elles sont fédérées derrière le sentiment d'appartenance à une organisation *différente* des autres. Médicaux,

1. Boris Stringer, *Pakistan Operational Review*, *op. cit.*, p. 20.

Politiques ou Supports s'accordent sur le fait que MSF se distingue de ses pairs, des autres organisations humanitaires, d'abord par son indépendance et son impartialité. En effet, selon un employé, MSF « fait ses propres missions exploratoires, et décide seule des activités à mettre en œuvre. Pour beaucoup d'autres organisations, il suffit que l'Officier de la coordination du district (DCO [District Coordination Officer]) ou UNOCHA (l'Office pour la coordination des affaires humanitaires des Nations unies) les sollicitent pour qu'ils interviennent. Cela les rend peu crédibles… »

Cette affirmation doit être comprise au regard des pratiques humanitaires dominantes au Pakistan. Au cours de la période 2008-2010, le district de Swat subit successivement une invasion de talibans venus des FATA, puis une opération contre-insurrectionnelle de l'armée pakistanaise qui déplace en masse 2.8 millions de personnes en moins de trois mois. Organisations non gouvernementales (ONG) et agences des Nations unies sont mises à contribution par l'armée pakistanaise (et la coopération américaine) pour accompagner le retour des déplacés chez eux et participer à la « stabilisation » du district de Swat[1]. Dans les milieux de l'aide, certains critiquent le soutien direct des acteurs humanitaires à l'armée[2], qui établit les listes de bénéficiaires en écartant les personnes appartenant à des ethnies soupçonnées d'avoir soutenu l'insurrection[3]. Être différent pour MSF c'est avant tout affirmer son refus de participer à des projets étroitement encadrés par l'armée dans une logique contre-insurrectionnelle[4].

1. Government of North West Frontier Province of Pakistan, *Malakand Comprehensive Stabilisation and Socio-Economic Development Strategy*, 2009 http://www.pdma.gov.pk/PaRRSA/documents/Malakand_Strategy.pdf (consulté le 27 nov. 2013).

2. Humanitarian Policy Group, *A Clash of Principles? Humanitarian Action and The Search for Stability in Pakistan*, Londres, Overseas Development Institute, 2009.

3. Nicki Bennett, *Missing Pieces? Assessing The Impact of Humanitarian Reform in Pakistan*, Oxfam International, 2009 ; John Cosgrave, Riccardo Polastro & Farwa Zafar, *Report: Inter-Agency Real-Time Evaluation of the Humanitarian Response to Pakistan's 2009-2010 Displacement Crisis – dara*, http://www.daraint.org/report-inter-agency-real-time-evaluation-of-the-humanitarian-response-to-pakistan%E2%80%99s-2009-2010, consulté le 5 oct. 2010.

4. Marion Péchayre, *Humanitarian Action in Pakistan 2005-2010*, Boston, Feinstein International Center, Tufts University, 2011.

Selon les personnes interviewées, MSF se distingue ensuite par la réalité et la visibilité de sa plus-value médicale pour les populations : « Beaucoup d'ONG sont présentes sur le papier. Elles vont aux réunions de coordination des acteurs humanitaires mais nous ne les voyons pas sur le terrain. » Selon un membre de la direction à Bruxelles, « une raison qui fait que nous privilégions les zones de conflit dans notre positionnement stratégique est qu'il n'y a pas d'autres acteurs. L'avantage comparatif de MSF est d'être le seul acteur, peut-être avec le CICR [Comité international de la Croix-Rouge], capable de gérer un hôpital en zone de guerre ».

La volonté et la capacité de MSF *d'aller là où les autres ne vont pas* est aussi revendiquée par les équipes de terrain. À de nombreuses reprises, les personnes interviewées illustrent ce fait en racontant que seule MSF-B est présente dans des districts reculés tels que Malakand ou Lower Dir avec des équipes composées d'expatriés et de nationaux.

La fierté d'être *différent* parce qu'impartial, indépendant, capable de pratiquer la médecine en contexte de forte insécurité (car proche du conflit) et accepté dans des zones considérées comme inaccessibles par d'autres, contribue alors à fédérer les équipes derrière les choix stratégiques faits par les Politiques. De plus, ces choix reposant sur une logique de pré-positionnement des équipes dans le KPK proche des FATA, en cas dégradation du conflit, confortent la représentation partagée par tous selon laquelle les blessés de guerre sont la priorité et qu'il faut se tenir prêt pour eux par anticipation.

Si l'on se concentre sur ce qui anime les Médicaux plus spécifiquement ensuite, on constate que tant que ces derniers soignent des patients, ils ne remettent pas en cause le positionnement stratégique. En effet, chez le personnel médical, le registre de justification de leurs actions s'appuie souvent sur l'argument « nous sauvons des vies ». Les patients arrivent très malades, voire mourants, le personnel médical s'active pour les soigner, et ces patients ressortent vivants. Leur mission est accomplie. Un médecin urgentiste commente ironiquement ce phénomène : « Leur logique est : "sauve une personne et tu sauveras l'humanité tout entière". » Pour le personnel médical, soigner les patients est une fin en soi. Peu importe si la majorité des patients ne sont pas des blessés de guerre. Cela rejoint la thèse de Peter Redfield qui décrit dans son ethnographie de MSF le rôle clef de « la vie comme valeur morale[1] » et séculière, « en plus d'être un fait biologique de l'existence et un objet d'intérêt politique[2] ». En retraçant la généalogie de MSF, Redfield démontre qu'au-delà des divers positionnements politiques adoptés par l'organisation sur différents terrains et à différentes époques de son histoire, la vie a une valeur suprême : elle « doit simplement être sauvée[3] ».

Un projet d'une autre section de MSF illustre bien ce qu'il se passe lorsque les Médicaux ne sont pas occupés à soigner. En octobre 2011, ce projet, un hôpital pour femmes basé à Peshawar ayant pour vocation la prise en charge gratuite des accouchements compliqués, suscite beaucoup de débats au sein des équipes impliquées. La volonté d'avoir un projet à Peshawar même, ville stratégique car capitale du Pachtounistan[4], influence beaucoup la prise de décision initiale de monter ce projet. Il est décidé d'ouvrir une maternité car Peshawar compte déjà plusieurs hôpitaux de niveau deux et trois, et que la santé maternelle et infantile est l'un des problèmes majeurs de santé publique au Pakistan. De plus, Peshawar accueille régulièrement des personnes déplacées par le conflit dans les FATA et des réfugiés afghans qui n'ont pas les moyens d'accéder à la santé payante de Peshawar. Cependant, huit mois après l'ouverture du projet, l'hôpital construit intégralement par MSF est presque vide, à l'exception de quelques accouchements qui n'occupent pas les équipes médicales à plein temps. Ces équipes en recherche de patients travaillent donc à la construction de réseaux de référencement afin d'informer les populations défavorisées de la banlieue de Peshawar de la disponibilité de cette offre de soins et se plaignent de l'absence de pertinence de ce projet. Alors même que les

1. Peter Redfield, *Life in Crisis: The Ethical Journey of Doctors Without Borders*, University of California Press, 2013, p. 66.

2. *Ibid.*

3. *Ibid.*, p. 65.

4. Région à cheval entre l'Afghanistan et le Pakistan, non reconnue diplomatiquement car séparée en deux par la ligne Durand, frontière afghano-pakistanaise officielle, bien que non reconnue par l'Afghanistan.

motifs d'origine de ce projet auraient pu faire douter les équipes, c'est surtout l'absence de *vies à sauver* qui déclenche le doute et le débat.

Un autre facteur peut expliquer le consensus interne sur la politique de triage humanitaire de MSF-B : la flexibilité du style de gestion des projets qui laisse toute latitude à la créativité clinique. Chez MSF, le mot « projet » désigne un site où MSF met en œuvre des activités. Un projet n'est donc pas défini par des résultats attendus et une série d'activités qui viseraient à les atteindre dans un temps imparti, contrairement à l'approche « Cycle de projet[1] » répandue dans le milieu de l'aide. Non pas qu'il n'y ait aucun suivi, mais ce dernier concerne les activités mises en œuvre plus que les résultats attendus. Un « cadre logique[2] » de chaque projet est produit chaque année mais il n'est utilisé que comme outil de communication entre les différents échelons hiérarchiques et départements, et pour les briefings afin d'expliquer quel est le cadre de travail aux nouveaux arrivants. Des outils de suivis tels que le « plan opérationnel » et la « feuille de suivi » existent mais ne sont pas utilisés. Au siège, alors que certains regrettent que ces outils ne soient pas utilisés, d'autres ont des propos très sévères à l'égard d'outils tels que le « cadre logique » : « C'est un outil de comptable », disent-ils pour souligner sa dimension bureaucratique. Les rapports font le point sur les activités, plutôt que sur l'atteinte d'objectifs ou de « résultats attendus ». Les données médicales sont récoltées mais restent largement inexploitées. Le volume d'activité est principalement suivi grâce à des indicateurs du type « nombre de patients hospitalisés, sortis, décédés ». À Bruxelles, on aimerait avoir plus d'analyses des données médicales, mais sans valoriser les outils à disposition comme le cadre logique ou la feuille de suivi, qui pourraient pousser les équipes à suivre des indicateurs de résultat et à les analyser. Finalement, c'est le suivi du volume des

1. European Commission, « Aid Delivery Methods, vol. 1, Project Cycle Management Guidelines ».

2. François Giovalucchi & Jean-Pierre Olivier de Sardan, Planification, gestion et politique dans l'aide au développement : le cadre logique, outil et miroir des développeurs, *Tiers Monde*, 2009, vol. 198, n° 2, p. 383.

activités de MSF qui prime sur le suivi des résultats pour les patients. Ce suivi non orthodoxe dans le milieu de l'aide présente certaines vertus, notamment celle de permettre aux Médicaux de raisonner à l'échelle des individus qu'ils soignent. Peu importe l'objectif que se fixe MSF, le volume d'activité peut varier en fonction de la demande de soins par les patients et, de ce fait, le triage des patients reste entre les mains des Médicaux. Une logique de projet classique pourrait définir les « résultats attendus » comme le rétablissement d'une norme de santé publique au sein d'une population précise affectée par une catastrophe sanitaire particulière. La norme rétablie, l'objectif du projet est atteint et le projet touche à sa fin. Dans la gestion de projet par les activités, en revanche, le projet n'est potentiellement jamais terminé, et son volume d'activité a tendance à croître.

Une fois le cadre de la réponse humanitaire dessiné par les Politiques, les Médicaux ont toute la latitude pour exercer leur activité de soin et la fierté de contribuer à une mission risquée et que, selon eux, seule MSF est capable de mener à bien. La politique de triage humanitaire est alors stabilisée au sein de l'organisation par ces logiques et ces représentations jusqu'à rupture de cet équilibre, comme le montre le projet de Peshawar par exemple.

IMPARTIALITÉ ET SOLIDARITÉ AVEC LES PACHTOUNES

L'étude des pratiques de triage humanitaire de MSF-B montre qu'en revendiquant l'impartialité, l'organisation revendique en fait l'autonomie de sa politique de triage. Il est alors intéressant de noter que, hormis les réponses aux catastrophes naturelles, la plupart des activités de MSF au Pakistan (toutes sections confondues, France, Belgique et Hollande) s'adressent à des Pachtounes, qu'ils soient pakistanais ou afghans[1]. La politique de triage humanitaire semble alors

1. Même au Baloutchistan, il apparaît que deux projets sur trois mentionnent les réfugiés afghans comme étant leurs bénéficiaires principaux.

produire une forme de solidarité avec les populations pachtounes. Même si elle est évoquée par un membre de la direction à Bruxelles, la notion de *solidarité* n'est pas explicite dans la plupart des documents et entretiens menés. Elle n'est pas non plus considérée ici comme un agenda caché, mais plutôt comme le résultat d'une succession de choix opérationnels[1].

Ces derniers sont sous-tendus par une logique de pré-positionnement dans les zones de conflit larvé, proches de la ligne de front[2] de la « guerre globale contre la terreur[3] ». Ces choix reflètent la volonté de MSF de ne pas être associée au dispositif humanitaire[4] constitué principalement d'acteurs occidentaux, cantonnés à des zones plus accessibles en soutien à la politique dominante (occidentale ou pakistanaise dans le cas du Pakistan). Cette volonté de distanciation de MSF vis-à-vis de l'agenda libéral occidental est d'ailleurs largement cautionnée par l'ensemble du mouvement MSF depuis le 11 septembre 2001[5]. Le monde décrit par certains États occidentaux à travers des déclarations manichéennes comme « soit vous êtes avec nous, soit vous êtes contre nous[6] » est vivement critiqué dans les prises de paroles publiques de MSF[7]. Dans l'éthique produite par la politique de triage humanitaire de MSF au Pakistan, le *blessé de guerre* représente

1. Résultat non nié par les équipes de MSF-B lors des différents débriefings sur cette étude.

2. Boris Stringer, *Pakistan Operational Review*, *op. cit.*, p. 4.

3. *Global War on Terror.*

4. Mariella Pandolfi, Contract of mutual (in)difference: Governance and the humanitarian apparatus in contemporary Albania and Kosovo, *Indiana Journal of Global Legal Studies*, 2003, vol. 10, n° 1, p. 369-381.

5. Nicolas de Torrente, Humanitarian action under attack: Reflections on the Iraq War, *Harvard Human Rights Journal*, printemps 2004, vol. 17.

6. *In* George W. Bush speech, Fayetteville, North Carolina, Mar. 15, 2002.

7. Christopher Stokes, *Drowning humanitarian aid*, http://afpak.foreignpolicy.com/posts/2010/10/27/drowning_humanitarian_aid, consulté le 29 mars 2011 ; Jonathan Whittal, « We don't trust that »: politicised assistance in North-West Pakistan, *Humanitarian Exchange Magazine*, 2011, n° 89, 02/2011 ; Christopher Stokes, *Hiding Behind Health*, http://www.doctorswithoutborders.org/publications/article.cfm?id=5456&cat=op, consulté le 30 janv. 2012.

finalement le « bon bénéficiaire[1] » des secours car il est à la fois une vie à sauver et une victime de violence de l'« ordre international cannibale[2] ».

1. Sur la notion de « bons patients » produite par le triage, voir Guillaume Lachenal, Céline Lefève & Vinh-Kim Nguyen, « Le triage en médecine : une routine d'exception », dans ce volume.

2. Jean-Hervé Bradol, L'ordre international cannibale et l'action humanitaire, *op. cit.*

L'AVANT-SCÈNE DU TRIAGE. SIMULATION DE PANDÉMIE À HONG KONG

Frédéric Keck

Depuis une vingtaine d'années, la simulation est devenue une technique ordinaire de gestion des catastrophes naturelles. À Lima, capitale du Pérou, d'anciens militaires reconvertis en dirigeants d'ONG organisent la simulation d'un tremblement de terre en faisant porter des blessés par des secouristes[1]. Au Sri Lanka, des victimes du tsunami reçoivent de l'argent pour revenir sur les lieux de la catastrophe et se préparer à la prochaine vague[2]. En faisant jouer la catastrophe par des acteurs, les organisateurs de la simulation disent vouloir tester leurs capacités de coordination. En répétant un événement traumatique dans un cadre contrôlé, ils visent à les préparer à l'arrivée d'un événement similaire[3]. Ces professionnels des situations d'urgence, au croisement de l'humanitaire et de la police, de la santé et de la sécurité, inscrivent, ainsi, par la simulation, l'extraordinaire dans l'ordinaire. Les anthropologues, prenant ces simulations pour objets, ne cherchent pas à étudier si les simulations atteignent les buts que leur prescrivent leurs organisateurs, puisqu'il est difficile de savoir à quoi

1. Voir Sandrine Revet, « A small world »: ethnography of a natural disaster simulation in Lima, Peru, *Social Anthropology/Anthropologie sociale*, 2013, p. 1-16.

2. Voir Maria Benadussi, Cultiver des communautés après une catastrophe. Déferlement de générosité sur les côtes du Sri Lanka, *in* Sandrine Revet & Julien Langumier (éd.), *Le Gouvernement des catastrophes*, Paris, Karthala, 2013, p. 103-146.

3. Voir Andrew Lakoff, Preparing for the next emergency, *Public Culture*, 2007, 19 (2), p. 247-271.

prépare la simulation : soin en urgence ou maintien de l'ordre ? Il est plus intéressant de se demander quelles tensions vient résoudre la simulation, en déplaçant la gestion de catastrophes dans un cadre fictif.

Au sein de ce champ d'études, qu'y a-t-il de spécifique dans l'usage de cette technique en santé publique ? Alors que la simulation numérique est de plus en plus utilisée pour apprendre à soigner des patients, les simulations d'épidémies visent plutôt à mettre en scène des dilemmes moraux de la santé publique. Ces exercices ont en effet un double objectif, qui les distingue des autres catastrophes naturelles. D'une part, il s'agit de répartir adéquatement des ressources rares en situation d'urgence tout en évitant la panique des populations. D'autre part, il s'agit de limiter les mouvements de patients potentiellement contagieux tout en respectant leurs droits civiques. L'épidémie, à la différence d'autres catastrophes naturelles, suppose un processus de contagion : ce n'est pas l'émergence d'un pathogène qui est catastrophique, mais le fait qu'il peut se transmettre de personne à personne en causant éventuellement une pandémie.

Le terme de triage en situation pandémique désigne ces deux aspects. Il s'agit de trier le personnel qui recevra en priorité des traitements (antiviraux, vaccins, antibiotiques…) en fonction de leur exposition à un nouveau pathogène. Mais il s'agit aussi de trier des patients pour éviter les *« super-spreaders »* (super-contaminants). Si la pandémie affecte potentiellement tous les individus, certains sont privilégiés dans l'allocation des ressources du fait de leur position dans l'appareil de santé ou dans la chaîne de contagion. Cette tension est au cœur des discussions bioéthiques sur les opérations de triage en situation de pandémie, qui se sont notamment développées au Canada en 2003 suite à la crise du SRAS (Syndrome respiratoire aigu sévère). On lit ainsi dans un article publié par le *Canadian Medical Association Journal* : « Dans des circonstances normales, tous les patients devraient avoir un droit égal à recevoir les soins dont ils ont besoin. Malheureusement, durant une pandémie, il ne sera pas possible que tous les patients reçoivent des soins intensifs du fait de ressources limitées. Un protocole de triage aidera à distribuer les ressources disponibles de façon équitable en triant les patients qui ne bénéficieront pas d'un traitement et en les envoyant à un centre de traitement ordinaire, en gardant les ressources de soins d'urgence pour les patients qui en bénéficieront plus probablement[1]. » Ces protocoles diffèrent entre eux par la façon dont ils définissent le bénéfice pour les personnes recevant les soins en urgence : celui-ci peut dépendre de leur position « critique » dans la chaîne de soin (infirmières), en termes de vulnérabilité (femmes enceintes) ou dans la société en général (responsables politiques[2]).

En déterminant ainsi les bénéfices pour les patients recevant des soins d'urgence, ces protocoles catégorisent leur place dans la société. Ils participent ainsi d'un ensemble de récits mettant en scène les patients d'épidémies comme objets à la fois de compassion et de répulsion, intérieurs et extérieurs à la société où ils introduisent la maladie[3]. En mettant ainsi en scène des acteurs ambivalents, la fiction crée un plan intermédiaire entre les contraintes du triage et les valeurs sociales. Comment s'effectue cette fictionnalisation du triage dans les simulations d'épidémies ? Peut-elle résoudre les dilemmes moraux suscités par le triage en agissant sur les émotions[4] ? La simulation du triage en temps ordinaire parvient-elle à apaiser les conflits moraux

1. Michael *Christian* et al., *Development of a triage protocol for critical care during an influenza pandemic, Canadian Medical Association Journal*, 2006, 175*(11), p.* 1378 : « Under normal circumstances, all patients should have an equal claim to receive the health care they need. Unfortunately, during a pandemic it will not be possible for all patients to receive intensive care due to finite resources. A triage protocol will assist in distributing the available resources fairly by triaging patients who will not benefit from treatment to noncritical care management, thereby conserving critical care resources for patients who are more likely to benefit. »

2. Voir Didier Torny, De la gestion des risques à la production de la sécurité : l'exemple de la préparation à la pandémie grippale, *Réseaux*, 2012, 30/171, p. 47-66.

3. Priscilla Wald, *Contagious: Cultures, Carriers, and the Outbreak Narrative*, Durham, Duke University Press, 2008.

4. Voir la contribution de Frédérique Leichter-Flack à ce volume, qui montre plutôt que le triage est une manière dramatique de mettre en scène la médecine et de l'ouvrir au débat démocratique.

éprouvés en situation d'urgence, ou, au contraire, exhibe-t-elle la tension interne aux dispositifs de gestion des épidémies ?

On décrira ici les simulations d'épidémies comme des avant-scènes du triage. Le triage dont il s'agit ne distingue pas en effet ceux qui reçoivent des soins en urgence et ceux qui doivent attendre, mais sépare ceux qui sont porteurs de grippe pandémique de ceux qui en présentent seulement les symptômes. Il est donc plus proche du dépistage, opération à la fois épistémologique et politique de mise en ordre par interprétation des signes de la maladie. En mettant en scène la première étape du triage et en laissant dans l'ombre les suivantes, la simulation écarte les dilemmes moraux du triage au profit de son aspect le plus spectaculaire : l'isolement des patients contagieux. Parler d'avant-scène du triage permet d'être attentif aux effets de performance et à l'usage des accessoires qui déchargent la situation de ses tensions morales pour la faire entrer dans un scénario prévu à l'avance.

HONG KONG APRÈS LE SRAS : UNE RÉORGANISATION DE L'ADMINISTRATION DE LA SANTÉ

Cette réflexion s'appuie sur l'observation de simulations de pandémies à Hong Kong et sur une enquête auprès des groupes qui les organisent. Le gouvernement de Hong Kong est particulièrement mobilisé par la possibilité d'une pandémie depuis la crise du SRAS. Entre janvier et juin 2003, environ mille personnes furent infectées à Hong Kong par un nouveau coronavirus causant une détresse respiratoire, fatale dans 10 % des cas. Les enquêtes épidémiologiques remontèrent à un « patient zéro », le Dr Li Jianlun, qui avait soigné à Canton des patients ayant été en contact avec de la viande de civette, et qui infecta une dizaine de personnes dans un hôtel de Hong Kong. En passant d'homme à homme par les aérosols, le SRAS révélait les vulnérabilités du territoire de Hong Kong : du fait de sa forte densité et de sa position de carrefour pour les échanges, les pathogènes s'y transmettent rapidement au reste du monde[1]. Elle révélait aussi les faiblesses de son système de soin : le personnel hospitalier fut souvent victime de la maladie, et les salles d'attente des hôpitaux étaient des lieux importants de contagion. Le SRAS fut à Hong Kong une véritable crise sanitaire, comparable à celle de la canicule qui affecta au même moment les autorités sanitaires françaises[2], car elle mit en question les habitudes de fonctionnement des administrations face à une situation d'urgence. Elle suscita aussi de fortes émotions collectives : non seulement la peur de la transmission, visible dans le port de masques et la publicité donnée aux nouveaux cas, mais aussi la peur de l'arrêt de l'économie du fait de l'épidémie, car l'activité à Hong Kong cessa pendant plusieurs mois.

Après la crise du SRAS, l'administration de la Santé à Hong Kong fut donc entièrement réorganisée pour faire face à ce genre d'événements[3]. Le Centre de protection de la santé fut séparé de l'Autorité des hôpitaux pour gérer les risques d'épidémies. Sa mission affichée est de rechercher les nouveaux cas de maladies par une surveillance constante, et de communiquer auprès du public. Alors que la plupart des employés de ce centre travaillent en laboratoire pour identifier les nouveaux pathogènes, la Branche de réponse en urgence est composée d'anciens membres de la police. Ceux-ci doivent rédiger des « plans de contingence » définissant les responsabilités du personnel hospitalier en cas de pandémie, et mettre ces plans à l'épreuve par des exercices. C'est en les contactant que j'ai pu observer des simulations d'épidémies.

Par simulation d'épidémie, on peut entendre trois modalités très différentes. La première est la modélisation informatique de la trajec-

1. Voir Thomas Abraham, *Twenty-First Century Plague. The Story of SARS, with a new Preface on Avian Flu*, Hong Kong, Hong Kong University Press, 2007.

2. Voir Lucien Abenhaim, *Canicule. La santé publique en question*, Paris, Fayard, 2003.

3. Voir Gabriel Leung & John Bacon-Shone, *Hong Kong's Health System. Reflections, Perspectives and Visions*, Hong Kong University Press, 2006. L'administration de la Santé reçut un milliard de dollars hong-kongais pour créer le Centre de protection de la santé, mais le défi, comme le relèvent les auteurs de ce livre, était de transformer cet investissement massif en habitudes chez les consommateurs de soins.

toire d'une épidémie à partir des données recueillies sur les premiers cas : ce type de simulation, pratiqué dans le département de santé publique de l'université de Hong Kong, ne figure pas dans les activités du Centre de protection de la santé. La seconde est l'organisation d'exercices de table *(desktop exercice)* dans des bureaux où le personnel de santé reçoit l'information en temps réel et doit réagir en coordination avec d'autres services. Le troisième est une véritable performance dans un lieu public où des acteurs simulent une épidémie : appelés aussi *drills*, sur le modèle des exercices militaires, ils reconstituent le décor de la catastrophe.

Le Centre de protection de la santé organise ces deux types de simulation. En juin 2006, certains de ses membres ont participé à un exercice de table avec d'autres membres de l'APEC (Asia Pacific Economic Cooperation), au cours duquel ils ont appris les règles internationales de la gestion de crise. Ils ont ensuite organisé en 2007 et 2008 des exercices de table avec les autorités de santé en Chine continentale, appelés « Great Wall » : on voit ainsi que Hong Kong servait de relais entre des règles internationales et la Chine, tout en reprenant un vocabulaire militaire chinois. Il s'agissait, dans ces exercices, de suivre la trajectoire d'une épidémie entre plusieurs États ou provinces. Les *drills* ont lieu deux fois par an à l'intérieur de Hong Kong. Ils portent des noms évoquant la nature : Maple, Cedar, Cypress, Chestnut, Redwood, Eagle, Hua Shan… On peut supposer que cette référence à la nature inscrit la gestion des épidémies dans l'écosystème de Hong Kong, en montrant que l'émergence de pathogènes est un phénomène normal auquel il faut se préparer de même qu'à d'autres phénomènes cycliques de la nature, comme les typhons pour lesquels le système d'alerte est bien connu de la population.

La distinction entre ces trois types de simulation brouille la frontière entre le virtuel et le réel. Si les modèles informatiques sont entièrement virtuels, ils sont utilisés dans les exercices de table pour anticiper les prochains cas de maladies, produisant ainsi un effet d'immersion dans le virtuel qui peut former des capacités à agir. En outre, des cartes d'information sont distribuées au personnel lors des exercices de table qu'ils manipulent comme dans un jeu, avant de prendre des décisions qui modifient le cours de l'action. Enfin, les exercices prévoient parfois une irruption du réel dans le virtuel. Lors d'un exercice appelé «Jadeite II» en mai 2012, les membres du Centre de réponse en urgence ont dû évacuer en urgence leur salle de réunion pour une « salle de repli » : on rappelait ainsi que ceux qui géraient à distance les épidémies pouvaient eux-mêmes en être victimes. Comment donc la réalité du triage est-elle fictionnalisée dans le cadre de la simulation ?

Scénario de grippe aviaire

Une grande partie du travail du Centre de réponse en urgence consiste à écrire des scénarios épidémiques. Ces scénarios suivent le modèle de ceux qui sont rédigés aux États-Unis d'Amérique par le département de la sécurité intérieure selon une logique du « pire cas » *(worst case scenario)*, anticipant souvent une attaque bioterroriste dans une grande ville[1]. À Hong Kong, les scénarios font varier le récit de la crise du SRAS, tout en quadrillant les différentes parties du territoire où une épidémie pourrait commencer. Ils racontent ainsi l'arrêt d'un avion où un passager est devenu fiévreux, l'évacuation d'un immeuble infecté, le contrôle d'une frontière traversée par un individu contagieux, ou le nettoyage du village olympique après une intoxication alimentaire. Ces scénarios sont affichés dans les bâtiments publics avant le déroulement de l'exercice et communiqués dans les médias. Ils réalisent ainsi un double effet d'anticipation : en s'attendant aux épisodes de l'épidémie simulée, le public est supposé se familiariser avec la pandémie à venir. Il s'agit en effet d'apprendre à lire le territoire au travers de ses points de vulnérabilité.

Dans le cadre de mon enquête sur la grippe aviaire, j'ai pu assister à l'exercice Redwood organisé en janvier 2009. Je faisais partie des

1. Voir Patrick Zylberman, *Tempêtes microbiennes. Essai sur la politique de sécurité sanitaire dans le monde transatlantique*, Paris, Gallimard, 2013, p. 145 *sq*.

observateurs extérieurs au titre de chercheur attaché au Consulat de France, l'adjoint du consul en charge de la sécurité assistant avec moi à la simulation. La présence d'observateurs extérieurs visait à montrer la signification internationale de l'exercice. Le scénario était le suivant : depuis une semaine, des cas de grippe aviaire se sont multipliés autour de Hong Kong, qui a élevé son niveau d'alerte à « sérieux » ; des oiseaux ont été trouvés morts sur des marchés, conduisant le gouvernement à abattre les volailles dans les fermes, et dans des parcs naturels, où des échantillons ont été prélevés pour tester la présence de H5N1. Un membre du personnel ayant participé à l'abattage a développé des symptômes de grippe, le jour même où un enfant de 8 ans entrait à l'hôpital pour une détresse respiratoire. Après confirmation de la présence de H5N1 sur ces deux patients et sur les oiseaux testés précédemment, l'Autorité des hôpitaux et le Centre de protection de la santé décident d'activer quatre cliniques désignées sur l'île de Hong Kong pour le triage des patients présentant des symptômes de grippe *(Influenza-Like Illness)*. Ces quatre cliniques doivent distinguer les patients porteurs du H5N1 des autres patients et les envoyer vers des hôpitaux équipés pour le traitement de maladies respiratoires aiguës.

Ce scénario est entièrement fictif, et seule sa dernière partie est mise en scène au cours de l'exercice. Il repose cependant sur une forte attente, en combinant des éléments réels dans un récit vraisemblable. En 1997, en effet, le virus de grippe H5N1 était apparu à Hong Kong sur des volailles et sur des humains avec une létalité importante (8 personnes décédées sur les 12 infectées), mais il ne s'était jamais transmis d'homme à homme (malgré quelques *clusters* douteux en Indonésie). Les autorités de Hong Kong lançaient l'alerte dès que le virus réapparaissait sur des oiseaux sauvages ou domestiques, afin de contenir le virus dans son réservoir animal. La crise du SRAS a renforcé cette mobilisation, d'autant que les symptômes du SRAS et de la grippe aviaire sont similaires (toux et détresse respiratoire), ce qui conduisit les microbiologistes de Hong Kong à croire que le nouveau coronavirus était le H5N1 redouté[1]. La fiction consiste ici à projeter le scéna-

1. Voir Frédéric Keck, Une sentinelle sanitaire aux frontières du vivant. Les experts de la grippe aviaire à Hong Kong, *Terrain*, 2010, n° 54, p. 26-41.

rio du SRAS (une maladie respiratoire transmissible entre humains) sur le récit d'émergence de la grippe aviaire (un virus très létal transmis des animaux aux humains) : une telle projection définit la pandémie comme horizon fictif de la santé publique à Hong Kong.

En jouant seulement la dernière partie du scénario, la simulation laisse ainsi dans l'ombre un aspect bien réel de la grippe aviaire : l'abattage massif de volailles infectées. Les médias de Hong Kong diffusent régulièrement les images de ces abattages sur le marché central de Cheung Sha Wan, qui concernèrent 1,5 million de volailles en 1997, 90 000 en 2009 du fait de la réduction du nombre de volailles vivantes sur le territoire. Les partisans d'une égale dignité pour les animaux et les humains peuvent ainsi faire remarquer que pour les volailles il n'y a pas de triage, puisqu'elles sont considérées comme des marchandises présentant un risque pour le consommateur[1]. Il serait cependant faux de dire que les simulations de pandémies laissent entièrement les animaux de côté, car les exercices organisés dans des immeubles prévoient l'évacuation des animaux de compagnie sous la responsabilité de l'administration de l'agriculture. Je n'ai pas pu savoir si ces animaux faisaient l'objet d'un triage, mais il est clair que cette inclusion dans le scénario au titre d'acteurs réels était un signe de leur humanisation – alors même que le patient trié est toujours menacé d'être animalisé, c'est-à-dire considéré simplement comme porteur de virus. Il faudrait donc faire une distinction entre des animaux considérés comme simples figurants – éléments de décor, « réservoir » de pathogènes – et des animaux considérés comme des acteurs de la

1. J'ai observé ainsi des bouddhistes qui relâchaient des oiseaux ou des poissons achetés sur le marché en vue de diminuer la souffrance de ces êtres avec lesquels ils se sentaient en communauté vitale dans un cycle de réincarnations. Le problème du triage se posait pour eux dans la sélection des animaux qu'ils pouvaient acheter sur le marché. J'ai vu ainsi des grenouilles mises dans un seau pour être relâchées, puis, à l'annonce de leur prix, replacées sur l'étalage et immédiatement saisies par le marchand pour être décapitées. Voir Frédéric Keck, « Faire mourir et laisser vivre ». Rituels sanitaires et grippe aviaire à Hong Kong, *in* Frédéric Keck et Noëlie Vialles (dir.), *Des hommes malades des animaux, Cahiers d'anthropologie sociale*, Paris, L'Herne, 2012, p. 89-101.

simulation[1]. On distinguerait ainsi le triage au sens du sacrifice d'un vivant pour sauver d'autres vivants et le triage comme performance impliquant des acteurs.

L'exercice auquel j'ai assisté se déroule seulement entre humains. Il met en scène, d'un côté, vingt employés – médecins et infirmiers – de la clinique de Shau Kei Wan, clinique « désignée » du fait de son implantation dans un quartier populaire assez touché par le SRAS – il semble que la qualification de clinique désignée soit plutôt une charge redoutée qu'un honneur recherché – ; de l'autre, quatre-vingts « acteurs » jouant les patients. Entre les deux, la coordination est assurée par des « simulateurs » qui animent une *hotline* répondant aux questions des employés sur le comportement à adopter à l'égard des patients. Les acteurs entrent dans la clinique par la porte principale où ils sont « triés » par les employés, puis doivent se rendre, en fonction de leurs symptômes, dans le service des pneumopathies, des rayons X ou de la tuberculose. Les patients confirmés comme présentant les symptômes de la grippe aviaire sortent alors par la porte de derrière, en fauteuil roulant, sous le regard des caméras, puis sont évacués rapidement en ambulance : le personnel de l'ambulance est masqué, raide, et silencieux. L'exercice se conclut au bout de deux heures par une conférence de presse donnée par le directeur du département de la Santé, au cours de laquelle une nouvelle bactérie découverte dans un jacuzzi est évoquée.

Les journalistes n'ont donc accès qu'à l'image des patients symptomatiques évacués en ambulance, alors que les observateurs peuvent voir les patients asymptomatiques triés par les employés. Le contraste est frappant entre la tension spectaculaire de l'évacuation et la détente routinière avec laquelle s'effectue le triage. Les acteurs portent des casquettes bleues, qui renforcent encore la jeunesse de leur apparence. Ils n'ont pas à mimer leurs symptômes puisque ceux-ci sont inscrits sur une carte qu'ils portent en bandoulière. Ces cartes indiquent aussi

1. La notion d'acteur doit donc être comprise en fonction du cadre du scénario et des dilemmes moraux qu'il met en scène, et pas seulement au sens narratif où des animaux « agissent » dans une intrigue.

leur nom, leur âge, leur sexe, leur nationalité, leur numéro de carte d'identité et leur adresse. De telles informations sont en partie fictives : elle visent à inscrire un patient épidémique sur le territoire, en faisant varier les origines. Ces accessoires matérialisent les procédures suivies par le personnel de la clinique, et déchargent les acteurs de la tension situationnelle. La couleur rouge de ces cartes a un effet de réel en créant une atmosphère, mais elle introduit aussi une distance en inscrivant les symptômes sur du papier et non sur les corps[1]. On peut supposer que cet usage des cartes, plutôt que la description verbale des symptômes par les acteurs, vient de la formation des organisateurs aux exercices de bureau où ces cartes sont les seules médiations entre les décideurs et la situation virtuelle de catastrophe. On peut aussi supposer que les acteurs, venus d'un autre monde social, sont considérés comme insuffisamment compétents pour décrire leurs symptômes. Mais cette confusion des deux formes de simulation écarte ainsi de l'exercice en temps réel la participation des acteurs.

Des acteurs passifs

Le scénario étudié ne porte donc pas tant sur une opération de triage – même si c'est le terme utilisé par les organisateurs – que de dépistage. Il s'agit de repérer au sein d'une population de patients potentiels ceux qui ont effectivement besoin de soins et de les évacuer vers un service spécialisé – mais l'image qui en ressort est plutôt celle de l'isolement d'un patient contagieux. Pour le personnel hospitalier, l'enjeu n'est pas tant le traitement rapide des malades que la sépara-

1. Dans la simulation de tremblement de terre observée par Sandrine Revet *(art. cit.)*, du faux sang était jeté sur les vêtements des acteurs, qui commentaient son caractère réaliste : « ça fait vraiment réel » ou « ce n'est pas du vrai sang ». Cette observation confirme la démonstration de Tracy Davis selon laquelle la simulation de catastrophes dans la défense civile implique une véritable mise en scène par des professionnels du théâtre : voir *Stages of Emergency: Cold War Nuclear Civil Defense*, Durham, Duke University Press, 2007.

tion entre deux types de patients : aucune personne atteinte de grippe pandémique ne doit rester au contact des autres. Pour les acteurs qui jouent les patients, l'enjeu est d'augmenter la population au sein de laquelle s'effectue le dépistage. Que signifie donc participer au triage pour ces acteurs ? Quel est l'effet de cette fiction sur leur compréhension de la santé publique ? Il est frappant d'observer que ces acteurs ne sont pas choisis parmi un large public mais au sein d'une association humanitaire qui pratique elle-même le triage, ce qui produit un effet de fermeture de la simulation sur elle-même.

Ces acteurs sont des volontaires du Service médical auxiliaire (AMS), une institution créée en 1950 pour répondre à l'afflux de réfugiés chinois, et inscrite depuis 1983 dans la branche « sécurité » du gouvernement. Dotée de plus de 4 000 membres, elle effectue régulièrement des entraînements et des formations à la gestion de catastrophe à Hong Kong et à l'étranger. C'est une des associations humanitaires dans lesquelles les Hongkongais combinent une sociabilité élitiste avec une formation de type militaire. Ses membres sont mobilisés pour des accidents automobiles ou aériens, des incendies ou des inondations, catégories rassemblées sous le terme de *« disaster management »*. Ils organisent leurs propres exercices en interne et ont l'habitude d'utiliser des mannequins *(dummies)* qui simulent les patients les plus gravement atteints et portent également des cartes de description des symptômes. Mais ils se situent la plupart du temps du côté des soignants, ou du moins de ceux qui portent secours. La simulation de pandémie les conduit donc à jouer l'autre rôle, et à prendre sur les opérations de triage le point de vue de celui qui est trié – littéralement à jouer le rôle de *« dummies »*.

On peut ainsi distinguer les simulations de catastrophes ordinaires, au cours desquelles les membres de cette association sont actifs dans le cadre d'exercices limités, des simulations de pandémies, où ils deviennent passifs sous le regard des autorités de santé dans des exercices de grande ampleur. « Comme nous avons eu l'expérience du SRAS en 2003, dit l'un de ces acteurs, nous pouvons imaginer comment nous nous comporterions dans une situation similaire comme la grippe aviaire. En tant que citoyens, nous sommes passifs, alors que nous devrions suivre les consignes et les conseils du gouvernement pour éviter d'être infectés. Au cours de l'exercice, nous avons également été passifs. » Cette citation d'un des acteurs interrogés montre l'échec de la simulation à obtenir la participation souhaitée : en suivant les consignes qui devraient transformer les citoyens passifs en acteurs de la préparation, la simulation a produit cette figure paradoxale de l'acteur passif. Alors que les simulations de pandémies devraient former des compétences, elles se contentent de distribuer des rôles en les inversant par rapport au cours ordinaire de l'action[1].

Qu'en est-il alors de l'acteur qui joue le patient pandémique évacué sous les objectifs des médias ? Dans l'exercice que j'ai observé, il se contente d'entrer dans l'ambulance. Mais d'autres scénarios d'évacuation prévoient le rôle de patient récalcitrant, avec lesquels le personnel hospitalier doit interagir de façon pédagogique. Dans un exercice à l'aéroport, le siège du patient fiévreux est couvert de rouge, et les sièges adjacents de jaune ou de vert en fonction de leur degré de proximité. Il est prévu que ce patient fiévreux se débatte avant que le personnel de l'avion ne parvienne à le faire sortir. Le rôle du patient récalcitrant introduit ainsi au cœur de la simulation une incertitude : la distribution des rôles entre passifs et actifs peut être perturbée, mais cette perturbation elle-même est prévue par la simulation. Quand j'ai demandé qui jouait le patient récalcitrant, on m'a répondu que cela devait être un acteur particulièrement fort et expérimenté.

La simulation d'épidémie apparaît bien ainsi comme l'avant-scène du triage au sens où elle laisse de côté les aspects les plus tragiques du triage pour rendre visibles ses aspects les plus immédiats. En situation de pandémie, tous les patients n'ont pas également accès aux soins, et il peut y avoir une lutte pour l'accès aux soins ; mais ici l'inquiétude porte seulement sur la possibilité d'être infecté par un patient pandé-

1. J'emploie ici le vocabulaire de Michael Houseman, qui distingue les performances mettant en scène des actions et les rituels qui forment des dispositions. Selon Houseman, ces deux types de jeux de rôle, en condensant des attributs contradictoires, du type « acteur passif », suscitent une réflexivité dans l'action. Voir Michael Houseman, Dissimulation and simulation as modes of religious reflexivity, *Social Anthropology* 10 (1), 2002, p. 77-89.

mique, en sorte que le diagnostic et le dépistage l'emportent sur la priorisation dans les opérations de triage. La distinction entre les membres du personnel hospitalier qui jouent effectivement le triage (appelés *« players »*) et les membres de l'AMS qui le subissent (pourtant appelés *« actors »*) est secondaire par rapport à une véritable distinction : ce sont les rédacteurs du scénario qui manipulent véritablement le jeu, parce qu'ils ont accès à l'ensemble de la trame narrative qui en oriente le déroulement. Cette trame établit des rapprochements entre plusieurs crises sanitaires qui ont réellement eu lieu, mais elle intègre également des éléments de scénarios venus d'exercices virtuels (ou « de table ») : elle repose sur un ensemble de codes que seuls maîtrisent les membres du Centre de réponse en urgence, formés dans le monde du *disaster management.*

L'absence des auteurs de scénarios de la scène du triage a un double effet contradictoire : la simulation se boucle sur elle-même, laissant de côté la suite des opérations de triage, et pourtant elle ouvre un espace de jeu. On a repéré en effet plusieurs coupures constitutives des épidémies passant des animaux aux humains pour montrer comment elles sont mises en scène dans la simulation : entre le réel et le virtuel, entre l'humain et l'animal, entre l'actif et le passif. Le virtuel entre dans le réel par des cartes qui décrivent les symptômes, mais le réel entre dans le virtuel par les salles d'évacuation des exercices de table. Les hommes sont animalisés lorsque les patients contagieux sont évacués sans parler, mais les animaux sont humanisés lorsque les animaux domestiques sont évacués avec leurs maîtres. Les soignants dans les exercices ordinaires deviennent patients dans un exercice extraordinaire.

Ces effets de réversibilité sont caractéristiques des situations rituelles étudiées par les anthropologues, qui mettent également en scène l'ordinaire par la simulation d'un événement extraordinaire. Cependant, elles ne donnent pas lieu ici à des dispositions durablement incorporées, mais plutôt à une mise à distance réflexive comme dans un jeu de rôles. Le regard du public, loin de constituer la simulation comme un spectacle total, incite à jouer sur ces possibilités réflexives, car les journalistes semblent intéressés par des détails sans importance.

Alors que le scénario boucle la simulation sur elle-même, sa mise en scène ludique l'ouvre au public qui peut y entrer par des positions diverses. La simulation joue ainsi sur une tension inhérente au phénomène épidémique : la contagion met tous les individus sur le même plan, et pourtant elle produit une coupure fondamentale entre le sain et le malade.

Les opérations de triage, loin de conduire à des décisions irréversibles suscitant des dilemmes moraux, peuvent ainsi être analysées comme des positions réversibles dans un jeu de rôle. Si les simulations préparent à la pandémie, ce n'est pas au sens où elles orientent l'attention des acteurs vers un événement peu probable et catastrophique, mais au sens où elles rendent pensable et tolérable le jeu subtil des interactions qu'un tel événement vient bouleverser. Si ces simulations peuvent être considérées comme des exercices réflexifs, ce n'est donc pas qu'elles permettent d'identifier, comme le disent les organisateurs de ces exercices, des manques dans l'organisation, car la durée de simulation semble trop courte pour cela, mais qu'elles font expérimenter virtuellement des relations dont le caractère réversible menace l'ordre réel. Le triage, en jouant sur le caractère réversible des interactions, simule activement la réversibilité subie lors de la contagion. En faisant participer les acteurs à un scénario réflexif sous le regard du public, il met à distance la confusion des corps produite par l'épidémie.

III

LES SUJETS DU TRI : LOGIQUES MÉDICALES ET SOCIALES

LES POINTS ROUGES, OU LES CRITÈRES DE L'URGENCE DANS UNE ÉQUIPE MOBILE PSYCHIATRIE-PRÉCARITÉ

Aline Sarradon-Eck
Cyril Farnarier

CIBLAGE ET TRI

« Figures typiques de l'exclusion », les SDF (Sans-domicile fixe) sont devenus en France depuis la fin des années 1990 un enjeu des politiques sociales et une cible des dispositifs d'assistance, tandis que déclinaient les politiques répressives à leur égard[1]. La crise du logement depuis les années 1980, la précarisation de l'emploi[2] et la transformation des formes de pauvreté (touchant les populations plus jeunes et plus urbaines) ont accru le nombre des grands exclus en France. De plus, l'augmentation de leur visibilité dans l'espace urbain[3] a modifié la perception des SDF par la société française : ceux-ci ont été considérés comme des victimes. Ce changement de regard a permis l'émergence de politiques publiques de type « humanitaire » qui, en consa-

1. Julien Damon, *La Question SDF*, Paris, Puf, « Le Lien social », 2002.
2. Cécile Brousse, Jean-Marie Firdion & Maryse Marpsat, *Les Sans-domicile*, Paris, La Découverte, 2008.
3. Sur les raisons de l'accroissement de la visibilité des SDF dans l'espace urbain, voir Julien Damon, *op. cit.* et Stéphane Rullac, *Le Péril SDF. Assister et punir*, Paris, L'Harmattan, « Questions contemporaines », 2008.

crant la notion « d'urgence sociale[1] », ont créé des dispositifs d'action publique – tels que le Samusocial de Paris en 1993 – ciblant les publics les plus précaires.

Du fait de la sensibilisation de la société française à la problématique des personnes vivant dans la rue, un groupe de travail s'est penché sur leur souffrance psychique[2]. Le rapport produit[3], suivi quelques années plus tard d'un rapport ministériel sur la psychiatrie et la grande précarité[4], a permis que le Plan de santé mentale 2005-2008 prévoie des mesures pour répondre aux besoins en santé mentale des populations en situation de grande précarité et d'exclusion, parmi lesquelles la création des Équipes mobiles psychiatrie-précarité (EMPP) qui dépendent des établissements psychiatriques. Selon la sociologue A. Marques, la création des EMPP ne correspond pas à « une définition d'un problème public, mais la définition de sa solution[5] ». Cependant, l'émergence des EMPP marque aussi l'apparition de véritables politiques catégorielles visant une population désignée par les institutions spécialisées (ici l'hôpital psychiatrique) et définie à la fois par son statut social (être SDF) et par ses besoins en santé mentale.

Si la première EMPP est apparue en 1998, la circulaire ministérielle de 2005[6] a permis une montée en charge de ces dispositifs. Il en

1. Sur l'émergence de la notion « d'urgence sociale », voir Stéphane Rullac, *op. cit.*, et Daniel Cefaï, Édouard Gardella, *L'Urgence sociale en action. Ethnologie du Samusocial de Paris*, Paris, La Découverte, 2011.

2. Anna Marquès, *Construire sa légitimité au quotidien. Le travail micropolitique autour d'une Équipe mobile de psychiatrie-précarité*, thèse de doctorat de sociologie, EHESS, 2010.

3. Antoine Lazarus & Hélène Strohl, *Une souffrance qu'on ne peut plus cacher*, Paris, Délégation interministérielle à la ville et au développement urbain, 1995. En ligne : http://www.ladocumentationfrancaise.fr/rapports-publics/954050300/index.shtml (page consultée le 7/10/2013).

4. Philipe Jean Parquet (dir.), *Souffrance psychique et exclusion sociale*, rapport ministériel, 2003. En ligne : http://www.cnle.gouv.fr/IMG/pdf/Rapport_PARQUET_Septembre_2003_Souffrance_psychique_et_exclusion.pdf (page consultée le 7/10/2013).

5. Anna Marquès, *op. cit.*, p. 105.

6. Circulaire ministérielle DHOS/O2/DGS/6C/DGAS/1A/1B n° 2005-521 du 23 nov. 2005 relative à la prise en charge des besoins en santé mentale des personnes en situation de précarité et d'exclusion et à la mise en œuvre d'équipes mobiles

existait 126 en France en 2010, mais leurs budgets et leurs effectifs sont restés restreints[1]. La première mission des EMPP est « d'aller vers » ces populations de grands exclus. La seconde est de soutenir les équipes médico-sociales de « première ligne » intervenant auprès de ces populations dans un rôle d'interface et d'organisation des parcours de soins.

L'EMPP sur laquelle porte cet article cible exclusivement les personnes vivant dans la rue depuis plusieurs mois (voire plusieurs années), souffrant de troubles psychiatriques sévères (principalement la schizophrénie et la bipolarité) et qui sont en rupture de soins psychiatriques ou n'en ont jamais reçu. Cette catégorie de population, considérée comme difficile à atteindre par les politiques de santé publique, présente une surmortalité avérée[2].

Cette EMPP effectue principalement un « travail de rue » qui consiste, par le biais de maraudes, à *aller vers* les personnes, sur leur lieu de vie, afin d'évaluer leur situation et de nouer des liens, avec comme objectifs un accompagnement à l'accès aux soins et un recouvrement des droits sociaux[3]. Au cours de ce « travail de rue », l'EMPP réalise un premier tri de la population des sans-abri sur la base de critères médicaux qui correspondent à ce que les professionnels nomment une *« clinique de la rue ».* Cette activité consiste à repérer parmi les personnes vivant dans la rue celles qui manifestent par leur attitude ou leur comportement des signes de troubles mentaux. Ce premier repérage visuel est complété par une prise de contact avec la personne

spécialisées en psychiatrie. En ligne : http://www.sante.gouv.fr/fichiers/bo/2006/06-01/a0010069.htm (page consultée le 7/10/2013).

1. Alain Mercuel, Ardian Qerimi, État des lieux des Équipes mobiles psychiatrie-précarité 5 ans après la circulaire, Communication orale à la 4e Journée nationale des EMPP, 14 mars 2011, CH Sainte Anne, 2011. Les diapositives de cette communication sont consultables en ligne www.rrapp.fr/request.php?32 (page consultée le 7/10/2013).

2. S.F. Nielsen, C.R. Hjorthoj, A. Erlangsen, M. Nordentoft, Psychiatric disorders and mortality among people in homeless shelters in Denmark: A nationwide register-based cohort study, *Lancet*, 2011, n° 25(377), p. 2205-14.

3. Sa seconde activité, aussi importante quantitativement et qualitativement, est un « accompagnement au chez-soi » de personnes sans abri.

permettant de confirmer, par exemple, les éléments délirants ou le degré d'anxiété, et de poser les jalons d'un premier diagnostic. À l'issue de ce travail de repérage et d'évaluation psychiatrique et sociale, les professionnels de l'EMPP décident d'inclure (ou non) la personne dans la file active de l'équipe.

La définition politique des catégories de populations ciblées par les politiques d'action publique et leur interprétation locale par la désignation du lieu où doivent s'effectuer ces tris – la rue – correspondent à un premier niveau du triage et n'ont été évoquées que rapidement car l'approche de notre article est résolument micro-sociologique. Elle vise à analyser, par une ethnographie des pratiques professionnelles[1], un second niveau du triage : la construction situationnelle de l'urgence. Le triage s'y opère lors d'un moment particulier de l'activité de cette équipe : « les staffs rue ». Notre analyse porte sur les critères de sélection des « cas urgents » nécessitant une intervention spécifique. En d'autres termes, nous analysons les modalités selon lesquelles l'EMPP étudiée désigne une situation donnée concernant une personne relevant de sa file active comme étant une situation urgente.

Les « staffs rue »

L'urgence n'est pas ici l'urgence médicale ou chirurgicale mettant en jeu le pronostic vital ; elle se réfère davantage à la notion de « crise », c'est-à-dire une situation clinique, mais aussi sociale, mar-

1. Nous avons réalisé une enquête ethnographique avec une présence continue dans l'équipe durant deux ans (de janvier 2011 à décembre 2012). Nous avons assisté de façon régulière aux « staffs rue » pendant 13 mois. 25 réunions ont été enregistrées et retranscrites entre janvier et octobre 2012. Trois méthodes d'analyse ont été mobilisées pour traiter ce matériel : 1/ une analyse de la mise en récit des situations ; 2/ une analyse longitudinale des différents cas abordés au cours de ces réunions ; 3/ une mise en regard des enregistrements des réunions avec, d'une part, les comptes rendus internes de ces staffs qui servent d'archivage des discussions, et d'autre part, les observations saisies dans le dossier médical.

quée par son instabilité. Alors que l'urgence psychiatrique « vraie » appelle une réponse qui ne peut être différée, la crise, elle, peut s'étendre sur plusieurs semaines. Pour les personnes qui vivent dans la rue, le lien qui unit crise et urgence est d'autant plus ténu que les personnes en crise se mettent en danger, en partie parce qu'elles vivent dans la rue. Ce danger potentiel amène à considérer la plupart des situations de crise comme urgentes – c'est-à-dire devant être prises en compte *dans la semaine*. Cette catégorisation implique alors une intervention soutenue de l'équipe qui va organiser des maraudes *« ciblées »* pour rencontrer la personne, éventuellement chaque jour de la semaine, et entreprendre un suivi avec des entretiens et des accompagnements répétés. Cependant, les possibilités d'action face à une personne en crise dans la rue sont relativement réduites. Si l'équipe tente généralement d'établir un contact avec la personne, de discuter de soins, d'évoquer la question d'un traitement médicamenteux, il est souvent nécessaire de recourir à l'hospitalisation (éventuellement sous la contrainte) pour amorcer un traitement et stabiliser la personne. Comparativement à d'autres services médicaux (services d'urgences des hôpitaux par exemple), la singularité de cette opération de catégorisation de l'urgence réside dans le fait que les professionnels s'accordent un temps, parfois long, pour examiner la situation et pour faire le choix de lui donner la priorité de leur action.

La catégorisation des situations urgentes intervient lors d'une réunion hebdomadaire (le lundi), le « staff rue », qui implique la quinzaine de professionnels de l'équipe amenés à intervenir dans la rue. Au cours de cette réunion, d'une durée de 2 heures (de 9h à 11h), sont présentées les situations préoccupantes des personnes suivies par l'équipe depuis plusieurs semaines, voire plusieurs mois, et celles des nouvelles personnes rencontrées ; les signalements de personnes reçus au cours de la semaine précédente sont repris. Une seconde réunion se tient le lundi après-midi, au cours de laquelle sont examinées les situations des autres personnes de la file active, ou « suivis habituels[1] ».

1. C'est-à-dire toute personne régulièrement suivie par l'équipe, dont la situation n'est pas considérée comme urgente ou préoccupante, et qui n'est pas hospitalisée.

Ces réunions permettent de discuter les modalités de l'intervention de l'équipe mobile pour chaque personne. En cela, elles reprennent les caractéristiques des staffs médicaux hospitaliers. Cependant, un certain nombre d'éléments distinguent ces staffs de ceux qu'il est possible d'observer ailleurs.

Précisons le cadre situationnel[1] de ces réunions. Les locaux de cette équipe étaient situés, au moment de nos observations, dans un vieil appartement d'un immeuble du centre ville qui n'avait pas été aménagé pour cette utilisation. La réunion se tenait dans une pièce ayant de multiples fonctions (réunion, salle à manger, salle d'attente, bureau du coordinateur) – ce qui en faisait un espace banalisé d'où étaient absentes les marques habituelles des espaces dédiés aux soins. De plus, tous les participants étaient assis sur des canapés disposés autour d'une table basse et un psychiatre était assis derrière le seul bureau de la pièce pour saisir les observations sur le dossier-patient informatisé. Pour des raisons de convivialité, un café était généralement mis à disposition des uns et des autres sur la table basse.

Au cours de la réunion, tous les professionnels ont le même droit à la parole et à la prise de décision. En effet, de par le modèle de soins que cette équipe a choisi, le travail médical n'est pas surplombant par rapport au travail social et les hiérarchies tendent à être estompées ; de plus, la division du travail est moins marquée que dans les services hospitaliers, et chaque professionnel a une relative autonomie dans son travail. Même si, *in fine*, la décision revient aux médecins, l'équipe revendique le fait que la parole des professionnels non médicaux ait un poids équivalent à celle des médecins. Ce mode de fonctionnement s'explique par des principes sous-jacents à la création de l'équipe qui s'est construite en réaction aux insuffisances constatées dans la prise en charge institutionnelle des personnes sans abri. De ce mode de construction « contre » ou « en réaction à », renforcé par le refus d'une culture médicale perçue comme élitiste et réservée aux seuls professionnels, découle l'idée de développer un modèle de soin singulier et adapté à la population cible, mais aussi d'inventer une organisa-

1. Erving Goffman, *Les Cadres de l'expérience*, Paris, Minuit, 1991.

tion d'équipe qui rompe avec l'organisation pyramidale caractéristique de l'institution hospitalière[1].

Ces différents éléments (usages multiples de la pièce, disposition matérielle, café, faible hiérarchie...) permettent de dire, en langage goffmanien, que ces « staffs rue » sont à la fois une « région antérieure » (la scène où se déroule la représentation) où les normes professionnelles de cette équipe sont concrétisées, et une « région postérieure » (ou coulisses) où les professionnels abandonnent leur façade sociale et où les rapports interpersonnels sont de l'ordre de la familiarité[2], comme nous allons le voir plus loin.

La construction de la personne en cas urgent

De grands tableaux blancs quadrillés, de type « tableaux d'organisation », étaient accrochés aux murs de la salle multi-usage. Inspirés des techniques nord-américaines de l'Assertive Community Treatment, ces tableaux sont des intermédiaires entre l'affichage du dossier médical (puisqu'ils contiennent le nom de la personne, des informations la concernant et son diagnostic), et le « tableau de bord » de gestion d'entreprise (puisque y sont aussi notés les indicateurs de l'action de l'équipe). Au cours du staff, les décisions concernant l'intervention de l'équipe (« créer du lien », « accompagner à... », « évaluation », « HDT[3] », etc.) sont inscrites sur une des colonnes, face au nom de la personne. Lorsque, à l'issue de la discussion, la situation d'une personne est considérée comme étant « une urgence », un point

1. D'autres ruptures avec le modèle biomédical dominant s'observent dans cette équipe, mais nous n'avons pas la place de les détailler ici.

2. Erving Goffman, *La Mise en scène de la vie quotidienne*, t. 1, *La Présentation de soi*, Paris, Minuit, 1973, p. 105-136.

3. L'hospitalisation à la demande d'un tiers désigne une hospitalisation sous la contrainte. À la suite de la Loi n° 2011-803 du 5 juillet 2011 relative aux droits et à la protection des personnes faisant l'objet de soins psychiatriques et aux modalités de leur prise en charge, le sigle est devenu SDT (soins à la demande d'un tiers).

rouge est noté sous son nom. Si la situation est « préoccupante », mais sans être une urgence, un cercle rouge est tracé. La semaine suivante, la situation de la personne est réévaluée. Si celle-ci n'est plus une priorité pour le travail de l'équipe, le point rouge est effacé. Cette codification a pour objectif de rappeler à l'équipe tout au long de la semaine la priorité de la situation. Elle a aussi un effet performatif : le point rouge est une manière pour désigner l'urgence lorsque les situations des personnes sont évoquées *(« M. X, c'est un point rouge »).*

Les « suivis habituels » ne portent aucune marque. Leur situation est aussi discutée, parfois aussi longuement que celles catégorisées comme urgentes. Cependant, les interventions prévues pour ces personnes sont conditionnées par le temps que laisse à l'équipe la prise en charge des situations urgentes. De fait, lorsque les « points rouges » sont nombreux et renvoient à des situations très compliquées, les personnes étant catégorisées en « suivis habituels » peuvent ne pas être vues par l'équipe au cours de la semaine.

Nous avons analysé la manière dont les professionnels parlent d'une personne, la manière dont ils la présentent et la décrivent aux autres membres de l'équipe. Le premier constat est que la façon de saisir la réalité d'une personne diffère de celle des staffs médicaux « classiques ». On n'observe pas ce que l'on pourrait appeler « l'effet microscope » rencontré dans les staffs médicaux (où la vision est centrée sur un organe ou une pathologie), mais une vision élargie de la personne, avec une équivalence des aspects sociaux de la situation décrite par rapport aux aspects biologiques ou anatomiques. Les situations présentées concernent les personnes qui peuvent être connues par la plupart des membres de l'équipe, ou seulement par un ou deux d'entre eux. Sont alors évoqués lors des présentations, à la fois :

— la description physique de la personne (y compris vestimentaire) pour que les autres professionnels la reconnaissent lors de leur tournée ;

— la description des symptômes observés (qui recoupe souvent la description physique) comme argumentation de la nécessaire intervention de l'équipe ;

— les circonstances de la rencontre qui apportent des arguments supplémentaires pour l'évaluation de la symptomatologie ;

— mais aussi les compétences et les capacités de survie de la personne dans la rue au moment de la rencontre, son histoire personnelle, son environnement social et le risque que représente pour elle un temps supplémentaire passé dans la rue ;

— enfin, d'autres éléments qui composent sa situation sociale : connaissance de son identité réelle, la possession de papiers d'identité, sa couverture sociale (CMU, AME...[1]), les ressources dont elle dispose (AAH, RSA...[2]), la régularité ou non de sa situation de présence sur le territoire, etc.

Ces éléments de présentation sont aussi une manière d'organiser et d'interpréter le vécu, comme l'illustre l'extrait de notes de terrain suivant :

> Psychiatre : Il est effectivement tout le temps sur le Bd X. Les autres clodos du Bd X le connaissent très bien [...] la date de naissance ne correspond pas avec ce qu'il nous a dit. Il avait carrément déliré sur le fait qu'il avait fait l'Indochine. Alors, soit il a fait l'Indochine, il a l'air vieux quand même... [...] c'est un ancien militaire, ça c'est sûr. Mais quelle guerre il a fait ? Ça, je ne sais pas. Moi je pensais qu'il avait plus de 80 ans. Et là, la date de naissance... il a 55 ans [...] Je pense qu'il a plus de 70 ans, 80 ans, il est hyper vieux ! Il n'a plus de dents, il est tout maigre... [...] Quand il était sous le pont, je pensais qu'il n'était même pas capable de marcher. Là, il marche, il se balade avec ses sacs. Il est tellement délabré, c'est hallucinant ! [...] En l'interrogeant, il ne sait pas la date, il est complètement désorienté et je me demande s'il ne s'est pas intoxiqué au CO [monoxyde de carbone] et du coup [...] déjà en vivant sous son tunnel avec les pots d'échappement, mais en plus il se chauffait avec un réchaud dessous [...]. Donc, il a des éléments délirants, des éléments démentiels et en plus peut-être un truc d'intoxication au CO. Ce qui expliquerait qu'il a un cerveau de 200 ans.
>
> Assitante sociale : Je crois que la principale question pour lui c'est la notion de danger. Est-ce qu'il est vraiment en danger, auquel cas on l'hospitalise et on le met en maison de retraite, encore faut-il que...

1. CMU : Couverture maladie universelle. AME : Aide médicale d'État.
2. AAH : Allocation adulte handicapé. RSA : Revenu de solidarité active.

Psychiatre : Quoiqu'il s'en sort pas mal dans la rue. Je ne sais pas comment il fait, là il donnait du pain aux pigeons, il ne le mangeait pas le pain ! [...] Je suis moins inquiète depuis que je l'ai vu galoper. Comme ça, je me dis, voilà, on pense qu'il est complètement démuni et en fait il a l'air de s'en sortir pas trop mal.

Comme l'a montré Byron Good[1], c'est la mise en récit par les soignants qui construit leur perception d'une personne en tant que patient ou, dans cette équipe, en tant que personne relevant de leur « file active ». Lors de ces mises en récits, des registres discursifs relevant de logiques diverses sont mobilisés et produisent des interprétations visant à convaincre l'auditoire de la gravité d'une situation qui doit être traitée « en urgence ».

Les logiques de la catégorisation des cas urgents

La « psychiatrie de rue » n'est pas théorisée. Le contexte environnemental des personnes et leur situation d'errance ne permettent pas d'appliquer les « protocoles » et autres arbres décisionnels qui soustendent les décisions médicales dans les services de soins « dans les murs ». Dès lors, le choix de désigner une situation comme urgente repose sur différentes « logiques », dont certaines sont implicites, voire non conscientes, qui peuvent être imbriquées, se renforcer ou se neutraliser. Par souci de clarté, nous les présentons séparément.

Logique médicale

Selon la logique médicale et dans le contexte particulier des personnes sans abri présentant des troubles psychiatriques sévères, les

1. Byron Good, *Comment faire de l'anthropologie médicale ? Médecine, rationalité et vécu*, Le Plessis-Robinson, Les Empêcheurs de penser en rond-Institut Synthélabo, 1998.

situations catégorisées comme urgentes sont celles de personnes dont la gravité des troubles les met en danger. Il peut s'agir alors de troubles somatiques, fréquents chez les personnes sans abri, mais dont l'absence de prise en compte par la personne elle-même amène l'équipe à s'en inquiéter à sa place. Il peut s'agir également de symptômes psychiatriques particulièrement prononcés mettant la personne en danger (risque de passage à l'acte, d'auto-agressivité, ou lorsque l'état psychique de la personne est tel qu'elle est dans l'incapacité de s'occuper d'elle-même et ne cherche plus à se nourrir, à s'abriter des intempéries, à se protéger du froid, etc.).

Selon cette même logique, d'autres situations sont catégorisées comme urgentes en raison de l'articulation entre la temporalité de la maladie mentale et la possibilité de créer une alliance thérapeutique. En effet, les professionnels savent identifier le moment opportun pour intervenir en fonction des capacités d'engagement de la personne dans le soin et de la qualité du lien construit avec elle, permettant de pronostiquer l'impact le plus favorable de leur intervention.

Logique de protection des plus vulnérables

L'évaluation d'une situation se fait à l'aide d'un certain nombre d'éléments qui signalent ou soulignent la vulnérabilité d'une personne. Celle-ci est établie à partir de deux ensembles de critères. Les premiers se rapportent à l'apparence physique et biologique de la personne et à son corps, tels que le genre (les individus de genre féminin sont davantage soumis au risque de violence, notamment sexuelle, que leurs homologues masculins), l'âge (les personnes âgées supportent plus difficilement les conditions de vie dans la rue), ou encore les compétences physiques et les capacités motrices de la personne.

Les seconds critères sont relationnels et sociaux. Ils comprennent la connaissance des structures existantes à destination des personnes sans abri, leur usage (et sa continuité) de ces institutions, la connaissance de la ville et la capacité à se repérer et se mouvoir dans l'espace urbain, l'appartenance de la personne à un groupe, à un réseau ou son intégration dans un quartier particulier, afin d'évaluer les éventuels soutiens dont elle pourra bénéficier. La possession de biens matériels (moyens directs pour se protéger du chaud, du froid, vêtements de rechange), l'existence d'un lieu de vie privilégié (une cabane, un bout de trottoir, un parking, un squat) et la capacité de la personne à demander de l'aide (et ainsi de pouvoir solliciter les réseaux d'aide médico-sociaux), sont également pris en compte dans la catégorisation des cas effectuée au cours du staff.

Chacun de ces critères n'est que rarement signifiant en lui-même, mais la combinaison de plusieurs d'entre eux débouche sur la notion de *« compétences de survie à la rue »*, dont l'absence ou l'altération peut conduire à une catégorisation en situation urgente.

Logique institutionnelle

Selon cette « logique institutionnelle », les situations sont considérées comme urgentes non pas en fonction de la situation de la personne, de son état physique ou psychique, mais à partir de critères liés au modèle de soin que cette équipe cherche à mettre en œuvre ou à la recherche d'une continuité du projet de soins. Par exemple, lorsqu'une personne hospitalisée par l'équipe fugue de l'hôpital, la situation est marquée comme une urgence, et l'équipe va organiser des maraudes pour la retrouver. L'objectif est alors de comprendre les raisons de son départ, et éventuellement de la faire *« réintégrer »* (selon le terme en usage) dans le service d'où elle s'est enfuie.

Cette logique tient, avant tout, au fait que l'hospitalisation, qu'elle soit libre ou sous la contrainte, résulte, dans la grande majorité des cas, d'un long processus de construction de liens entre l'équipe et la personne. Il aura fallu la rencontrer à plusieurs reprises, la rassurer sur l'hôpital, mobiliser des professionnels pour réaliser l'hospitalisation (EMPP, pompiers, parfois même la police), trouver une place libre dans un service[1] et coordonner tout cela pour aboutir à l'hospitalisation. C'est donc pour éviter de perdre le bénéfice du travail organisationnel réalisé qu'il est important pour l'équipe de retrouver le plus rapidement possible la personne en fugue.

Ce pragmatisme est également présent dans la catégorisation en situations urgentes des personnes pour lesquelles l'expectative de rétablissement sanitaire et social est forte. Ces situations correspondent à celles de personnes vivant dans la rue avec des troubles psychiatriques sévères avérés, et pour lesquelles l'équipe présume que les chances de voir un projet de soin aboutir et la personne sortir de la rue sont les plus élevées. Il s'agit généralement de personnes jeunes, avec des compétences intellectuelles et sociales nettement perceptibles malgré l'importance des symptômes et la gravité de la situation dans laquelle elles se trouvent, qui ne sont pas chronicisées et pour lesquelles on peut s'attendre à un rétablissement « rapide », comme cela a été le cas pour plusieurs personnes suivies par l'équipe qui, en quelques semaines, ont recouvré leurs droits sociaux, un logement, un travail, un conjoint, etc. Il n'est jamais certain que ces *« success stories »* aboutissent, mais l'équipe tente régulièrement sa chance lors de situations similaires dont la sortie par le haut de la file active est particulièrement gratifiante.

De plus, ces réussites sont particulièrement importantes dans la mesure où elles représentent le contrepoint des « causes perdues », représentation des personnes de la rue que nombre de professionnels des services d'urgence et d'hospitalisation partagent et nourrissent en insistant sur l'incurie des personnes de la rue, leur instabilité psychique et leur errance qui les rendraient peu réceptives aux soins[2].

1. Ce qui est souvent difficile compte tenu de la saturation des services psychiatriques. Dès lors, lorsqu'une personne fugue d'un service, sa place ne lui est gardée au mieux que quelques jours.

2. Louise Fournier & Céline Mercier (dir.), *Sans domicile fixe. Au-delà du stéréotype*, Montréal, Les Éditions du Méridien, 1996.

Logique de contrôle social

Par logique de « contrôle social » nous entendons celle qui conduit à catégoriser en cas urgents des situations où les personnes dérangent l'ordre public par la mise en danger d'elle-même ou d'autrui[1]. Il peut s'agir de situations de risque de passage à l'acte hétéro-agressif, lorsqu'une personne, du fait de son état psychique, peut agresser physiquement autrui. Il peut aussi s'agir de situations où la personne, du fait de son comportement « inadapté ou particulièrement exalté », pour reprendre le langage psychiatrique, excède ou provoque son entourage, générant l'hostilité des autres sans-abri, des commerçants et/ou des passants. Les conséquences de ce comportement ne sont pas maîtrisables et exposent la personne à un risque d'agression ou d'interpellation par la police. Il s'agit alors pour l'équipe d'intervenir avant que la violence n'explose ou qu'une mesure répressive non adaptée à la situation ne soit prise.

Logique de l'affectivité

Dans les discussions du staff, nous avons observé une imbrication de plusieurs registres sémantiques – langage familier et lexique médical –, notamment en raison de la superposition des « régions antérieures » et « postérieures ». D'une part, cette superposition introduit de la familiarité dans les échanges d'ordre professionnel avec des effets sur la dynamique de l'équipe. En effet, le registre familier produit de l'horizontalité dans les interactions entre professionnels, ce qui conduit à un effet de boucle : la moindre importance accordée à la hiérarchie dans l'équipe favorise l'usage du langage familier qui, à son tour, renforce l'horizontalité souhaitée par l'équipe. D'autre part, elle a des effets sur la construction du cas : l'usage du langage familier et son

1. Nous faisons ici un usage restrictif de la notion de contrôle social.

alternance avec le langage médical produisent un effet de dramatisation. En effet, si ce mélange des registres n'est pas intentionnel, il a parfois pour effet d'obtenir l'adhésion de l'auditoire, en le choquant ou en provoquant sa compassion, et donc de justifier l'intervention de l'équipe.

On retrouve par exemple l'usage fréquent de figures de style telles que la répétition d'adverbes quantifiants pour décrire le trouble, ou celui de mots argotiques plus expressifs et porteurs d'une tonalité émotionnelle. Cependant, l'alternance du langage familier et du lexique médical traduit surtout le fait que les soignants sont parfois submergés par la souffrance, l'étrangeté, l'injustice et la violence des situations.

De nombreuses touches humoristiques viennent également ponctuer les staffs malgré la pénibilité des cas présentés et la complexité des situations rencontrées, comme cela peut être observé dans diverses situations professionnelles, notamment en psychiatrie[1]. Lorsque les professionnels font face à la souffrance d'autrui, l'humour fonctionne comme une soupape ; il est un moyen de mettre à distance les difficultés. De plus, à l'instar de ce qu'a montré Gwénaëlle Mainsant pour les policiers[2], l'humour peut être un véritable mode de communication permettant d'exprimer ce que le langage médical n'autorise pas, notamment le questionnement sur la légitimité d'une action entreprise par l'équipe, comme l'illustrent ces extraits de staffs :

> « On lui met une perf de kétamine sur la place X [rires]. Vous voulez des soins alternatifs ? Tu vas voir ! Tout le monde sous kétamine. »
>
> « Vous trouvez un SDF sur un matelas, vous roulez le matelas avec de la corde et vous l'amenez en psychiatrie. Vous le trempez dans du neuroleptique ! »
>
> « – P1 : lui, il faut vraiment l'hospitaliser ! / – P2 : On lui lance une fatwa ? »

1. Sue Estroff, *Le Labyrinthe de la folie. Ethnographie de la psychiatrie en milieu ouvert et de la réinsertion*, Paris, Les Empêcheurs de penser en rond, 1998.

2. Gwénaëlle Mainsant, Prendre le rire au sérieux. La plaisanterie en milieu policier, *in* Didier Fassin & Alban Bensa (dir.), *Les Politiques de l'enquête. Épreuves ethnographiques*, Paris, La Découverte, 2009, p. 99-123.

Ces verbatim doivent être replacés dans leur contexte : une discussion entre plusieurs personnes qui examinent les différentes alternatives et s'interrogent sur la meilleure façon (et le meilleur moment) d'intervenir auprès d'une personne. Derrière le bouclier protecteur de l'humour et de la métaphore, se déploient le questionnement des professionnels sur la légitimité de l'action à entreprendre et leur ambivalence à l'égard de la mission de contrôle social qu'ils ont à endosser.

La possibilité d'utiliser le langage familier et l'humour comme mode de communication est un des effets de la superposition des régions antérieures et postérieures. Alors que le langage médical est technique et dénué d'affects, mettre les coulisses sur la scène c'est permettre que se libèrent les réactions émotionnelles[1]. Il en ressort que les émotions du professionnel peuvent participer des prises de décision, et y jouent parfois un rôle aussi important que la rationalité médicale. En effet, cette libération des émotions amène régulièrement des professionnels à faire de véritables plaidoyers en faveur d'une intervention urgente pour une personne qui les a plus particulièrement touchés. Cette stratégie d'influence, consciente et assumée par une partie d'entre eux qui parlent alors de leur *« chouchou »* ou de leur *« protégé »*, répond à une logique affective mobilisant émotions et sentiments dans un cadre néanmoins régulé (le staff).

Il n'y a, dans ce constat, aucun jugement de valeur de notre part. À l'instar de Bourdeaut[2], nous voyons dans la capacité des soignants à s'émouvoir une expression de leur « humanité » et de leur empathie. Alors que leur déontologie professionnelle leur demande de réprimer ou de contrôler leurs émotions, considérées comme un élément « non

1. Depuis la fin de notre enquête, des modifications notables sont apparues dans l'organisation du travail de l'équipe. Une réorganisation en « pôle rue » et en « pôle chez soi » a eu pour conséquence une spécialisation des professionnels dans le travail de rue ou dans l'accompagnement au logement. Dès lors, les professionnels participant aux « staffs rue » sont moins nombreux, et le bureau où ils se réunissent leur est exclusivement dédié. Ceci a pour effet de séparer « coulisses » et « scène ». Le langage familier tend à s'estomper.

2. Frank Bourdeaut, Les émotions dans la relation de soin : des racines de leur répression aux enjeux de leur expression, *Éthique & Santé*, 2006, 3, p.133-137.

rationnel » dans la prise de décision, cette présence émotionnelle, loin d'être un manque de professionnalisme, nous semble être une « réponse socialement adéquate[1] » à la souffrance qu'ils rencontrent au quotidien.

Au total, dans cette étude micro-sociologique, nous avons fait le choix d'analyser la décision explicite de priorisation de l'intervention d'une équipe médico-sociale auprès de certaines personnes, en nous centrant sur le processus cognitif et sur les logiques des acteurs. La complexité des situations rencontrées explique que les prises de décision reposent sur des raisons médicales et sociales (assistance à personne en danger), mais aussi sur des logiques implicites (affectives ou institutionnelles), des valeurs (dont la protection des plus vulnérables), et des idéologies (dont la centralité de la lutte contre les inégalités sociales face à la santé). D'autres travaux ont déjà montré que des critères non médicaux (religieux, culturels, ethniques, économiques, moraux, politiques, etc.) participent à la décision médicale dans des domaines aussi variés que la conduite diagnostique et thérapeutique[2], l'interruption de grossesse[3] ou l'interruption de la réanimation[4], pour ne citer que ces exemples.

Implicitement, cette pratique de catégorisation est une forme de tri car les ressources (humaines) de l'équipe seront allouées en priorité à certaines personnes. Dès lors, la décision comporte une dimension éthique puisque les professionnels sont confrontés à un dilemme entre, d'une part, le principe d'équité (apporter une aide médico-sociale à toutes les personnes qui relèvent de leurs compétences) et, d'autre part, le principe médical et légal « d'obligation de moyens » exigée

1. *Ibid.*, p. 137.

2. Jennifer Malat, Expanding research on the racial disparity in medical treatment with ideas from sociology, *Health*, 2006, vol. 10(3), p. 259-282.

3. Monique Membrado, La décision médicale entre expertise et contrôle de la demande : le cas des interruptions de grossesse pour motif thérapeutique, *Sciences sociales et Santé*, juin 2001,vol. 19 n° 2, p. 31-62.

4. Anne Paillet, *Sauver la vie, donner la mort. Une sociologie de l'éthique en réanimation néonatale*, Paris, La Dispute, « Corps, santé, société », 2007.

des professionnels de santé (qui leur demande de mettre en œuvre tous les moyens techniques et humains nécessaires pour résoudre un problème). Si ce dilemme n'est pas formulé dans ces termes par les professionnels que nous avons observés, ils ont néanmoins conscience d'avoir à opérer un choix : une intervention intensive auprès d'une seule personne ne peut se faire qu'aux dépens du suivi d'autres patients.

Cependant, à l'inverse de ce que l'on peut observer dans d'autres situations où le tri repose, outre les critères médicaux, sur la valeur sociale accordée à l'individu[1], c'est sur les individus les plus marginaux, les plus grands exclus de la société et les plus vulnérables, que cette équipe cible son travail, en priorisant son action selon une combinaison complexe de différentes logiques.

1. Nora K. Bell, Triage in medical practices: an unacceptable model?, *Social Science and Medicine*, 1981, vol. 15F, p. 151-156.

LA SÉLECTION ENTRE LOGIQUE D'APPROPRIATION ET STIGMATISATION. LES MÉDECINS GÉNÉRALISTES FACE AUX PATIENTS DÉPENDANTS AUX OPIACÉS

Lise Dassieu

La médecine générale est particulièrement propice à la mise en œuvre de pratiques de triage des patients du fait du volume et de la diversité des cas auxquels elle est confrontée. Le tri y obéit à deux logiques. La première consiste à écarter les patients porteurs de pathologies graves ou complexes par l'adressage vers des spécialistes. Elle trouve son sens dans le rapport spécifique de la médecine générale à la problématique de l'incertitude : l'étendue des savoirs à mobiliser pour traiter la totalité des cas rencontrés est potentiellement infinie[1]. Le renvoi vers les médecins spécialistes peut aussi exprimer la crainte de l'erreur médicale, liée à la perception qu'a le généraliste des limites de ses propres compétences[2]. Ainsi, certains choisissent de restreindre leur exercice à des pathologies courantes[3]. Pour faire face à la prolifération des connaissances à maîtriser, d'autres se forment à des affec-

1. Géraldine Bloy, L'incertitude en médecine générale : sources, formes et accommodements possibles, *Sciences sociales et Santé*, 2008, 26, 1, p. 67-91.

2. Anne Vega, Positivisme et dépendance : les usages socioculturels du médicament chez les médecins généralistes français, *Sciences sociales et Santé*, 2012, 30, 3, p. 71-102.

3. Géraldine Bloy, Motivations et représentations de l'acte médical en médecine générale de ville : un regard sociologique, *in* Sophie Béjean & Christine Peyron (dir.), *Santé, règles et rationalités*, Paris, Économica, 2002, p. 73-100.

tions spécifiques afin de pouvoir « pousser » assez loin les prises en charge[1]. Cependant, l'investissement s'opère nécessairement sur un nombre limité de pathologies, donnant lieu à des « spécialisations informelles[2] » qui fonctionnent, elles aussi, comme des vecteurs de triage. Ainsi, des généralistes construisent leur patientèle par « systèmes de préférence », privilégiant certains types de maladies ou de patients en fonction de leur inclination personnelle ou de leur intérêt scientifique[3]. Ces deux logiques – écarter les cas complexes, se « spécialiser » sur certaines pathologies en fonction de ses préférences – répondent à une même nécessité, constitutive de l'activité généraliste, de composer avec un positionnement en « première ligne » face à une clientèle « tout-venant[4] » et souvent abondante[5]. Ainsi, le tri s'inscrit comme une condition de possibilité de l'exercice de cette médecine au quotidien.

Nous proposons d'affiner l'analyse du triage en médecine générale en l'envisageant non plus pour la totalité de l'activité, mais au sein d'une seule de ses composantes, la prescription de médicaments de substitution aux opiacés. Celle-ci fait partie du quotidien de nombreux généralistes, tout en questionnant l'étendue de leurs prérogatives. En cela, elle permet de révéler des mécanismes du triage à l'œuvre dans leur pratique. En effet, les médecins mettent en œuvre des tris à l'intérieur même des différentes sous-populations auxquelles ils sont

1. *Ibid.*

2. Alain Giami, La spécialisation informelle des médecins généralistes : l'abord de la sexualité, *in* Géraldine Bloy & François-Xavier Schweyer (dir.), *Singuliers généralistes*, Rennes, Presses de l'EHESP, 2010, p. 147-168.

3. Françoise Bouchayer, Un regard transversal sur la fonction soignante de proximité : médecins généralistes, infirmières, et kinésithérapeutes libéraux, *in* Géraldine Bloy & François-Xavier Schweyer (dir.), *Singuliers généralistes*, *op. cit.*, p. 169-188.

4. Aline Sarradon-Eck, Qui mieux que nous ? Les ambivalences du généraliste pivot du système de soins, *in* Géraldine Bloy & François-Xavier Schweyer (dir.), *Singuliers généralistes*, *op. cit.*, p. 253-270.

5. La gestion du volume de la patientèle donne lieu à d'autres stratégies qui ont pour effet (secondaire ou intentionnellement recherché) un triage : dépassement d'honoraires, fonctionnement sur rendez-vous, restriction des horaires de consultation, etc.

confrontés. Nous chercherons ici à comprendre comment l'organisation de la médecine générale les conduit à accepter certains patients « toxicomanes » plutôt que d'autres. Outre la notion de *tri*, nous utiliserons aussi celle de *sélection*, qui permet de rendre compte de la distinction établie par les généralistes entre *bons* et *mauvais* toxicomanes, et des phénomènes de stigmatisation qui en découlent. En effet, la sélection possède un revers : l'exclusion. Howard Becker, paraphrasant le théoricien de la déviance David Matza, remarque que « la mauvaise herbe n'est pas une catégorie botanique, mais révèle plutôt un jugement moral formulé à l'égard d'une plante qui n'est pas à sa place[1] ». Ainsi, les *mauvais patients* sont aussi les patients indésirables. En outre, les pratiques de sélection, en circonscrivant les parcours de soins des personnes en traitement, incitent à interroger la place des généralistes dans la politique de santé publique liée aux drogues.

Nos analyses s'appuient sur des entretiens et observations ethnographiques recueillis dans une métropole française. Nous avons rencontré 27 généralistes prescripteurs de substitution, 26 personnes en traitement, et observé plusieurs journées de consultations afin de cerner la manière dont la substitution prend place au sein de l'activité généraliste.

LA SÉLECTION COMME LOGIQUE DE CONSTRUCTION DE PATIENTÈLE : INTÉGRER LES « TOXICOMANES » À LA MÉDECINE GÉNÉRALE

La prescription de médicaments de substitution aux opiacés est une mission de santé publique confiée aux généralistes français au milieu des années 1990, lors de la mise en place d'une politique de réduction des risques liés à l'usage de drogues. Cette dernière implique un élargissement de l'offre de soin par l'abandon de l'impératif d'abstinence.

1. Howard S. Becker, Les drogues : que sont-elles ?, *in* Howard S. Becker (dir.), *Qu'est-ce qu'une drogue*, Anglet, Atlantica, 2001, p. 11-20.

Pour rattraper le « retard français[1] » et endiguer la progression du sida parmi les injecteurs, les pouvoirs publics ont favorisé une diffusion large et rapide des traitements de substitution en autorisant tout médecin à prescrire la buprénorphine haut dosage (Subutex) à partir de 1996[2]. Cette décision politique a eu pour effet de positionner durablement les généralistes libéraux en principaux prescripteurs de ce médicament. Aujourd'hui, plus de quinze ans après, la substitution semble s'être en partie « banalisée » en médecine générale, notamment par une diffusion « hors du cercle restreint des médecins engagés et formés[3] ». Les statistiques confirment ce phénomène : les généralistes rédigent plus de 80 % des ordonnances de buprénorphine[4] et le nombre de médecins refusant d'effectuer ces prises en charge est en recul[5].

Or, la « banalisation » de la substitution implique son assimilation à la pratique quotidienne des généralistes. La sélection des patients substitués peut constituer un moyen, pour les prescripteurs, de faire entrer ce traitement dans le cadre de leurs missions ordinaires. Elle s'inscrit donc comme l'une des conditions de la diffusion de la substitution vers un grand nombre de médecins : choisir ses patients facilite leur intégration à une activité et à une clientèle plurielles. S'intéresser aux nuances au sein du groupe des généralistes prescripteurs, plutôt que reproduire la distinction courante entre médecins acceptant ou refusant de recevoir des usagers de drogues, permet donc de comprendre le sens de la sélection. Celle-ci ne participe pas d'un refus

1. Henri Bergeron, *L'État et la Toxicomanie*, Paris, Puf, 1999.

2. La méthadone, mise sur le marché en 1995, doit être initiée par un centre de soin en addictologie ou un établissement de santé (un relais de la prescription vers la médecine de ville est autorisé après quelques mois).

3. Isabelle Feroni, La substitution au Subutex en médecine de ville : tension des normes et hétérogénéité des pratiques médicales, *in* François-Xavier Schweyer (dir.), *Normes et valeurs dans le champ de la santé*, Rennes, ENSP, 2005, p. 197-208.

4. Tiphaine Canarelli, Anaelle Coquelin, *Données récentes relatives aux traitements de substitution aux opiacés*, Paris, OFDT, 2010.

5. Romain Guignard, François Beck, Ivanna Obradovic, Prise en charge des addictions par les médecins généralistes, *in* Arnaud Gautier (dir.), *Baromètre santé médecins généralistes 2009*, Paris, INPES, 2011, p. 177-201.

catégorique de s'occuper de « toxicomanes », mais bien au contraire d'une volonté de les assimiler à un exercice diversifié.

Conserver une identité de généraliste : préserver une activité et une clientèle variées

La sélection des patients substitués s'inscrit comme une alternative à la spécialisation pour des médecins attachés à traiter une pluralité de pathologies : « Je ne veux pas faire que ça », assure l'un d'entre eux. Tout en acceptant de suivre des personnes en traitement substitutif, ces généralistes présentent l'aspect « global », divers, de leur activité comme l'un des intérêts principaux de leur profession. « Il y a certains médecins qui sont vraiment des médecins plus ou moins spécialisés dans la prise en charge de la toxicomanie. Moi, ce n'est pas mon cas, je tiens à faire de la médecine générale, variée, enfin, soigner aussi bien des enfants que des adultes, que des personnes âgées, les toxicos, les non-toxicos. »

La patientèle d'usagers de drogues est souvent appréhendée comme une menace potentielle envers cette « variété ». Certains médecins craignent, par l'action du bouche-à-oreille, d'être envahis de « toxicomanes » en demande de substitution. Cette peur, répandue parmi les enquêtés, fait même, selon certains, l'objet de mises en garde en faculté de médecine. Si elle peut conduire à la simple limitation du nombre de personnes substituées dans la patientèle afin d'éviter d'être étiqueté comme un prescripteur potentiel, la volonté de conserver une activité diversifiée peut aussi motiver le recours à la sélection, pour des médecins qui, de plus, considèrent que certains usagers de drogues exigent une « charge de soins[1] » plus élevée que d'autres, et s'intègrent donc plus difficilement à un suivi en ville[2]. Plusieurs généralistes

1. Nicolas Dodier & Agnès Camus, L'admission des malades. Histoire et pragmatique de l'accueil à l'hôpital, *Annales Histoire et Sciences sociales*, 1997, 4, p. 733-763.

2. *Ibid.*, p. 743 : à l'hôpital, « plus les services anticipent chez les patients une charge de soins importante, plus ils manifestent des réticences au moment du placement ».

évoquent, à ce propos, le cas des « toxicomanes » atteints de troubles psychiques : « Faut pas exagérer non plus, en médecine générale on ne peut pas prendre un toxico psychotique, entendons-nous, celui-là il n'est pas pour nous, il n'est pas pour un cabinet de ville. Il y en a qui relèvent de la psycho lourde. Donc, ceux-là c'est pour des gens qui sont dans des institutions, qui ont du temps à p... du temps. J'allais pas dire du temps à perdre, mais du temps. Ces gens-là, ils ont besoin d'être pris en charge autrement. »

En nécessitant une prise en charge spécifique, certains patients substitués menaceraient plus que d'autres le « temps » et « l'énergie » qui devraient être consacrés à chaque pathologie dans l'organisation du travail. Selon Anne Coppel, la médecine générale serait régulièrement confrontée aux « cas les plus lourds », du fait des conditions d'admission plus restrictives des centres de soin en addictologie[1]. Nos analyses suggèrent que les généralistes tentent, par les pratiques de sélection, de se prémunir contre cette situation jugée peu compatible avec leur mode d'exercice. En effet, pour justifier le tri, ils mettent en avant un manque de moyens de la médecine générale, en comparaison de ceux affectés aux équipes spécialisées. Certains choisissent d'ailleurs de sélectionner leurs patients substitués tout en en recevant un nombre assez important, le tri écartant les « cas lourds » et l'investissement qu'ils exigent. D'autres évoquent un manque de formation. Ils ne se sentent pas suffisamment compétents pour s'occuper de certains patients au profil particulier et préfèrent se limiter aux prises en charge qu'ils jugent les plus simples : « Là, ça se passe très bien parce que c'est une patiente qui est bien, avec qui il n'y a pas de souci. C'est peut-être pour ça que le Dr Y. lui avait donné mes coordonnées. Elle savait que je faisais aussi d'autres choses. Que ce n'était pas trop compliqué, parce que ça faisait très longtemps que je n'avais pas prescrit. »

Cette praticienne insiste à la fois sur sa volonté de soigner des pathologies diverses et sur le sentiment d'une maîtrise insuffisante de

1. Anne Coppel, De l'usager de drogues à l'usager des services socio-sanitaires : l'action de proximité face aux logiques de services, *Sciences sociales et Santé*, 2005, 23, 1, p. 70-77.

la prescription substitutive, qui excluent un engagement dans la prise en charge de patients « compliqués ». Il s'agit donc d'une pratique de tri justifiée par l'organisation du travail en médecine générale et par son rapport aux savoirs et à l'incertitude.

Outre la diversité de l'activité, l'identité professionnelle de généraliste se définit à travers l'exercice libéral. Ce dernier a pour corollaire une « dépendance au client[1] » : les revenus du médecin dépendent directement du nombre d'actes effectués et de la fréquentation du cabinet. Sur ce point, l'introduction des traitements de substitution dans la pratique des généralistes fait aussi l'objet d'inquiétudes. Tout particulièrement, les médecins expriment la crainte que les usagers de drogues fassent « fuir » les autres patients, ce qui complète le motif de l'envahissement évoqué plus haut : « Certains, je les prends en charge parce qu'ils sont bien intégrés. Ceux qui ne sont pas trop intégrés on ne peut pas parce qu'on n'a pas la clientèle à ça, on ne peut pas. Et puis si ça commence à amener des... ça se donne assez facilement, le nom se donne. »

Cette appréhension est parfois redoublée par la connaissance de confrères qui ont fait cette expérience et qui servent de figure repoussoir dans les discours des généralistes. Un médecin qui, lui, ne refuse aucun usager de drogues[2] confirme ainsi la possibilité de perte de clientèle si la présence des « toxicomanes » est trop marquée dans le cabinet : « J'avais pris une clientèle qui n'était pas du tout toxicomane, une clientèle d'un vieux médecin qui est parti à la retraite. Et donc la clientèle de toxicomanes a chassé l'autre. Sauf quelques personnes irréductibles à qui cette marginalité plaisait. Qui sont restées et que je soigne encore. Des gens parfois complètement intégrés, une banquière qui a 85 ans, que je soigne depuis 30 ans et qui ne m'a jamais

1. Eliot Freidson, *La Profession médicale*, Paris, Payot, 1984.

2. Ce médecin semble satisfait d'une telle constitution de clientèle, vraisemblablement parce qu'elle permet une réponse unique par la prescription. Les patients le qualifient en effet volontiers de « médecin dealer » (pour des cas similaires de « gros prescripteurs » (voir Anne Véga, *art. cit.*). Parallèlement, il met en avant une rhétorique humaniste (universalité du droit au soin) pour justifier son choix d'accepter « tous les patients ».

quitté malgré la proximité de ce milieu très interlope et très marginal. »

L'anticipation d'une pression de la clientèle est déterminante dans le processus de tri, car elle implique que la visibilité de la toxicomanie des patients devient l'un des critères décisifs de la sélection. Seront acceptées en priorité les personnes dont l'usage de drogues n'est pas immédiatement repérable dans une salle d'attente, jugées moins susceptibles de « chasser » les autres patients. Le qualificatif « intégré », récurrent dans les discours de plusieurs généralistes, est significatif : on verra qu'il se réfère à des patients intégrés socialement, mais il renvoie aussi à ceux qui « s'intègrent » sans peine dans le paysage du cabinet médical. La crainte de perdre ses clients est donc à l'origine d'une exclusion des seules personnes qui s'apparentent à une représentation dégradée du « toxicomane ».

Réduire les contraintes du traitement : se protéger du trafic et assurer sa sécurité

La sélection permet aux généralistes de se prémunir de ce qu'ils considèrent comme des inconvénients liés à la substitution : la mauvaise réputation des « toxicomanes » et le détournement des prescriptions au marché noir. Ainsi, certains justifient le tri par leur refus d'alimenter le trafic des médicaments de substitution. Ils se réfèrent à une éthique soignante qui leur interdit d'endosser le rôle de « dealers ». De plus, les sanctions que risquent les prescripteurs accusés d'approvisionner le trafic se déclinent depuis l'interdiction temporaire ou définitive d'exercer la médecine promulguée par le Conseil de l'ordre, jusqu'à des poursuites judiciaires pour les fraudes jugées les plus graves. La surveillance particulière dont font l'objet ces médicaments de la part de l'assurance maladie accentue, chez certains généralistes, le sentiment d'être contrôlés dans leurs pratiques de prescription[1]. Ils se sentent fragilisés par la menace d'interdiction vécue

1. Bouchayer analyse le contrôle des pratiques médicales par l'assurance maladie comme une irruption du tiers gestionnaire dans le colloque singulier (Françoise Bouchayer, Le soignant, le patient et le tiers gestionnaire : les nouvelles donnes d'un rapport tripartite, *Sociologie Santé*, 2011, 33, p. 87-105).

comme une épée de Damoclès et craignent de se laisser abuser par des personnes qui revendent le médicament. Quelques-uns évoquent les menaces de patients pour les forcer à prescrire contre leur volonté, déplorant un manque de soutien des tutelles : « Si jamais vous avez de la violence vous voyez que vous n'êtes pas du tout appuyé et il n'y a pas moyen d'être aidé. Quand on porte plainte, l'Ordre des médecins et la Sécurité sociale ne font rien du tout ! Ils ne vous aident pas du tout. Par contre, si on a été obligé de délivrer des médicaments, eh bien là vous êtes sanctionné ! »

Certains entreprennent donc de s'exposer le moins possible à des situations compromettantes en refusant les patients qu'ils jugent susceptibles de revendre leur traitement. De même, la sélection peut faire écho à une peur du médecin pour sa propre sécurité au regard de la réputation peu recommandable des usagers de drogues : « Il faut s'en méfier, c'est très dangereux pour le soignant aussi de se charger de cette clientèle. Après, effectivement, quand c'est un suivi classique, la consultation dure 5 minutes, mais pour en arriver là il y a un travail en amont pour filtrer la clientèle et pour sélectionner les patients qui sont acceptables dans ces traitements. »

L'extension de la prescription substitutive vers la médecine générale a donc lieu au prix d'une adaptation de cette pratique aux exigences des médecins et aux caractéristiques organisationnelles de leur mode d'activité.

INGÉRABLES, INDÉSIRABLES : DES IDENTITÉS STIGMATISÉES

Plusieurs généralistes ont choisi de réduire leur intervention aux usagers d'opiacés qui ne perturbent pas leur activité quotidienne. Pour autant, selon quels critères décident-ils d'inclure ou d'exclure une personne en demande de substitution ? Comment se concrétise la sélection lors des interactions entre médecin et patient ?

Les règles du jeu

De nombreux généralistes fondent leur pratique de sélection sur le respect, par le patient, d'un ensemble de règles. Ce critère implique une sélection *a posteriori*, après quelque temps de prescription, et non lors de la première rencontre.

L'ensemble de règles à observer, souvent rebaptisé « cadre » par les médecins[1], désigne d'abord les principes légaux de prescription : le respect des posologies et des dates de renouvellement des ordonnances, qui impliquent la prise régulière du médicament. L'arrêt de la consommation d'héroïne est aussi exigé la plupart du temps. Les médecins ajoutent parfois d'autres règles, qui définissent le caractère plus ou moins contraignant du cadre. Ainsi, certains refusent les pratiques qu'ils qualifient de « mésusages », telles que l'injection du traitement ou le fractionnement des prises, alors que d'autres tolèrent ces réappropriations profanes du médicament[2]. Quelques-uns conditionnent l'obtention du traitement à sa délivrance journalière en pharmacie ou encore à des démarches parallèles, telles que la consultation d'un psychologue. Chez certains médecins, le cadre a une fonction délibérément sélective : « Avec mon associé on travaille à ce niveau-là assez sérieusement. J'ai comme l'impression qu'il y a une dizaine d'années en arrière il y avait le tout-venant. Et je pense qu'ils ont dû comprendre qu'on ne délivrait pas comme ça, et, du coup, on n'a que les gens sérieux. Je crois que ce qu'ils ont compris c'est qu'il fallait

1. La notion de « cadre » ou de « contrat » est également présente dans les recommandations de la Haute Autorité de Santé en matière de substitution (ANAES, FFA, *Conférence de consensus. Stratégies thérapeutiques pour les personnes dépendantes des opiacés : place des traitements de substitution*, Lyon, 2004. En ligne : http://www.has-sante.fr/portail/jcms/c_272358/fr/strategies-therapeutiques-pour-les-personnes-dependantes-des-opiaces-place-des-traitements-de-substitution).

2. Pour une approche des « mésusages » en tant que « stratégies de soin » pour les usagers de drogues, voir Saïd Megherbi, Les stratégies de soins des toxicomanes, *Psychotropes*, 2006, 12, 3, p. 141-162.

qu'il y ait un suivi, et qu'on n'était pas là pour délivrer, on n'était pas des épiciers. »

De même que les règles, la limite à ne pas dépasser varie selon les médecins. Ils autorisent plus ou moins d'écarts avant d'exclure un patient. Ainsi, ils se définissent comme des praticiens « rigides » ou « souples » selon l'aspect de leur travail qu'ils souhaitent valoriser : respect scrupuleux des standards de bonnes pratiques, ou qualités d'adaptation aux situations singulières. L'identification des deux polarités que sont la rigidité et la souplesse rappelle la tension permanente entre les dimensions « technique » et « relationnelle », constitutives du travail des généralistes[1]. Par ailleurs, l'éviction d'un patient peu respectueux du cadre manifeste parfois une « mise en échec » du travail du médecin[2].

Enfin, la question du respect des règles file régulièrement la métaphore du jeu. Des généralistes se disent peu enclins à garder dans leur patientèle des personnes qu'ils accusent de « tricher », de « manipuler », pour obtenir des prescriptions : « C'est ingérable parce que c'est des mecs qui ne respectent rien. Il n'y a pas une fois où il ne faut pas refaire une ordonnance parce qu'ils l'auraient perdue. C'est de la triche permanente, ça ne m'intéresse pas. »

La plupart des médecins interrogés font allusion à ces patients qualifiés « d'ingérables » – adjectif qui dénote encore une fois la difficulté à les intégrer à un suivi en médecine générale.

L'éviction d'un patient s'appuie souvent sur l'administration d'une preuve de sa conduite non conforme (test de dépistage des toxiques, lettre de l'assurance maladie attestant de multi-prescriptions...), afin d'empêcher toute tentative de contestation de la décision. Mettre fin à une relation semble plus difficile pour les médecins que refuser un patient vu pour la première fois. C'est pour cette raison que plusieurs généralistes préfèrent trier en amont, parfois en fonction de leurs

1. Monique Membrado, La construction médicale de la relation thérapeutique : pour une définition des enjeux, *Ethnologie française*, 1993, 23, 4, p. 526-533.

2. Sur la tendance des généralistes à exclure les patients qui les mettent en échec, voir Aline Sarradon-Eck, *art. cit.*

« intuitions ». En effet, la construction de la catégorie des « ingérables » s'écarte souvent des motifs médicaux[1] et légaux du respect d'un cadre. La sélection s'appuie dès lors sur des critères d'un autre ordre, qu'elle contribue à produire et à définir.

Stigmate et visibilité

Quelquefois, la sélection met au jour des critères d'éligibilité ambigus, qui sous-entendent la stigmatisation d'une partie des personnes substituées. Ainsi, des généralistes justifient leur refus en évoquant l'apparence immédiatement visible du patient au moment de la rencontre. Plusieurs déclarent refuser les personnes présentant des signes d'alcoolisation ou de prise de produit : « Sur la prise en charge des traitements de substitution aux opiacés et des consommations d'héroïne et de cocaïne il n'y a aucun problème. Le vrai problème c'est l'alcoolisation. Là, c'est vraiment très compliqué de prendre en charge des personnes alcoolisées. Je ne parle pas des personnes dépendantes à l'alcool, mais vraiment des gens qui se présentent alcoolisés. Là, il n'y a rien à faire. »

D'autres évoquent comme critère d'exclusion des manifestations de violence physique ou verbale du patient, qui le rendent, là aussi, ingérable : « La dernière fois, il a fait du barouf dans la salle d'attente parce que je recevais des gens avant lui. Je l'ai foutu dehors. »

La difficulté à travailler avec des patients agressifs ou sous l'emprise de produits rejoint l'idée d'une « charge de soins » plus « lourde » évoquée précédemment.

Certains généralistes, enfin, sélectionnent leurs patients substitués en fonction de leur situation sociale supposée, en cherchant à éviter les usagers issus de milieux défavorisés. Pour les repérer, ils se fient

1. Pour une analyse de la frontière ténue entre « médical » et « non médical » au prisme de la dimension morale de la médecine, voir Cédric Le Bodic & Anne-Chantal Hardy (dir.), *Prescrire, proscrire. Enjeux non médicaux dans le champ de la santé*, Rennes, PUR, 2012.

à des marqueurs visibles de précarité sociale. C'est donc avant tout l'apparence qui revêt de l'importance à leurs yeux :

> « J'ai refusé tous les destroy, les gros gros destroy, les mecs qui arrivaient avec leurs chiens. J'ai dit non. »
>
> « Je les sens venir maintenant, ceux que je peux éventuellement garder, je les limite énormément. Sur des critères qui me sont propres. C'est-à-dire qu'on a une clientèle, c'est une clientèle stable, si vous voulez, et on peut difficilement mettre… Bon, il y en a qui sont ingérables, qui arrivent, qui sont bourrés, qui font le tapage dans la salle d'attente.
>
> — Comment vous arrivez à sélectionner ?
>
> — Ça c'est tout le talent ! Vous arrivez à savoir, vous parlez avec quelqu'un, vous arrivez à savoir, quand même, de quel milieu il vient, si c'est un milieu plutôt aisé, plutôt médiocre… Vous allez le voir tout de suite ! Il y a des gens qui sentent la misère ! »

Ce généraliste, qui résume à lui seul la plupart des motifs de sélection, semble établir une corrélation entre précarité et problèmes de comportement. Ce type de discours attire l'attention sur les qualificatifs dépréciatifs employés pour décrire certains patients. Les critères invoqués représentent autant de « symboles de stigmate[1] » : lors de l'interaction, ils sont utilisés par le médecin comme des informations permettant d'apposer un discrédit sur le patient qui les porte. Discrédit qui va ensuite donner lieu à un refus de prescription. D'après nos observations, l'apposition du stigmate et l'éviction prennent peu de temps aux médecins. Elles ont souvent lieu dans le couloir ou la salle d'attente, ce qui manifeste un refus d'accorder à la personne le statut de patient en lui interdisant l'accès à la consultation. Nous y reviendrons, les médecins ont souvent recours à l'adressage pour affermir leur décision.

Au niveau macro-social, les actes de triage forgent une catégorie collective : le *mauvais toxicomane*, patient indésirable car jugé indigne de confiance. La stigmatisation de différents attributs produit une figure idéal-typique, partagée par plusieurs généralistes : le patient « ingérable ». Ainsi, la sélection « au *feeling* » repose sur l'identification d'un

1. Erving Goffman, *Stigmate. Les usages sociaux des handicaps*, Paris, Minuit, 1975.

patient à ce « prototype », dès lors qu'un attribut jugé non fiable est repéré. Les médecins auront alors tendance à « attribuer à ce comportement la suite des attributs non observés qui appartiennent normalement au prototype[1] ». Lorsqu'un médecin repère un élément discréditant, il l'interprète comme un indice du manque de fiabilité du patient, lui octroyant de ce fait une nouvelle « identité sociale[2] », celle du toxicomane ingérable. Le tri produit donc la population des indésirables, qui ne préexiste pas au jugement des médecins.

Le dénominateur commun à l'ensemble des critères désignant les ingérables est l'observabilité, la visibilité sur l'espace public. Les traces de prise de produits comme l'apparence de précarité sociale sont des signes qui rendent visibles le patient et sa toxicomanie aux yeux du médecin, mais également de la patientèle du cabinet. Ainsi, les *mauvais patients*, qui seront évincés par le processus de tri, sont ceux dont la toxicomanie est immédiatement repérable. Sélectionner sur cette base permet aux généralistes de prendre en charge des personnes substituées, tout en se prémunissant des inquiétudes liées à la perturbation éventuelle de l'organisation du cabinet.

Par ailleurs, la figure du patient indésirable se rapproche d'une représentation stéréotypée du toxicomane : l'héroïnomane injecteur, esclave du produit et en situation de désaffiliation sociale. L'identification à cette catégorie du sens commun les rend d'autant plus visibles et indésirables aux yeux des médecins. Goffman définit la visibilité d'un stigmate comme « sa plus ou moins grande aptitude à produire le moyen de faire savoir qu'il est possédé par tel individu ». Ici, les indésirables sont ceux qui portent les stigmates de la toxicomanie, au sens étymologique du terme, c'est-à-dire des marqueurs physiques qui transmettent « l'information sociale » sur ce statut dévalorisé.

1. Bart Nooteboom, Apprendre à faire confiance, *in* Albert Ogien & Louis Quéré (dir.), *Les Moments de la confiance*, Paris, Économica, 2006, p. 63-85.
2. Erving Goffman, *op. cit.*

Du mauvais patient au mauvais médecin

Le processus de sélection étant à l'œuvre, les individus stigmatisés n'acquièrent jamais totalement le statut de patients dans le discours des médecins. Leur présence dans le cabinet est décrite comme exceptionnelle, comme l'explique ce généraliste qui en accepte un dans sa patientèle pour rendre service à sa mère, connue de longue date : « Lui, c'est un peu une exception, je soulage du fardeau sa mère. » Chez d'autres, cette présence est temporaire, lorsque leur médecin habituel est en vacances, par exemple. Ainsi, certains affirment suivre des usagers d'opiacés moins problématiques que ceux de leurs confrères : « J'ai un confrère à côté qui a vraiment une population très difficile, et quand il part en vacances il met mon numéro de téléphone, parce qu'on est vraiment très à côté. Mais il a vraiment une population, enfin de ceux que j'ai vus, parfois qui sont très... hors réseau, enfin hors fonctionnement classique. »

Les indésirables sont donc avant tout les patients des autres. Derrière le discours qui rejette ces personnes hors du statut de patients, affleure parfois une dévalorisation des confrères qui acceptent de les prendre en charge. Lorsque cette praticienne assure que son collègue a une « population très difficile », elle semble signifier qu'elle-même n'aurait pas accepté de travailler avec de tels patients. Dans une sorte de contamination du stigmate, les discours passent du mauvais patient au mauvais médecin qui reçoit ceux que les autres rejettent. De même, pour les patients, aller voir les médecins qui ne sélectionnent pas est discréditant : cela les inclut d'emblée dans la catégorie des irrécupérables qui n'ont pu trouver de prise en charge ailleurs. Ainsi, les généralistes recevant de nombreux usagers de drogues sont souvent qualifiés de « dealers » par des personnes en traitement. À propos de l'un d'entre eux, un patient assure qu'il « préfère acheter [du Subutex] dans la rue plutôt que d'aller chez lui ». Le stigmate se transmet donc du patient au médecin et inversement, dans un mouvement circulaire.

Les bons toxicomanes

Le tri fait surgir, en miroir, une autre représentation entretenue par les médecins : celle du *bon toxicomane.* La figure du patient ingérable s'oppose dans les discours à celle du patient « stabilisé », voire « inséré » ou « intégré ». Ces derniers sont recherchés par les généralistes et acquièrent facilement le statut de patient, car ils ne sont pas jugés susceptibles de perturber l'exercice quotidien de la médecine générale. « Dans ma salle d'attente, vous allez voir des gens normaux », affirme un médecin, alors qu'une autre exprime son souhait de recevoir uniquement « les plus tranquilles ». Les termes employés participent, eux aussi, du répertoire de la visibilité : les usagers de drogues discrets sont tolérés, tout comme les « normaux », dont la pratique demeure insoupçonnable pour une personne extérieure. Ainsi, certains généralistes assurent ne pas recevoir de « toxicos » alors même qu'ils suivent des patients substitués, la qualification de « toxicomane » restant réservée à la « minorité des pires[1] ».

Dans la description des *bons patients*, les registres médical, social et moral, se trouvent entremêlés. La « stabilisation » désigne tout autant la bonne observance du traitement que l'insertion socioprofessionnelle, le travail étant un critère constamment valorisé par les médecins comme un gage de sérieux, un indice du fait que le patient veut « s'en sortir ». Fonder une famille favorise également l'inclusion dans la catégorie des patients « intégrés », non à la médecine mais à la société : « Je n'ai pris que des gars, des femmes aussi, qui étaient prêts à se remettre un peu dans le bain. Soit pour des raisons familiales soit professionnelles… Donc, ceux que j'ai ils sont faciles à gérer. » « Ceux que j'ai, il y a longtemps que je les ai, ça fait des années que je leur donne le Subutex, ils sont mariés, souvent ils ont des enfants, ou ils sont divorcés, mais ils ont un boulot. Puis ils sont bien intégrés, c'est pas des gens qui sont en galère, c'est des gens qui sont bien intégrés,

1. Norbert Elias & John L. Scotson, *Logiques de l'exclusion*, Paris, Fayard, 1997.

dont le conjoint sait qu'il se droguait, qui prend ça comme il prendrait un médicament pour la tension[1]. »

Un mode de vie en accord avec des valeurs traditionnelles favorise donc l'adoption d'une opinion positive envers un patient. Ces derniers utilisent d'ailleurs parfois l'argument de l'insertion pour s'affranchir du stigmate et passer entre les mailles de la sélection. L'un d'eux prétend rechercher activement un emploi dans le but d'obtenir la prescription souhaitée :

« - Il y en a trois qui m'ont refusé. Non, deux… le troisième il a voulu. Mais aussi il faut les blablater.
— Qu'est-ce que tu dis pour les convaincre ?
— Je leur dis que j'étais dans la rue, que maintenant j'ai un appartement, et que je suis en train de chercher une formation, mais je leur mens, hein. »

Cet exemple, qui témoigne du fait que les patients doivent parfois recourir à la ruse, suggère à quel point l'obtention du traitement peut être rendue difficile pour ceux qui n'entrent pas dans les critères de sélection des médecins. La ruse s'inscrit ici comme une réaction aux pratiques de tri, alors même que les médecins mettent en œuvre ces dernières pour se protéger de tentatives de manipulation.

De la sélection aux inégalités d'accès aux traitements

Pour conclure, il faut aborder la sélection et la stigmatisation qui l'accompagne sous l'angle de leurs conséquences sur les parcours de soin des patients. En produisant une population d'indésirables, elles réduisent les possibilités de prise en charge offertes aux patients exclus

1. Dans cet exemple, l'intégration du patient à la médecine générale passe également par l'analogie avec l'hypertension, une affection chronique que les généralistes rencontrent régulièrement et qu'ils identifient sans ambiguïtés comme une « maladie ».

par le processus de triage. Ils subissent régulièrement des refus et connaissent des épisodes d'errance dans le dispositif de soin, provoqués notamment par les adressages successifs dont ils font l'objet de la part des médecins sélectionnant leurs patients. Si l'orientation vers un spécialiste peut être une entreprise louable pour un généraliste qui juge ne pas maîtriser la substitution, force est de constater que certains adressages sont minimalistes. Ils consistent à donner un nom ou une adresse au patient, quelquefois sans le recevoir dans le cabinet, sans en informer le professionnel concerné et sans vérifier que la personne obtiendra une prise en charge. «Je leur dis : "Allez chez untel, parce que moi je ne pourrai pas vous suivre, mais voyez si lui veut vous suivre." Je ne les abandonne pas, je leur dis : "Vous devriez aller ailleurs, il y a d'autres médecins." Ils ne sont pas abandonnés, il y a d'autres médecins ailleurs qui vont les prendre en charge. »

L'adressage révèle ici sa fonction sélective : faire en sorte que la personne quitte le cabinet et ne revienne pas. Les généralistes que nous avons observés ont souvent dans leur carnet d'adresses quelques noms de médecins peu sélectifs, dont ils savent qu'ils ne refuseront pas les patients qu'eux souhaitent exclure. La possibilité de choisir ses patients est donc conditionnée à l'existence de praticiens qui ne sélectionnent pas. Cependant, d'après les patients rencontrés, ce type d'orientation permet rarement de trouver un suivi satisfaisant, ce qui les contraint à des pratiques de « porte-à-porte », de « démarchage » des cabinets médicaux, selon leurs expressions.

La sélection réduit donc l'offre de soin pour les patients stigmatisés. Ces derniers ont peu de liberté dans le choix de leur médecin et sont souvent relégués à des prises en charge d'exception. Généralement, deux possibilités s'offrent à eux en dernier recours pour obtenir un traitement de façon légale[1] : des suivis très contraignants en centres spécialisés en addictologie (« haut seuil d'exigence »), ou des prises en charge effectuées par des généralistes peu sélectifs (« bas seuil d'exigence ») qui se résument parfois à la rédaction d'une ordonnance, s'apparentant ainsi à un *bas seuil de soins*.

1. La troisième solution étant le recours au marché noir.

Les inégalités d'accès aux traitements révélées par la sélection incitent à une interrogation sur la place des généralistes dans la politique de santé publique en matière de substitution. Même si la prescription en médecine générale a indéniablement amélioré l'accessibilité des traitements en France, les pratiques de sélection mettent en exergue les limites de cette accessibilité, en même temps que les limites de la médecine générale, avec ses caractéristiques organisationnelles et identitaires, pour assumer totalement cette mission.

LES LIMITES DE L'UNIVERSEL. L'ACCÈS DES SANS-PAPIERS À UNE COUVERTURE MALADIE EN FRANCE DEPUIS 1999

Caroline Izambert

Paris, juin 2013, sur la porte d'un centre de soins associatif, une affichette précise : « L'association accueille dans ce centre toute personne nécessitant des soins et ne disposant d'aucune couverture sociale.

Les consultations des médecins ne sont pas payantes.

Pour les malades sans couverture sociale résidant ou désirant résider durablement en France

— les médicaments prescrits au cours de la consultation sont fournis

— les examens complémentaires prescrits sont effectués sans frais pour les patients.

Pour les malades de passage (en séjour temporaire en France)

— les médicaments et les examens complémentaires prescrits sont à la charge du malade[1]

— une orientation peut être conseillée vers des services médicaux hospitaliers ou des structures de soins ne pratiquant pas de dépassement d'honoraires. »

Le choix du critère de tri a de quoi déstabiliser le néophyte : pourquoi un centre de soins gratuits qui reçoit massivement des étrangers

1. La formule est en gras et en rouge.

en situation irrégulière[1] établit-il une distinction entre celui qui souhaite s'installer en France et celui qui est temporairement sur le territoire ? Pourquoi ce critère a-t-il été préféré à des considérations médicales, comme l'urgence, ou populationnelles, comme la priorité aux mineurs et aux familles, pour enrayer l'engorgement du centre de soins ?

Pour comprendre les fondements de ce tri, il faut revenir sur les choix politiques qui ont été faits en France depuis les années 1980 pour organiser et encadrer l'accès aux soins des personnes étrangères en situation irrégulière. Un dispositif retiendra plus particulièrement notre attention : l'Aide médicale d'État (AME). L'AME a été mise en place en même temps que la Couverture médicale universelle (CMU) en 1999. La CMU permet aux plus pauvres, français et étrangers en situation régulière, d'avoir accès gratuitement à une couverture de base (CMU) et à une complémentaire santé (CMU-C) pour faire face à leurs besoins de soins. L'AME donne aux étrangers en situation irrégulière une couverture médicale semblable en plusieurs points à celle des bénéficiaires de la CMU-C. Elle permet la prise en charge à 100 % des frais de santé hors dépassement d'honoraires en ville – c'est-à-dire auprès des médecins et spécialistes libéraux – et à l'hôpital. Elle donne accès à un panier de soins équivalent à celui des bénéficiaires de la CMU-C, à l'exception des soins dentaires et de l'optique qui sont moins bien pris en charge. Les cures thermales et l'Assistance médicale à la procréation (AMP) ne sont pas prises en charge par l'AME. L'accès à l'Aide médicale d'État est soumis à plusieurs conditions : avoir des ressources inférieures à 662 euros par mois[2] ; démontrer trois de mois de présence sur le territoire français et avoir sa résidence en France ; être en situation irrégulière.

L'exigence d'être « hors-la-loi » est tout à fait originale pour conditionner l'accès à une prestation d'aide sociale et pose de nombreuses

1. Le centre a reçu près de 4 000 patients en 2011. 97 % de ces patients étaient étrangers. Parmi les étrangers, près de 78 % étaient en situation irrégulière (rapport d'activité 2012 pour l'année 2011).

2. Barème au 1er juillet 2012 pour une personne.

difficultés aux caisses primaires d'assurance maladie (CPAM) chargées d'instruire les demandes. La complexification et le durcissement croissants des conditions d'accès au titre de séjour depuis le début des années 1990 ont amené les préfectures à multiplier les « infra-titres » de séjour, comme les Autorisations provisoires de séjour (APS), convocations pour rendez-vous ou récépissés de demandes, qui protègent les personnes contre une éventuelle procédure d'expulsion mais ne sont pas toujours reconnues comme une preuve de régularité. Loin de définir une frontière claire qui départagerait personnes en règle et sans-papiers, le droit des étrangers et les pratiques des préfectures ont développé un spectre complexe de statuts administratifs entre irrégularité et régularité. Comment déterminer si une personne étrangère pauvre est régulière et relève donc de la CMU, ou est irrégulière et doit être inscrite à l'AME ? La question montre le caractère profondément hybride de ce dispositif au carrefour entre les politiques migratoires, le droit social et les préoccupations de santé publique. La CMU-C couvre 4,2 millions personnes, tandis qu'on compte 215 000 bénéficiaires de l'AME[1]. La proximité des deux prestations, la difficulté pour l'administration de la Sécurité sociale à distinguer les bénéficiaires et le caractère statistiquement négligeable du nombre de bénéficiaires de l'AME par rapport à ceux de la CMU-C amènent à se demander à quelles considérations politiques, organisationnelles ou idéologiques ont répondu la mise en place et le maintien de deux systèmes parallèles. Pourquoi fallait-il un système à part pour les sans-papiers ? Comment l'ordre symbolique de la politique d'immigration a-t-il conduit à la mise en scène du traitement différencié des personnes en situation irrégulière, parfois au mépris de la rationalité bureaucratique et économique revendiquée par les responsables politiques en matière de gestion de l'État social ?

Après être revenus sur l'introduction de la condition de régularité de séjour pour accéder à une couverture maladie, nous verrons comment l'accès aux soins des personnes en situation irrégulière est, depuis 1999, l'objet de débats politiques incessants. Nous nous pen-

1. En 2009 (Sources : Fonds CMU/Ministère de la Santé).

cherons finalement sur la façon dont les distinctions inhérentes au droit des étrangers s'immiscent désormais à tous les étages du système de soins.

SANS LES SANS-PAPIERS : LES IRRÉGULIERS AUX PORTES DE LA CMU

À partir de la fin des années 1970, la montée du chômage et l'utilisation du concept d'exclusion pour en décrire les effets conduisent à découvrir qu'une part de plus en plus importante de la population n'a pas de couverture maladie. L'architecture du système est donc à revoir pour remplir l'objectif de généralisation de la Sécurité sociale revendiquée par les gouvernements successifs de gauche comme de droite. Mais une nouvelle condition devient prééminente pour l'accès à la Sécurité sociale et aux prestations sociales : la régularité du séjour.

Les règles du séjour acclimatées à la protection sociale

Dans les années 1970, la politique d'immigration devient un enjeu majeur des campagnes électorales[1] et, à partir de 1981, un pierre d'achoppement pour les gouvernements socialistes, pris entre la volonté d'apparaître comme « raisonnables » en refusant une politique d'ouverture des frontières et celle de satisfaire une partie de leur base électorale engagée dans la défense des droits des immigrés. L'accès aux prestations sociales est un thème récurrent des débats : facteur d'intégration pour les uns, il est dénoncé comme ayant un effet attractif pour l'immigration irrégulière par les autres. Néanmoins, en matière d'accès à l'Assurance maladie, seul le versement de cotisations

1. Sur ce point, voir Sylvain Laurens, *Une politisation feutrée. Les hauts fonctionnaires et l'immigration en France*, Paris, Belin, 2009.

conditionnait l'accès aux prestations et le titre de séjour n'était pas encore indispensable pour travailler légalement. Un travailleur en situation irrégulière pouvait être assuré social.

Grâce à un travail idéologique et juridique au long cours, une frange des élites administratives a fait de la régularité de séjour une nouvelle condition d'accès à l'Assurance maladie. En janvier 1984, dans la section « Protection sociale » du rapport sur l'immigration de l'ENA, coordonné par Gilles Johanet, futur directeur de la Caisse nationale d'assurance maladie (CNAM), l'une des recommandations enjoint à « interdire aux étrangers en situation irrégulière l'accès au système de protection sociale ». L'idée procède « d'une volonté de cohérence : un gouvernement peut-il admettre que les règles d'accès méconnaissent les objectifs de sa politique migratoire ? ». Et si les auteurs reconnaissaient que la mesure pourrait occasionner « des cas d'urgence graves et coûteux ou aller à l'encontre de la prévention sanitaire et de la lutte contre les épidémies », ils considéraient que ses effets, censément dissuasifs sur les flux migratoires, la justifiaient amplement[1]. Dès 1986, l'accès aux allocations familiales est conditionné à la régularité de séjour des parents, mais aussi de l'entrée de l'enfant sur le territoire. Aux propositions élaborées au sommet répondirent en écho les pratiques administratives de guichet : dans les caisses de Sécurité sociale, les titres de séjour furent de plus en plus souvent exigés. De nombreux ayants droit, notamment les femmes de travailleurs immigrés entrées en France en dehors de la procédure de regroupement familial, virent leur demande d'affiliation refusée. Comme souvent en matière de droit des étrangers, les « dispositions adoptées par les parlementaires consistent en réalité à légitimer par le droit un état de fait[2] ». C'est ainsi qu'en 1993, dans une loi portée par Charles Pasqua alors ministre de l'Intérieur, la régularité de séjour devint une condition d'accès à la Sécurité sociale. Les irréguliers

1. ENA-Promotion Léonard de Vinci, *Rapport du groupe de travail sur les immigrés et la protection sociale*, juillet 1984.

2. Alexis Spire, *Étrangers à la carte. L'administration de l'immigration en France (1945-1975)*, Paris, Grasset, 2005, p. 361.

furent cantonnés dans l'Aide médicale, le système d'assistance pour les plus pauvres.

En parallèle de ce mouvement de durcissement, un autre processus vint modifier les frontières de la protection sociale : le décrochage progressif de la couverture maladie du travail. La précarisation des formes de salariat et la montée du chômage ont fait perdre à de nombreuses personnes leur affiliation aux régimes généraux. Dès 1978, une loi sur l'Assurance personnelle facilita l'affiliation au régime général de la Sécurité sociale pour les personnes ne versant pas de cotisations salariales, sous réserve d'une participation proportionnelle aux revenus. Dix ans plus tard, la loi sur le Revenu minimum d'insertion (RMI) de 1988 a prévu l'affiliation automatique des bénéficiaires à l'Assurance maladie. Néanmoins, les difficultés d'accès aux soins demeuraient majeures pour ceux qui ne pouvaient pas accéder à une assurance complémentaire prenant en charge le ticket modérateur et le forfait hospitalier. L'Aide médicale, système d'assistance géré par les départements destiné aux plus pauvres, qu'ils soient français ou étrangers, était censée pallier ce manque, mais certaines collectivités n'avaient pas les ressources nécessaires pour faire face à la demande, ni même la volonté politique. Certains départements, comme celui du Nord, mirent en place, au mépris de la législation nationale, un système de rationnement des soins. Les personnes devaient venir chercher des bons au coup par coup pour avoir accès à une consultation ou à des médicaments. Les Français avaient droit à cinq bons par trimestre, les étrangers quatre et les toxicomanes trois. Ces restrictions constituaient donc la réponse des conseillers généraux pour faire face à la pénurie de moyens[1].

Une réforme sous influence associative

Dans le sillage du père Joseph Wresinski, fondateur d'ATD-Quart Monde, une coalition associative allant de l'Uniopss (Union nationale

1. Règlement de l'Aide sociale du département du Nord, cité par Médecins sans frontières, *Pour un droit universel à l'Assurance maladie*, 1998 (document dactylographié).

interfédérale des œuvres et organismes privés non lucratifs sanitaires et sociaux) à Médecins sans frontières mena un travail de lobbying pour dénoncer ces exclusions. Certaines ONG, comme Médecins du monde ou Médecins sans frontières, ouvrirent à partir du milieu des années 1980 des centres de soins gratuits afin de démontrer l'ampleur du problème et de pallier les carences du système de droit commun. La proximité avec le pouvoir de certains responsables de ces associations, comme Geneviève Anthonioz De Gaulle pour ATD ou Bernard Kouchner pour Médecins du monde, et la reconnaissance de la légitimité de leur action leur offrirent l'oreille du pouvoir. Par ailleurs, en 1990, un nouvel impôt fut créé : la Contribution sociale généralisée (CSG), prélevée sur l'ensemble des revenus et non seulement sur ceux du travail. La diversification des sources de financement de la Sécurité sociale et notamment sa fiscalisation permirent d'envisager de nouvelles portes d'entrée dans le système de protection sociale[1]. Dès 1995, le gouvernement d'Alain Juppé demanda au ministère de la Santé d'imaginer un système permettant l'affiliation à la Sécurité sociale sur la seule base de la résidence sur le territoire. Le mouvement social contre la réforme de la Sécurité sociale et la dissolution de l'Assemblée nationale ne laissèrent pas au projet l'occasion de voir le jour, mais il fut repris par la ministre des Affaire Sociales du gouvernement de Lionel Jospin, Martine Aubry[2]. Une question occupa le devant de la scène : quelle place donner aux mutuelles dans la gestion de la couverture complémentaire des plus pauvres ?

En coulisses, un autre arbitrage fit débat : si la résidence doit devenir le nouveau moyen d'accès à l'Assurance maladie, faut-il l'assortir d'une exigence de régularité ? Le député socialiste Jean-Claude Boulard rendit un rapport en août 1998 où il traçait les grandes lignes de la future loi et envisageait à demi-mot d'intégrer les sans-papiers : « Ne faut-il pas mettre en œuvre le seul critère de résidence durable

1. Bruno Palier, *Gouverner la Sécurité sociale*, Paris, Puf, 2003, p. 270.

2. Brigitte Frotiée, *La Fabrique du droit social : l'exemple de la CMU*, Rapport au Fonds CMU, 2004. http://www.cmu.fr/fichier-utilisateur/fichiers/221-5%20Fabrique%20droit%20pour%20CMU.pdf.

pour ouvrir le droit à l'affiliation au régime de base et l'accès à la couverture complémentaire ?[1] » Un an plus tard, Jean-Claude Boulard, devenu rapporteur de la loi, revint à l'Assemblée nationale sur la proposition du rapport. Il fut peu disert sur les motivations de ce choix : « Le critère de régularité de la résidence est aujourd'hui applicable pour l'affiliation au régime de base. Il n'a pas semblé opportun de le modifier[2]. » Malgré plusieurs amendements des députés communistes et les protestations de certaines associations, les irréguliers furent exclus de la CMU. Les hésitations et les déchirements de la gauche sur les questions d'immigration ne devaient pas porter ombrage à ce qui apparaissait alors comme une grande loi consensuelle d'avancée sociale. Un système de couverture maladie individuelle parallèle fut préservé pour les irréguliers : l'ancien système assistanciel de l'Aide médicale ne concernerait désormais plus que les « sans-papiers ».

Moins de six ans après son introduction dans la loi, la condition de régularité de séjour n'est plus simplement un critère légitime, elle est devenue un attribut naturel de la protection sociale.

UN DISPOSITIF PERPÉTUELLEMENT DANS LA TOURMENTE

Par ses effectifs et son coût – en 2009, 540 millions d'euros ont été dépensés au titre de l'Aide médicale d'État, ce qui représente 0,34 % des 164 milliards de budget de la branche maladie de la Sécurité sociale[3], l'AME devrait être un sujet politique mineur dans la gestion de l'État social. Mais, du fait de la population concernée, son bien-fondé et son périmètre ne cessent d'être observés et discutés depuis 1999, à tel point que sa gestion est un enjeu majeur à tous les échelons de l'administration et du système de soins.

1. Jean-Claude Boulard, *Rapport au Premier Ministre sur les conditions de la mise en œuvre de la couverture médicale universelle*, 5 août 1998.
2. Débats à l'Assemblée nationale, séance du 28 avril 1999.
3. Sources : Ministère de la Santé-DREES/CNAM.

Une politisation croissante

Contrairement aux dépenses des assurés sociaux, celles des bénéficiaires de l'Aide médicale d'État sont financées sur le budget de l'État et non celui de la Sécurité sociale. La CNAM prend en charge les dépenses engagées par les établissements de santé, les médecins et les spécialistes pour soigner les bénéficiaires de l'AME, mais l'État la rembourse par la suite. Chaque année, lors de la discussion du projet de loi de finances initiale ou rectificative, une enveloppe budgétaire est votée par les parlementaires pour couvrir ces sommes. La discussion au Parlement est l'occasion d'introduire dans un débat budgétaire technique et complexe des considérations sur la santé et l'immigration, jugées électoralement plus rentables. Les discussions sont d'autant plus animées qu'une coalition associative regroupant des associations de soutien aux étrangers, l'Observatoire du droit à la santé des étrangers (ODSE[1]), se mobilise contre les tentatives de réforme du système[2]. Depuis 2002, plusieurs députés, appartenant aux tendances les plus à droite de l'UMP, se sont spécialisés dans la critique du dispositif et déposent annuellement chaque année des amendements pour en réduire la portée. Claude Goasguen, député du XVIe arrondissement de Paris, est le fer de lance de cette mobilisation parlementaire. Il propose tous les ans la limitation du panier de soins aux urgences vitales ou la participation financière des bénéficiaires. Néanmoins, il n'a jamais proposé la suppression totale de la couverture maladie des sans-papiers. Alors qu'il reçoit les membres de l'ODSE dans le cadre d'une commission parlementaire en 2011, il ne formule aucune critique à l'encontre des associations qui ont pourtant fait de lui la pre-

1. L'ODSE regroupe une vingtaine d'organisations, notamment des associations de défense des droits des étrangers (Cimade, Gisti), des ONG médicales (Médecins du monde, Médecins sans frontières) et des associations de malades (Act Up-Paris, Aides).

2. Militante à Act Up-Paris, j'ai intégré l'Observatoire du droit à la santé des étrangers en 2007. En 2009, j'ai démarré une recherche à l'occasion de laquelle j'ai observé sur un mode ethnographique le travail au sein du collectif, tout en continuant à y représenter l'association Act Up-Paris.

mière cible de leurs attaques. Au contraire, il loue l'efficacité du modèle de centre de soins associatifs gratuits : « Ce qu'il faut [pour les irréguliers], c'est exactement ce que vous faites : des dispensaires, ça les dispensaires, je suis pour. C'est un travail important[1]. » Son éloge déstabilise les participants de la délégation associative qui sont ainsi désignés malgré eux comme les alliés objectifs des mesures proposées par le député, alors qu'ils défendent l'accès des sans-papiers au système de droit commun. Le discours de Claude Goasguen ne doit pas être simplement lu comme la preuve de l'habileté d'un politique expérimenté, mais comme le révélateur de la place de l'accès aux soins dans la gestion de la population irrégulière. La nécessité de soigner, de « ne pas laisser les gens mourir aux portes de l'hôpital », selon la formule consacrée, est systématiquement invoquée par les pourfendeurs de l'AME. Dans un contexte de durcissement des politiques migratoires, les débats sur l'AME sont paradoxalement l'occasion pour les défenseurs d'une ligne dure en matière d'immigration de rassurer sur le fait que celle-ci ne serait pas incompatible avec le respect des droits humains fondamentaux. Ils proposent un partage des tâches : la sélection des immigrés et la répression des clandestins doivent rester dans le giron de l'État, tandis que l'accès aux droits serait renvoyé au secteur caritatif.

Débats à l'assemblée, communiqués de presse associatifs, prises de parole publiques : l'accès aux soins des personnes en situation irrégulière est devenu un problème public. L'AME a été réformée trois fois en dix ans. Les mesures votées sont allées de la plus cosmétique (le retrait de la cure thermale du panier de soins) à la plus lourde : l'introduction d'un droit d'entrée payant à la prestation.

Un investissement administratif à tous les étages

Cet intérêt parlementaire et public pour l'AME a obligé le ministère de la Santé à s'investir dans le pilotage de la prestation. À trois reprises

1. Notes de terrain, Claude Goasguen, Audition parlementaire à l'Assemblée nationale, 14 déc. 2011.

en dix ans[1], le ministre a demandé aux inspections générales de se pencher sur l'AME. L'augmentation des effectifs et les éventuelles fraudes sont les principaux sujets de préoccupation. Les inspections générales appartiennent aux corps d'État les plus prestigieux, particulièrement prisés par les énarques. Elles détiennent des pouvoirs d'investigation étendus au sein de l'appareil d'État. Les mandater à plusieurs reprises dans un intervalle aussi court pour un sujet apparemment aussi mineur est la marque d'une inquiétude forte. Sans être concordants dans leurs propositions, les trois rapports ont été unanimes à reconnaître le caractère marginal de la fraude et expliquent logiquement l'augmentation du nombre de bénéficiaires par les restrictions croissantes des possibilités d'accès à un titre de séjour. Mais le caractère rassurant de leurs conclusions n'a pas contribué à dépassionner la question.

Ce surinvestissement sur l'AME se retrouve dans toute la machine administrative. Il ne manque pas de susciter une certaine exaspération. Au ministère de la Santé, un chef de bureau de la Direction de la Sécurité sociale s'en ouvre aux représentants des associations lors d'une réunion technique : « L'AME, c'est quand même beaucoup de bruit pour rien et plus de dossiers sur mon bureau[2]. » À la Caisse nationale d'assurance maladie, le discours est le même : « Vous savez, moi, j'ai 4 millions de CMUistes sur les bras et les 200 000 de l'AME me prennent presque autant de temps[3]. » Cette lassitude ne révèle pas

1. Blanche Guillemot & François Mercereau, *Rapport sur l'évolution de l'AME*, Inspection générale des Affaires sociales, 2003.

(http://www.cnle.gouv.fr/IMG/pdf/Rapport_GUILLEMOT_Fevrier_2003_Evolution_de_l_AME.pdf) ; Jack Azoulay et Laurent Chambaud, *Rapport sur la gestion de l'AME*, Inspection générale des Finances et Inspection générale des Affaires sociales, mai 2007. (http://www.ladocumentationfrancaise.fr/var/storage/rapports-publics/074000345/0000.pdf) ; Alain Cordier & Frédéric Salas, *Analyse des dépenses au titre de l'AME*, Inspection générale des Finances et Inspection générale des Affaires sociales, nov. 2010. (http://www.ladocumentationfrancaise.fr/var/storage/rapports-publics/104000685/0000.pdf).

2. Notes de terrain, réunion entre les membres de l'ODSE et la Direction de la Sécurité sociale, 14 oct. 2011.

3. Notes de terrain, Caisse nationale d'assurance maladie, chef de bureau, 6 février 2012.

pour autant un rejet de la prestation. Au contraire, les hauts fonctionnaires du ministère de la Santé se comportent plutôt comme les gardiens du système. Ils appartiennent à « l'élite du *Welfare* » dont William Geniyes et Patrick Hassenteufel ont ainsi résumé le référentiel commun : « Pour préserver la Sécurité sociale, il faut l'adapter à la contrainte financière en renforçant le rôle de pilotage de l'État et en ciblant les prestations sociales vers les plus démunis[1]. » Sensibles au discours de l'accès aux soins et soucieux de ne pas complexifier un système de protection sociale déjà tentaculaire, ils tentent de tempérer certains effets des réformes parlementaires en usant de leur savoir juridique et de leur connaissance de l'administration. En 2010, un amendement est voté prévoyant l'accord préalable de la CPAM avant l'engagement de soins coûteux à l'hôpital pour les bénéficiaires de l'AME[2]. Les fonctionnaires de la Direction de la Sécurité sociale (DSS) du ministère rédigèrent le décret en précisant un montant pour les soins assez élevé pour ne correspondre à quasiment aucune situation rencontrée à l'hôpital. « Il fallait éviter l'usine à gaz », confie une fonctionnaire de la Direction de la Sécurité sociale[3].

Thème de campagne ou préoccupation administrative, l'AME mobilise une énergie considérable au sein des élites politiques et administratives. Mais cet investissement politique et administratif est loin d'être l'apanage du sommet.

PRATIQUES DE GUICHET, AMBIGUÏTÉS DES SOIGNANTS

L'existence d'une prestation ciblée pour les irréguliers sécrète dans l'ensemble du système de soin, dans le secteur privé comme dans le

1. William Geniyes et Patrick Hassenteufel, Entre les politiques publiques et la politique : l'émergence d'une élite du Welfare ?, *Revue française des affaires sociales*, 4, oct.-déc. 2001, p. 41-50.

2. La mesure fut abrogée en 2012 et le décret n'est finalement jamais paru.

3. Entretien avec F.G., fonctionnaire de la Direction de la Sécurité sociale, Ministère de la Santé, 22 fév. 2013.

secteur public, des formes de distinction, voire de tri entre les patients sur la base de critères administratifs.

L'administration des étrangers à l'hôpital public

Dans son travail sur la gestion de l'Aide médicale d'État par les Caisses primaires d'assurance maladie, Céline Gabarro a montré comment les responsables et employés des caisses se sont approprié la législation sur l'immigration[1]. Ainsi, en 2007, au moment de l'entrée de la Bulgarie et de la Roumanie dans l'Union européenne, une caisse d'un département d'Île-de-France, avant même que la caisse nationale n'ait donné de consignes, a produit une expertise juridique particulièrement poussée pour démontrer que bien qu'européens et ayant un droit de circulation, les ressortissants communautaires pauvres, du fait même de la faiblesse de leurs ressources, devaient être considérés comme irréguliers et donc exclus de la CMU. À Paris, à la fin de l'année 2011, la direction de la caisse a fait le choix de ne plus recevoir les demandeurs d'AME dans ses antennes classiques, mais d'ouvrir deux agences dédiées uniquement à la réception des sans-papiers. Rapidement, ces guichets « spécialisés » se sont mis à ressembler à ceux des préfectures : les personnes attendent devant l'agence dès l'aube, plusieurs heures avant l'ouverture, l'absence d'investissement dans l'interprétariat et la médiation rend souvent les discussions avec le personnel stériles, une grande partie des personnes repartant sans avoir pu déposer leur dossier faute de pièces suffisantes[2].

Une minorité d'établissements hospitaliers, notamment en Île-de-France et en Guyane, accueillent la majorité des bénéficiaires de

1. Céline Gabarro, Quand la Roumanie adhère à l'Union européenne : quels changements dans l'accès à la Couverture maladie universelle pour les ressortissants communautaires ?, *in* Frédéric Le Marcis et Kàtia Lurbe I Puerto (dir.), *Exclusion. Reconnaissance et expériences des « endo-étrangers » en Europe, Roms, Manouches, Gitans, et gens du voyage*, Paris, L'Harmattan, 2013.

2. Notes de terrain, devant une agence AME de la CPAM de Paris, 2 janvier 2012.

l'AME. L'ouverture de droits est donc une priorité pour ces hôpitaux qui, dans un contexte d'extension de la tarification à l'acte, font plus que jamais la chasse aux créances irrécouvrables. Dans un hôpital de proche banlieue parisienne[1] qui était dans une situation financière délicate, le directeur, considéré comme un « *bon* homo œconomicus *rationnel* » par un inspecteur général des finances[2], a fait le choix en 2008 de recruter massivement des assistantes sociales pour ouvrir les droits des patients et éviter les impayés. La responsable du service social a été placée sous l'autorité directe du directeur des finances. Le circuit d'accueil des populations précaires est structuré autour de l'ouverture de droits. La photographie d'identité est prise sur place, un partenariat a été établi avec la mairie pour permettre aux demandeurs d'avoir une adresse administrative, une convention avec la CPAM permet le traitement des dossiers en masse dans des délais raccourcis.

Cette politique fait débat au sein de l'hôpital. Certains personnels soignants restent hostiles à ce choix qui, selon eux, attirerait vers l'hôpital les patients les plus pauvres, mais surtout « les touristes médicaux », c'est-à-dire des étrangers soupçonnés d'être venus en France pour recevoir des soins. Pour les personnes sur le territoire depuis moins de trois mois, sans couverture sociale et ayant eu des soins à l'hôpital, un mécanisme de recouvrement des sommes engagées a été prévu pour les hôpitaux, le Fonds pour les soins urgents et vitaux (FSUV). Le médecin doit signer un document attestant de la nécessité absolue de délivrer des soins. Certains médecins sont réticents à apposer leur signature, comme le montre cet échange au détour d'un couloir entre la responsable du service social et deux chirurgiens du service d'orthopédie autour de la situation d'un patient qui a subi une lourde opération :

1. Dans cet hôpital, j'ai mené un stage d'observation au printemps 2013 complété par des entretiens avec des médecins, des personnels administratifs de l'hôpital et des employés de la CPAM.

2. Entretien avec D.F., Inspecteur général des finances, rédacteur d'un rapport sur l'AME, ancien directeur de l'Assistance publique des hôpitaux de Paris, 15 janvier 2013.

« Chirurgien 1 : Ils vont venir de plus en plus nombreux. Les précaires, faut les répartir un peu partout.

Chirurgien 2 : Pour remplir le certificat, faut déformer un peu la réalité ? Moi, je ne sais pas si je dois le remplir.

Responsable du service social : Mais, non, je vous dis que ça rentre dans le cadre. Le FSUV, ce n'est pas seulement pour ceux qui sont à deux doigts d'y passer, c'est aussi quand l'absence de soins a des conséquences graves. C'est le cas, non, ici ? Je vous amènerai la circulaire, vous verrez.

Chirurgien 1 : Oui, c'est le cas. Mais alors, là, c'est trop facile s'il suffit de venir se faire soigner et de trouver quelqu'un pour signer le certificat.

Responsable du service social : Ce qu'il faut que vous compreniez, c'est que ce n'est pas de la couverture maladie pour la personne, c'est simplement pour que l'hôpital soit payé, que vous soyez payés.

Chirurgien 2 : Dans ce cas...[1] »

Une partie des soignants se sont emparés de la rhétorique de « l'appel d'air » : il ne faut pas faciliter l'accès aux soins pour éviter d'être débordés, il faut contribuer à lutter contre l'immigration thérapeutique, quitte à entraver les procédures administratives pourtant prévues par la loi.

Les associations, gares de triage

L'emprise des catégories administratives sur la pratique médicale est également visible dans les centres de soins gratuits associatifs. Créés à partir de la moitié des années 1980, ces centres de soins ne devaient être que des postes avancés d'observation des dysfonctionnements de la médecine de ville et de l'hôpital. Les plus importants sont aujourd'hui de véritables gares de triage où bénévoles et salariés tentent d'aiguiller vers le système de droit commun les patients, massivement des personnes en situation irrégulière. Les droits ouverts à l'AME étant souvent le sésame permettant de consulter à l'hôpital ou auprès d'un médecin de ville, le travail administratif a parfois pris le pas sur

1. Carnet de terrain, hôpital de proche banlieue parisienne, 14 avril 2013.

l'objectif originel de soins. Dans un centre de soins de proche banlieue parisienne, alors que le nombre de personnes augmentait de façon exponentielle, l'équipe a fait le choix, pendant une période déterminée, de distinguer ceux qui ne venaient « que » pour une demande administrative, comme l'aide à la constitution d'un dossier d'AME, orientés vers l'assistante sociale, et ceux qui présentaient une demande de soins, orientés vers l'assistante sociale et le médecin[1]. Lors du séminaire interne d'une de ces associations qui possède plusieurs dizaines de centres en France, bénévoles et salariés ont largement débattu de la question : « Faut-il soigner les touristes ?[2] ». Le terme n'est pas employé dans son acception commune, mais désigne ici des étrangers entrés en France avec un visa touristique, avec obligation de partir à son expiration. Ces personnes ne relèvent d'aucune couverture médicale de droit français[3]. Néanmoins, le visa de tourisme est l'une des voies possibles pour venir s'installer illégalement en France. En se demandant si ces « touristes » ont leur place dans les centres de soins ou en faisant le choix de n'offrir qu'une prise en charge réduite aux personnes dites « de passage » comme le précise l'affichette citée en ouverture, les acteurs des centres de soins, tout en affirmant leur attachement au principe de l'accès inconditionnel aux soins, se retrouvent eux aussi « pris » dans la logique administrative qui veut que les plus récemment arrivés soient les moins susceptibles de recevoir des soins.

Dans un contexte où il devient de moins en moins possible de penser le soin sans sa prise en charge financière, des segments publics ou privés du système de santé ont été acculés à évaluer leurs patients en fonction non plus seulement de critères médicaux mais également de critères administratifs, parfois en contradiction avec les convictions affichées.

Pour conclure, au-delà de ses objectifs affichés, le tri est toujours la mise en scène de celui qui a le pouvoir d'édicter les critères de tri

1. Entretien avec l'ancienne responsable du centre de soins, 4 juin 2013.

2. Carnet de terrain, siège de l'association, 14 oct. 2012.

3. Les soins de ces patients ne peuvent être pris en charge par le FSUV car le temps de leur visa, ils sont en situation régulière. Le FSUV ne prend en charge que les soins lourds des irréguliers à l'hôpital.

sur ceux qui en font l'objet. Dans le cas de l'AME qui met à part administrativement les personnes irrégulières sans pour autant les exclure des soins, c'est l'extraordinaire dépendance de ces populations au pouvoir d'État qui est mise en avant. Si les expulsions et les mises en rétention sont la phase la plus visible de la politique de gestion de l'immigration en situation irrégulière, on aurait tort de réduire celle-ci à son volet policier. En accordant un accès aux soins aux personnes en situation irrégulière, le pouvoir politique s'assure une forme de gouvernement de cette population, tout en rendant solvable la demande de soins de ces personnes qui constituent ainsi une part non négligeable du public de certains établissements de santé.

Par ailleurs, en mettant à part les irréguliers sans pour autant leur refuser des soins, l'AME a été un formidable outil d'acculturation de l'administration de la Sécurité sociale et des professionnels de santé aux catégories administratives de la police de l'immigration. Sur les territoires où les personnes en situation irrégulière constituent une part significative de la population, travailleurs sociaux, employés des caisses de Sécurité sociale, médecins libéraux et hospitaliers ont été amenés à « penser » les personnes qu'elles reçoivent dans les termes édictés par les lois sur l'immigration. Si cette opération de classification n'amène que rarement à exclure radicalement les personnes mais plutôt à allonger et à complexifier leur parcours de soins, elle construit un spectre de légitimité d'accès aux soins qui va du plus légitime, le travailleur français ou régulier affilié sur une base socioprofessionnelle au régime général, au moins légitime, l'immigré clandestin soupçonné d'être venu en France pour recevoir des soins ; de celui dont le besoin de soins est solvable à celui pour qui les frais engagés risquent de ne jamais être recouvrés.

RECONNAÎTRE OU NIER.
TRIER L'INFERTILITÉ EN AFRIQUE DU SUD

Frédéric Le Marcis

L'Afrique du Sud et l'infertilité

Chaque année, l'*Infertility Clinic* du Steve Biko Academic Hospital de Pretoria[1] reçoit entre 1 500 et 2 000 visites initiales de couples souhaitant consulter pour cause d'absence de grossesse. En 2010, cette clinique située dans un hôpital public a réalisé 134 procédures (fécondation *in vitro*, FIV, ou injection intra-cytoplasmique de spermatozoïde, ICSI). Comment s'opère la sélection des 8 % de patients accédant effectivement à l'offre de soins ? Comprendre les logiques de ce tri suppose de dépasser la discussion de critères purement médicaux et d'interroger dans la longue durée comme au présent la matrice dans laquelle elles s'inscrivent. Celle-ci est globale et renvoie au développement de théories néo-malthusiennes dans les années 1970, elle est locale et concerne leur traduction sud-africaine en termes de poli-

1. Les résultats présentés ici sont issus d'une ethnographie réalisée au sein de l'*Infertility Clinic* du Steve Biko Academic Hospital par Nina Worthe et Frédéric Le Marcis. Nous remercions le Pr Carin Husyer et le Dr Krushmee Singh pour leur accueil, et la direction du Steve Biko Hospital d'avoir permis nos enquêtes. Nous sommes également redevables aux patients de la clinique qui ont accepté notre présence auprès d'eux et répondu à nos questions. Cette enquête a été financée par le programme ANR « Stérilité et recours à l'AMP dans le contexte de la mondialisation (2011-2013) » dirigé par Doris Bonnet.

tiques de population racialisées dans les années 1980. Enfin, elle se traduit aujourd'hui par une reformulation en termes socio-économiques et moraux.

Comme l'ont souligné plusieurs auteurs dans ce volume, le modèle du triage trouve son origine sur le champ de bataille et s'est étendu à d'autres contextes à la fois médicaux et non médicaux. Cependant, si le tri dans des situations d'urgence se justifie car il repose essentiellement sur des critères techniques[1], l'extension de la notion de triage au-delà du contexte d'une appréciation d'urgence vitale pose problème. Car le tri, comme de nombreux travaux l'ont révélé, articule alors des critères sociaux, moraux et/ou médicaux[2] ; appliqué au contexte plus général d'une allocation de ressources, le tri engage toujours une évaluation morale et sociale. Mon travail ethnographique part de cette hypothèse à propos de la consultation de l'*Infertility Clinic* du Steve Biko Academic Hospital de Pretoria.

Identifier les logiques du tri

Il s'agit d'envisager dans la longue durée la production de critères définissant la légitimité ou l'illégitimité des individus à accéder à la procréation médicalement assistée (PMA). Ces critères ne se limitent pas au registre médical. Ils sont parfois mobilisés dans la pratique

1. Nora K. Bell, Triage in medical practices: An unacceptable model?, *Social Science and Medicine*, Part F: *Medical and Social Ethics*, 1981, vol. 15, n° 4, p. 151.

2. Voir sur l'usage de la notion de valeur sociale du patient dans l'attribution de la ressource « dialyse » aux patients : Gregory W. Rutecki & John F. Kilner, Dialysis as a resource allocation paradigm: Confronting tragic choices once again?, *Seminars in Dialysis*, 1999, vol. 12, n° 1, p. 38. Ou sur la dimension morale du triage à propos de l'attribution d'aides financières d'urgence : Didier Fassin, La supplique. Stratégies rhétoriques et constructions identitaires dans les demandes d'aide d'urgence, *Annales. Histoire, Sciences sociales*, 2000, vol. 55, n° 5, p. 955.

au-delà de toute forme de rationalisation explicite et s'imposent aux acteurs comme une évidence[1].

Les individus opérateurs du tri ne sont pas seuls producteurs de valeurs et leurs actions reflètent également les normes véhiculées dans leur société comme dans leur culture professionnelle. En quoi le registre de la santé publique dans la longue durée conforte-t-il les professionnels dans leurs choix ? En Afrique du Sud, ce registre pose doublement problème. D'une part, il s'inscrit, malgré des motifs changeants, dans une dynamique d'exclusion de l'offre de prise en charge de l'infertilité pour la majorité des femmes noires. D'autre part, négligeant les besoins des femmes noires sur des critères raciaux pendant l'apartheid, il les ignore aujourd'hui sur des critères économiques. Il renforce ainsi les inégalités en disqualifiant ceux qui étaient déjà victimes des injustices et du passé : les Noirs dont le modèle familial a été démantelé, les femmes noires dont les trompes ont été sectionnées par manque d'offre de soins en cas de grossesse extra-utérine, ou qui ont été stérilisées à leur insu, les pauvres qui sont majoritairement les Noirs... Cette macro-logique d'allocation des ressources est relayée sur le terrain par la mobilisation de critères médicaux-moraux et forment un assemblage que l'ethnographie permet de révéler.

LE CONTEXTE DU TRI

Ce tri intervient dans un contexte démographique dynamique et très contrasté, conséquence des politiques d'apartheid[2], marqué par une progression de la population noire relative à la population blanche. L'Afrique du Sud présente aujourd'hui un taux d'infertilité[3]

1. Nora K. Bell, Triage in medical practices, *art. cit.*
2. Orieji Chimere-Dan, Population policy in South Africa, *Studies in Family Planning*, 1993, vol. 24, nº 1, p. 31.
3. L'infertilité est comprise ici comme l'incapacité pour un couple d'obtenir une grossesse après plus d'un an de rapports sexuels non protégés et réguliers.

entre 15 et 20 %[1] liée dans la majorité des cas à des infections sexuellement transmissibles (IST) non traitées (infertilité secondaire) ou à leur mauvaise prise en charge dans le système de santé sud-africain hiérarchisé en trois niveaux partant des cliniques de soins de santé primaire aux hôpitaux disposant d'un plateau technique complet[2]. Alors que dans son article 27 la Constitution sud-africaine garantit à chacun « un droit à l'accès aux services de santé, dont la santé reproductive... », l'offre de traitement de l'infertilité n'existe quasiment pas dans le service public de santé. Les femmes présentant un problème d'infertilité dans les services de santé de niveau 1 ou 2 sont ainsi le plus souvent renvoyées chez elles sans réponse adéquate. Au peu de cas fait dans les services de santé des situations d'infertilité des femmes noires les plus pauvres répond le peu d'intérêt suscité par cette question au sein des sciences sociales[3]. Dans le domaine de la

1. Voir Diane Cooper, Chelsea Morroni, Phyllis Orner, Jennifer Moodley, Jane Harris, Lee Cullingworht & Margaret Hoffman, Ten years of democracy in South Africa: Documenting transformation in reproductive health policy and status, *Reproductive Health Matters*, 2004, vol. 12, n° 24, p. 70 ; Kusari jayati Basu, Service, training and research into infertility in public hospitals in South Africa, *South African Medical Journal*, 2007, vol. 97, n° 11, p. 1018.

2. Silke J. Dyer, Naeemah Abrahams, Margaret Hoffman & Zephne M. van der Spuy, Infertility in South Africa: women's reproductive health knowledge and treatment-seeking behaviour for involontary childlessness, *Human Reproduction*, 2002, vol. 17, n° 6, p. 1657.

3. Voir les travaux pionnier de Viola Hörbst, Focusing male infertility in Mali: Kinship and impacts on biomedical practice in Bamako, *in* Jonathan E. Brockopp & Thomas Eich (dir.), *Muslim Medical Ethics: Theory and Practice*, South Carolina, South Carolina University Press, 2008, p. 118-137 ; Male perspectives on infertility and assisted reproductive technologies (ART) in sub-Saharan contexts, *Facts, Views and Vision. Issues in Obstetrics, Gynaecology and Reproductive Health*, 2010, Monograph, p. 22-27 ; Assisted reproductive technologies in Mali: asymmetries and frictions, *in* Michi Knecht, Maren Klotz & Stefan Beck (dir.), *IVF as Global Form. Ethnographies of Knowledge, Practices, and Transnational Encounters*, Francfort-sur-Main-New York, Campus, 2012, p. 120-148. Pour un aperçu du manque de travaux en sciences sociales, voir Trudie Gerrits & Melissa Shaw, Biomedical infertility care in Sub-Saharan Africa : A social science review of current practices, experiences and view points, *Facts, Views and Vision. Issues in Obstetrics, Gynaecology and Reproductive Health*, 2010, vol. 2, n° 3, p. 194.

défense des droits reproductifs des femmes, le même désintérêt pour l'infertilité est perceptible. Ces droits ne sont envisagés qu'en termes d'espacement des naissances, mais pas de droit à la procréation[1]. L'infertilité des femmes dans les pays en développement constitue donc une question négligée[2]. La reconnaissance de problèmes sanitaires jugés plus importants (VIH/sida, mortalité maternelle) justifie en général la non-prise en compte de l'infertilité par le système public de santé pour cause de rareté des ressources[3].

En Afrique du Sud, seuls trois centres prennent en charge l'infertilité dans le service public : deux hôpitaux dans la région du Cap et à Pretoria au Steve Biko Academic Hospital au sein du département d'obstétrique et de gynécologie. C'est là que les enquêtes présentées ici ont été menées. Cette clinique, l'un des centres les plus anciens proposant un service de PMA, présente aujourd'hui un statut ambigu. Elle relève du service public mais fonctionne largement sur la capacité des patients à payer leurs soins ; son activité principale repose officiellement sur la prise en charge de l'infertilité, mais sa véritable légitimité provient de l'activité de recherche menée par le laboratoire d'embryologie qui lui est attaché. Celui-ci recrute en son sein des sujets pour ses recherches et soutient financièrement et techniquement l'activité

1. Pour un exemple de cette approche restreinte des droits des femmes en matière de santé reproductive, voir Lara M. Knudsen, *Reproductive Rights in a Global Context. South Africa, Uganda, Peru, Denmark, United States, Vietnam, Jordan (forword by Betsy Hartmann)*, Nashville, Vanderbilt University Press, 2006, p. 289.

2. Silke J. Dyer & M. Patel, The economic impact of infertility on women in developing countries – a systematic review, *Facts, Views and Vision. Issues in Obstetrics, Gynaecology and Reproductive Health*, 2012, Monograph, p. 38.

3. Pour un développement de cet argument, voir Trudie Gerrits, Biomedical infertility care in low resource countries : Barriers and access. Introduction, *in* Trudie Gerrits, Willem Ombelet, Frank van Balen & Sheryl Vanderpoel (dir.), *Biomedical Infertility Care in Poor Resource Countries. Barriers, Access and Ethics*, Istanbul, Social Science Study Group of the Special Task Force "Developing countries and infertility" ESHRE et WHO, 2012, p. 1-6 ; Willem Ombelet, Global access to infertility care in developing countries: A case of human rights, equity and social justice, *in* Trudie Gerrits, Willem Ombelet, Frank van Balen & Sheryl Vanderpoel (dir.), *Biomedical Infertility Care in Poor Resource Countries. Barriers, Access and Ethics*, *op. cit.*, p. 7-16.

de la clinique par ses compétences et par les financements de recherche.

LA RÉPARTITION INÉGALE DE LA TECHNOLOGIE DE PROCRÉATION MÉDICALEMENT ASSISTÉE : UNE PREMIÈRE FORME DE TRIAGE

Force est de constater qu'à propos de la PMA, le premier triage observable consiste en l'inégale répartition de la technique entre pays du Nord et du Sud : « Dans le monde, plus de 80 millions de couples souffrent d'infertilité ; la majorité de cette population réside dans des pays en développement[1]. » Les nouvelles techniques de la reproduction ne sont pas disponibles, peu disponibles, ou très onéreuses, au point que la très grande majorité de la population ne peut simplement pas accéder au traitement de l'infertilité[2]. Une autre inégalité s'observe par l'application d'une double peine : d'une part, l'infertilité est due en majorité à des pathologies non traitées en raison de l'absence de services de santé sexuelle accessibles et de qualité ; d'autre part, lorsqu'elle est identifiée, l'infertilité n'est pas ou peu traitée[3].

C'est dans ce contexte qu'il convient d'aborder la question de la prise en charge de l'infertilité en Afrique du Sud, au présent et dans la longue durée. L'analyse des formes de triage observables lors des interactions entre soignants et soignés ne peut faire l'économie de l'analyse de la santé reproductive comme enjeu de santé publique

1. M.F. Fathalla, Reproductive health: A global overview, *Early Human Development*, 1992, 29, p. 35-42.

2. F. Van Balen & T. Gerrits, Quality of infertility care in poor-resource areas and the introduction of new reproductive technologies, *Human Reproduction*, 2001, 16, p. 215-219 ; R.D. Nachtigall, International disparities in access to infertility services, *Fertility and Sterility*, 2006, vol. 85, p. 871-875 ; WillemOmbelet, Affordable IVF for developing countries, *Reproductive BioMedicine Online*, 2007, vol. 15, n° 3, p. 257. (www.rbmonline.com/Article/2820 on web 10 July 2007, consulté le 24 août 2013).

3. *Ibid.*, p. 260.

mondiale excluant pour les femmes des pays en développement la reconnaissance du désir d'enfant au profit d'une logique populationnelle. Une telle conception de la santé reproductive appliquée à une population spécifique définie par son inscription géographique constitue de fait une première forme de triage. Le triage observé au sein des consultations sud-africaines d'infertilité apparaît ainsi comme le produit d'un assemblage de différentes logiques. Certaines sont mondiales et ressortissent à la construction spécifique du champ de la santé reproductive pour les femmes du Sud ou plus généralement pauvres (au Nord comme au Sud), d'autres sont locales et consistent en la traduction locale de politiques mondialisées. Ainsi, dans le contexte sud-africain, les politiques de population promues à l'échelle mondiale apparaissent-elles comme des outils de la domination raciale de la minorité blanche et font écho à la notion de « péril noir » *(swart gevaar)*. Enfin, d'autres logiques relèvent de la production de catégories de la légitimité et de l'illégitimité dans lesquelles se mêlent critères médicaux et jugements moraux locaux.

L'ÉVALUATION DE LA CAPACITÉ FINANCIÈRE COMME PREMIÈRE FORME DE TRI

Les premières équipes proposant la fécondation in vitro en Afrique du Sud ont été formées dès 1982[1]. La première naissance d'un enfant (de parents blancs) conçu in vitro eut lieu en 1984, soit huit ans seulement après la naissance de Louise Brown en Grande-Bretagne. Puis l'offre s'est accrue, principalement dans le privé. Les trois centres initiaux, qui sont toujours les seuls acteurs publics dans le champ de l'infertilité, ont été rejoints par des centres privés dans lesquels interviennent régulièrement des médecins d'institutions publiques (gynéco-

1. Carin Huyser & Laura Boyd, Assisted reproduction laboratory cost-drivers in South Africa: Value, virtue and validity, *Obstetrics & Gynaecology Forum*, 2012, n° 22, p. 15.

logues ou embryologistes). Les services de ces institutions sont mobilisés par des couples sud-africains fortunés ou par des couples originaires des pays du Nord ou de la bourgeoisie des pays limitrophes de l'Afrique du Sud ou d'Afrique centrale. L'État sud-africain ne propose qu'une assistance financière limitée pour accéder aux services de PMA. Quant aux mutuelles, si elles prennent en charge les examens courants, elles ne remboursent pas ce qui concerne explicitement l'infertilité.

Dans le secteur privé, un traitement moyen contre l'infertilité coûte en moyenne 67 000 rands, soit 5 000 euros. Le coût comprend la demi-heure de consultation facturée environ 4 700 rands (soit 350 euros). Pour la plupart des couples, le traitement est répété trois ou quatre fois avant de donner un résultat positif. Silke Dyer et Thynus Kruger, spécialistes sud-africains de PMA (Thynus Kruger a réalisé la première FIV sud-africaine en 1984) considèrent que « l'Afrique du Sud a un besoin de technologie de PMA largement non satisfait » et que seuls 6 % des besoins sont actuellement couverts[1].

Lors de nos enquêtes (2009 à 2011), six catégories administratives distinguaient les patients selon leur capacité à payer leurs soins[2]. Les plus pauvres (les patients H0, pour « Hôpital 0 ») bénéficiaient de la gratuité totale des soins, mais n'étaient simplement pas reçus dans la clinique : si d'aventure un patient de ce type tentait d'obtenir un rendez-vous, l'employé administratif de la clinique lui présentait les coûts induits par la procédure, ce qui mettait un terme au projet. Les tarifs de consultation augmentaient ensuite par paliers avec les revenus : pour les patients H1, gagnant moins de 40 000 rands par an (2 957 euros), il était fixé à 30 rands (2,20 euros), pour les patients H2 (revenus compris entre 40 000 et 100 000 rands (entre 2 957 et 7 393 euros) à 86 rands (6,35 euros), et pour les « patients privés »,

1. Silke J. Dyer & Thinus F. Kruger, Assisted reproductive technology in South Africa: First results generated from the South African Register of assisted reproductive techniques, *South African Medical Journal*, 2012, vol. 102, n° 3, p. 169.

2. Cette classification n'est plus en vigueur depuis 2011, voir Huyser & Boyd, Assisted reproduction laboratory cost-drivers in South Africa: Value, virtue and validity, *art. cit.*

avec un revenu supérieur à 100 000 rands par mois, à 175 rands (13 euros). Parmi ceux-ci, étaient distingués les PM *(Private Medical Aid)*, les PP *(Private Patients)* et les PF *(Private Foreigners)*. Les premiers étaient pris en charge par leur mutuelle (pour les examens courants), les seconds payaient l'intégralité de leurs frais, et les derniers les avançaient. Et si, officiellement, les plus pauvres étaient éligibles au soin et exemptés de frais de consultation, ils étaient totalement absents des registres. Ils étaient exclus dès la première consultation (s'ils l'atteignaient, ce qui était rare). En effet, s'ils pouvaient accéder gratuitement aux tests les plus simples (sang, examens cliniques), ce n'était pas le cas pour des examens plus coûteux. Ils n'avaient pas les moyens d'accéder à la nécessaire analyse de sperme effectuée dans un laboratoire privé hors de l'hôpital pour 200 rands (114 euros), ni au lavage de sperme réalisé à l'hôpital mais facturé 800 rands (59 euros), encore moins à l'aspiration facturée par l'hôpital entre 1 000 et 5 000 rands (74 à 370 euros).

Ce triage est fondé sur les capacités financières et participe dès lors à la reproduction des inégalités au sein de la population sud-africaine. La PMA, par sa sélection financière jusque dans les services publics, s'apparente dès lors à une consommation de classe. Il suffit pour s'en convaincre de comparer les tarifs décrits *supra* aux revenus médians de ceux identifiés comme « classe moyenne » en Afrique du Sud[1].

Cette classe moyenne correspond au public de l'*Infertility Clinic* de Pretoria. Ceux qui ont moins de revenus n'accèdent pas au service, ceux qui bénéficient de plus de moyens financiers ne fréquentent pas

1. La définition de la notion de « classe moyenne » en Afrique fait débat. Retenons simplement qu'en Afrique du Sud, on peut considérer comme appartenant à la « classe moyenne » les ménages dont les revenus sont compris entre 6 000 (560 euros) et 15 000 rands (1 400 euros) par mois et par personne (voir Élodie Escusa, La *lower middle class* à Soweto. Consommation et pratiques de socialisation, *Afrique contemporaine*, 2012, vol. 4, n° 244, p. 99). Les patients accomplissant un cycle complet de PMA présentent : « un revenu domestique moyen de 16 700 rands ± 11 500 rands (1 248 euros ± 859 euros) par mois (sélection randomisée de 50 patients ayant terminé leur cycle de PMA) » (Huyser & Boyd, Assisted reproduction laboratory cost-drivers in South Africa : value, virtue and validity, *art. cit.*, p. 16).

les services publics de santé… Les patients accédant à la PMA sont enseignants, officiers de police, fonctionnaires, journalistes, petits entrepreneurs. Il est fréquent qu'un seul membre de la famille travaille.

Pour autant, tous les couples présentant des garanties financières ne sont pas forcément retenus pour entrer dans le protocole. Comment cette situation de reproduction d'inégalités entretenues par le triage apparaît-elle légitime aux acteurs ? Quelles sont les autres logiques à l'œuvre ?

Les pratiques de tri à l'*Infertility Clinic* du Steve Biko Academic Hospital

Le tri est, dans la pratique, intimement lié aux procédures d'accueil et de prise en charge des patients. L'un ne peut être décrit sans les autres. À chaque rendez-vous à la clinique, tout au long de la procédure de PMA, les deux partenaires doivent se présenter à chaque rendez-vous. Lors de la première visite, le couple fournit ses feuilles de salaire, ses cartes d'identité, un certificat de mariage ou une déclaration sous serment attestant le mariage traditionnel, éventuellement une lettre de recommandation d'un médecin, des résultats de test éventuels, deux photos d'identité. Il doit également déposer 300 rands (22 euros) à la trésorerie de l'hôpital… Le partenaire doit également s'être abstenu de rapports les trois jours précédant la visite afin de réaliser un spermogramme. Si ces conditions ne sont pas respectées, la procédure s'arrête.

Lors de la première visite, l'histoire génésique du couple est tout d'abord reconstituée. La présence d'enfants hors du couple est vérifiée, comme la régularité des menstruations, la durée de l'infécondité avérée. La femme subit un examen gynécologique, elle est pesée. Quant à l'homme, son sperme est prélevé. Si la femme est considérée en surpoids, on lui demande de perdre des kilos avant de s'engager dans la procédure, on demande également au couple d'arrêter de fumer le cas échéant.

L'attention portée au poids de l'épouse est justifiée par des critères médicaux, mais elle est également pour le médecin un moyen d'apprécier sa motivation et son mérite. Une femme ne parvenant pas à perdre du poids se verra refuser l'accès au service dans une logique médicale mais aussi selon l'idée que l'incapacité à maigrir traduit un manque de volonté.

Parmi les patients, les couples sérodiscordants[1] se voyaient proposer d'entrer dans le protocole d'un essai portant sur le lavage de sperme à moindre coût. Certains étaient orientés vers la clinique par des médecins partenaires de la clinique. Ces patients n'avaient pas totalement conscience de participer à un essai (malgré la signature d'un « consentement éclairé ») dans la mesure où ils étaient invités à payer le service. Les conditions de recrutement dans l'essai étaient comprises comme l'application de simples critères médicaux et biologiques et le couple devait présenter des garanties quant à sa capacité à élever un enfant. Ce dernier critère n'était pas strictement défini : il renvoyait aux capacités financières mais également à une évaluation socio-morale laissée à la discrétion du médecin et de l'assistante sociale de l'hôpital qui effectuait un entretien avec les couples.

L'inclusion dans le protocole repose également sur l'évaluation des conditions de vie du couple et sur celle de la pertinence de son soutien dans son désir d'enfant. Le médecin et l'assistante sociale participent à cette évaluation, mais celle-ci ne repose sur aucun critère précis. D'une part, le fait de laisser aux acteurs de la clinique (médecin ou assistant social) la latitude d'apprécier par eux-mêmes « la capacité à élever un enfant » ou la « durée du couple » exclut ceux qui n'ont pas de salaires (la majorité) et nie l'expérience de couples pour qui la naissance d'un enfant n'est pas l'aboutissement d'un long processus de vie commune mais son commencement ; d'autre-part, l'apprécia-

1. Il s'agit d'un couple dans lequel un partenaire est séronégatif et l'autre séropositif. La sérodiscordance peut impliquer l'usage de la PMA afin d'éviter l'infection d'un partenaire par l'autre lors d'un rapport sexuel à but procréatif.

tion de la capacité financière du couple exclut du recours à la PMA la majorité des Sud-Africains qui ne bénéficient pas de revenus réguliers.

Comme nous l'expliquait le médecin en charge de la clinique, et ayant par ailleurs elle-même eu recours à la PMA, le sentiment d'être responsable de la naissance d'un enfant les encourage à s'assurer a priori de la qualité de l'environnement dans lequel il grandira. Ils ne souhaitent pas avoir sur la conscience la responsabilité de la naissance d'un enfant dans un environnement économique incertain (comme un camp de squatter) ou dans ce qu'ils considèrent comme un environnement familial qui serait à leurs yeux dysfonctionnel. Les responsables de la clinique appartiennent aux groupes identifiés comme blancs et indiens et ne partagent pas la même expérience de la famille que la majorité des patients, qui sont noirs. Il a été en effet observé dans la population noire sud-africaine un déclin constant du mariage. Il s'inscrit dans une dynamique qui remonte à la mise en place du travail migrant dès le XIXe siècle en Afrique du Sud et qui a favorisé la fragilisation des unions et le développement de relations de couples hors de l'institution du mariage. En outre, les difficultés économiques que rencontrent les jeunes aujourd'hui les empêchent de réunir les moyens financiers permettant l'accession au mariage et renforcent ce mouvement[1]. De ce fait, la notion d'un environnement familial favorable paraît totalement inadéquat à la réalité dont font l'expérience la majorité des patients de la clinique.

Enfin, le couple une fois recruté dans le programme de PMA doit également, en cas d'usage d'un donneur ou d'une mère porteuse, financer les services d'un avocat (pour gérer la question du « don » : achat du sperme ou don par un tiers connu de la famille et dédommagé). Les *Private Patients* font des emprunts, utilisent leur carte de crédit ; les patients des catégories inférieures de revenus ont quant à eux plus de difficultés.

L'analyse attentive des pratiques de tri au sein de l'*Infertility Clinic* a permis de mettre au jour l'existence de critères moraux supportés par

1. Mark Hunter, Beyond the male-migrant: South Africa's long history of health geography and the contemporary AIDS pandemic, *Health & Place*, 2007, n° 16, p. 25.

les acteurs de l'offre. L'application de ces critères revient, comme on l'a vu, à condamner les victimes d'une histoire longue qui structure encore aujourd'hui la façon d'être au monde de la majorité des Sud-Africains. Mais la clinique elle-même n'échappe pas à cette histoire et en porte les traces.

STEVE BIKO INFERTILITY CLINIC : UNE HISTOIRE SUD-AFRICAINE

Le système de santé sud-africain est profondément marqué par l'histoire des inégalités façonnées par le régime d'apartheid[1]. L'histoire de l'*Infertility Clinic* du Steve Biko Academic Hospital est donc marquée par le paradigme racial qui structurait la politique de l'apartheid[2]. Ainsi, avant d'être une clinique officiellement ouverte à tous, l'*Infertility Clinic* du Steve Biko Academic Hospital faisait partie d'un hôpital réservé aux Blancs et portant le nom du théoricien de l'apartheid, Hendrik Verwoed. La clinique fut créée le 1er mars 1982 comme une unité de gynécologie, d'endocrinologie et d'infertilité par le Pr Van Der Merwe[3]. Au moment de sa création (pendant l'apartheid), le fondateur de la clinique s'inscrit dans une logique d'échanges scientifiques internationaux. Formé à l'université de Cape Town, il effectue un séjour postdoctoral aux États-Unis d'Amérique et participe alors

1. Duane Blaauw, Transformations de l'État et réforme de la santé. Le cadre historique et institutionnel de la mise en œuvre des actions de lutte contre le sida, *in* Didier Fassin (dir.), *Afflictions : L'Afrique du Sud de l'apartheid au sida*, Paris, Karthala, 2004, p. 111-138.

2. Sampie Terreblanche, *A History of Inequality in South Africa 1652-2002*, Scottsville, University of Natal Press et Sandton, KMM Review Publishing Compagny Pty Ltd (1e éd. 2002, 2e éd. 2003), 2005, p. 527.

3. Jan van der Merwe, U.M. Irsigler, C. de Milander, M.S.E. Wimmers, A.D.E. Botes, E. Snyman, M.S. von Prince, Z. Koch & P. Hurter, In vitro fertilization and embryo transfer in Pretoria, South Africa, *South African Medical Journal*, 1984, vol. 66, p. 641.

aux réseaux scientifiques émergents de l'infertilité. Malgré une offre d'emploi aux États-Unis, il rentre en Afrique du Sud et prend la direction de ce qui allait devenir l'*Infertility Clinic* du Steve Biko Academic Hospital. Comme Jan Van Der Merwe l'explique lui-même, le fait d'avoir bénéficié d'une large ménagerie de babouins (et donc de sujets d'expérimentation nombreux) a été un facteur extrêmement favorable au développement de son travail et de ses relations scientifiques internationales. Alors qu'au même moment l'Afrique du Sud faisait l'objet d'un boycott international économique et culturel, elle était tout à fait connectée du point de vue des débats et des échanges scientifiques. Aujourd'hui, dans le champ de l'infertilité, l'Afrique du Sud reste très bien insérée dans des réseaux médicaux commerciaux. Les cliniques privées ont fait florès et drainent une clientèle européenne, ou relevant des classes supérieures de l'ensemble du continent.

Si les acteurs de la lutte contre l'infécondité sont aussi les acteurs de la contraception, leurs services ne s'adressent pas dans les faits à l'ensemble de la population. Dans les années 1980, la lutte contre l'infécondité est peu développée et concerne majoritairement les Blancs. À l'inverse, une politique néo-malthusienne comprenant des campagnes de stérilisation vise les Noirs. Aujourd'hui, sur les murs de la clinique, trois pêle-mêle de photos sont affichés qui présentent des bébés nés à trois périodes différentes d'activité de la clinique. Sur le pêle-mêle le plus ancien, le Pr Van Der Merwe (aujourd'hui retraité) est encadré de photos jaunies de poupons encadrées par leur famille blanche. Le professeur Van Der Merwe a relaté, dans un entretien mené en 2011, comment il découvrit la ségrégation du système de santé en vigueur dans la province où se situe l'*Infertility Clinic* de Pretoria. Dans la région du Cap où il avait étudié, les services étaient séparés racialement mais abrités dans un seul et même hôpital. En outre, explique-t-il, le standard de soin était équivalent entre les services, alors que dans le Transvaal, les hôpitaux étaient totalement ségrégués et n'offraient pas la même qualité de soins.

Ces variations internes au régime d'apartheid n'étaient pas uniquement la conséquence de l'histoire coloniale différente de ces deux provinces. Elles étaient également le produit du financement inégal de la santé par l'État central. Pendant l'apartheid, l'allocation de budget pour la santé en direction des provinces était fonction de la répartition « raciale » de la population : les différentes provinces sud-africaines recevaient de l'État central trois rands par habitant blanc, deux par *coloured*, un par Noir. Or, la région du Cap était peuplée d'un nombre important de Blancs quand le Transvaal abritait comparativement peu de *coloured* et de Blancs. Au moment de la création de l'*Infertility Clinic*, une négociation non officielle a lieu entre son fondateur et les autorités provinciales du Transvaal finançant alors l'hôpital (pendant cette période, le financement des universités relève du gouvernement central mais celui des hôpitaux du gouvernement provincial). Au début des années 1980, les politiciens de la province ne sont pas intéressés par la question du traitement de l'infertilité chez les Blancs, mais sont surtout préoccupés par « l'hyper-fertilité » des Noirs. À la suite d'une négociation officieuse entre le directeur de la clinique et un responsable sanitaire provincial, un financement est accordé à la clinique à condition que ses internes consacrent une partie de leur temps à la création d'un programme de stérilisation mobile dans les *townships*. Le fondateur de l'*Infertility Clinic*, au moment de rapporter cet épisode, signale également que son service se rendait de temps en temps dans les hôpitaux réservés aux Noirs pour y consulter des patients. Mais cette activité était marginale. Travailler en ce temps à HF Verwoerd Hospital signifiait qu'on ne pouvait structurellement qu'y prendre en charge une population triée sur des bases raciales.

Une gynécologue ayant travaillé à la fin des années 1980 dans cette clinique, qui dirige aujourd'hui une clinique privée traitant l'infertilité, reconnaît d'ailleurs à la fois le tri sur la base raciale et les limites de l'offre de soins aux populations noires. Développant, lors d'un entretien mené à Pretoria en 2012, une lecture diachronique de l'*Infertility Clinic*, elle pose le problème de la continuité de la restriction et du tri dans l'accès à la PMA. Pendant l'apartheid, la restriction de l'offre était basée à la fois sur des critères « raciaux » et financiers. Si le profil hormonal pouvait être réalisé dans un hôpital recevant des patients noirs, une FIV était inenvisageable. Aujourd'hui, les services sont ouverts à tous mais « il n'y a malheureusement pas de politique officielle, et aussi pas vraiment, pour autant que je sois concernée, de politique officielle stipulant que les gens, hum, pourraient s'attendre à, euh, un traitement de fertilité à un niveau tertiaire[1] ».

Ces deux acteurs de l'*Infertility Clinic* rendent compte des contextes politiques nationaux et provinciaux dans lesquels s'est inscrite la mise en place de l'*Infertility Clinic*, du processus de sélection des premiers couples éligibles à la PMA et de la continuité sous des formes changeantes d'une logique de tri excluant du recours biomédical contre l'infertilité la majorité de la population. Comprendre les logiques présentes du tri suppose donc de s'attarder sur le temps long des inégalités en matière de santé reproductive en Afrique du Sud, et plus largement en matière de politique de population.

INSCRIRE L'OFFRE DE PROCRÉATION MÉDICALEMENT ASSISTÉE DANS LE CADRE D'UNE HISTOIRE LOCALE ET GLOBALE DES POLITIQUES DE POPULATION

La création de l'*Infertility Clinic* de Pretoria dans les années 1980 est concomitante du développement du PDP *(Population and Development Program)*. Ce programme reposait sur le constat de la surpopulation noire et affichait la volonté d'améliorer ses conditions de vie. Il visait à stabiliser la population à 80 millions à l'horizon de l'an 2000, à accélérer le développement social et économique, à atteindre un taux de fertilité de 2,1 enfants par femme en 2010, à promouvoir la santé pour tous et à atteindre une distribution géographique ordonnée de la population[2]. Ce projet, paraissant très raisonnable aux yeux des démographes, portait en lui-même une dimension politique sensible.

Tout d'abord, il ne concernait que la population vivant en Afrique du Sud blanche à l'exclusion de la majorité noire vivant dans les

1. Entretien avec une gynécologue ayant travaillé à l'*Infertility Clinic* de Pretoria, aujourd'hui à la tête d'une clinique privée, Pretoria 2012.

2. Orieji Chimere-Dan, Population policy in South Africa, *art. cit.*, p. 33-34.

homelands. Ensuite, il se traduisait dans la pratique de manière différente selon les populations (blanches, noires, indiennes ou *coloured*). Par exemple, le PDP mettait l'emphase sur la planification familiale et l'éducation à la santé reproductive afin de limiter les naissances. Cependant, ce sont majoritairement les femmes noires qui fréquentaient les cliniques et services mobiles de planification où se déroulaient les activités du PDP. Ce sont elles aussi qui utilisaient majoritairement la contraception par injection (Dépo-Provera). Ce programme se donnait en réalité comme objectif de réduire la fécondité des populations noires plutôt que d'améliorer la répartition des ressources[1]. Le PDP était une réponse politique à la notion de *swart gevaar* (péril noir) qui sous-tendait la politique du régime d'apartheid et une tentative de réponse à la mobilisation politique grandissante des populations noires. Le développement du PDP s'inscrit dans un mouvement mondial néo-malthusien s'inquiétant de l'accroissement de la population mondiale mais répond aussi à une situation politique sud-africaine spécifique[2]. Dans les années 1980, l'Afrique du Sud produit en effet largement de quoi nourrir toute sa population ; par contre, elle fait face à un taux de plus en plus important de chômage des travailleurs noirs doublé d'une mobilisation de plus en plus violente de la population noire contre l'apartheid. La politique de réduction de la population – dont la stérilisation n'est qu'un des aspects avec l'usage massif du contraceptif injectable Dépo-Provera auprès des femmes noires – constitue dès lors une réponse médicale à un problème politique. Si ces politiques répondaient explicitement à la peur de voir arriver le temps du *« one person, one vote »* (une personne, un vote), elles s'appuyaient également sur un discours récurrent et insistant sur le fait que « les familles de grande taille étaient la première cause de pauvreté en Afrique du Sud[3] ». Dans ce contexte, il n'est pas surpre-

1. Barbara Klugman, Population policy in South Africa : A critical perspective, *Development Southern Africa*, 1991, vol. 8, n° 1, p. 19.

2. Barbara B. Brown, Facing the « black peril »: The politics of population control in South Africa, *Journal of Southern African Studies*, 1987, vol. 13, n° 3, p. 256.

3. Orieji Chimere-Dan, Population policy in South Africa, *art. cit.*, p. 33.

nant que la question de l'infertilité des femmes noires n'ait pas été un sujet de préoccupation et que le facteur racial ait été un facteur déterminant du tri des patients. Ce qui est plus étonnant c'est que, pour les femmes blanches, la recherche contre l'infertilité n'ait pas été plus soutenue alors qu'il allait dans le sens d'un accroissement de la population blanche. Il est probable que l'influence de la nouvelle Église réformée sud-africaine a joué un rôle important dans le refus par le politique de financer systématiquement ces recherches. Cela semble en effet cohérent avec le fait que l'avortement, même auprès des populations noires, a toujours été fermement condamné par l'État d'apartheid (et seulement autorisé pour des raisons motivées médicalement).

En Afrique du Sud, l'importance des logiques racistes dans la mise en place des politiques sanitaires a souvent été soulignée[1]. Cependant, il convient de souligner que la rationalité de cette politique de population ne se résumait pas à une lecture raciste mais qu'elle relevait également de l'application de recommandations internationales alors (et encore aujourd'hui) largement partagées[2]. Le PDP s'inspirait des recommandations du programme d'action du Kilimanjaro (1984) et de la déclaration d'Harare (1986)… « Le PDP peut dès lors être décrit comme un bon programme dans un contexte sociopolitique inapproprié[3]. » La politique populationnelle de l'ANC post-1994 ne rompt d'ailleurs pas avec celle du PDP[4]. Le retard de la population noire dans la transition démographique reste au cœur des préoccupations[5].

1. Voir Randall M. Packard, *White Plague, Black Labor. Tuberculosis and the Political Economy of Health and Disease in South Africa*, Berkeley-Los Angeles, University of California Press, 1989, p. 389 ; Laurel Baldwin-Ragaven, Jeanelle de Gruchy & Leslie London, *An Ambulance of The Wrong Colour. Health Professionals, Human Rights and Ethics in South Africa*, Cape Town, University of Cape Town Press, 1999, p. 246.

2. Orieji Chimere-Dan, Population policy in South Africa, *art. cit.*

3. *Ibid.*, p. 36.

4. African National Congress, *Policy Guidelines for a Democratic South Africa*, 1992.

5. Leon Swartz, Fertility transition in South Africa and its implications on the four major population groups, *Population Bulletin of the United Nations. Completing the Fertility Transition (special issue)*, 2002, n° 48/49, p. 487-500.

L'esprit de la nouvelle constitution sud-africaine est respecté : tout le monde peut se présenter à la consultation, mais l'accès au soin reste finalement limité : « Alors qu'il existe quelques initiatives pour améliorer l'accès et la qualité des services d'infertilité, il y a eu une absence de politique ou de changement dans l'offre de service[1]. »

Après son arrivée au pouvoir en 1994, l'ANC ouvre en effet la porte à des réformes profondes visant à promouvoir l'autonomie et la liberté des femmes dans l'accès à la santé reproductive mais en délaissant le terrain de l'aide à la procréation. En 1998, la politique de population sud-africaine insiste sur l'*empowerment* des hommes et des femmes pour faciliter les choix reproductifs. Cette tendance était déjà en germe dans la nouvelle constitution sud-africaine, malgré la persistance de cas de stérilisation de femmes séropositives à l'occasion d'un accouchement ou d'un avortement, et ce sans leur accord, ou avec une compréhension limitée de leur part[2]. Lors de nos enquêtes, nous avons également rencontré des femmes sollicitant l'accès à l'AMP suite à leur stérilisation abusive. Cela concerne particulièrement des femmes séropositives accouchant par césarienne, à l'occasion de laquelle la ligature des trompes est pratiquée sans consentement ou avec un consentement réalisé dans des conditions discutables (par exemple sur la table d'opération).

En conséquence, malgré la rupture dans l'idéologie sous-tendant les politiques de population sud-africaine, les exclus du passé restent les exclus du présent. Les inégalités socio-économiques héritées de l'apartheid sont encore largement visibles dans le domaine de l'emploi ou de l'éducation, mais elles sont également perceptibles dans l'expérience différenciée de la transition démographique qu'ont les différents groupes qui composent la nation sud-africaine ou dans la légitimité relative de ces derniers concernant la prise en charge de l'infertilité. L'absence d'une offre même minimale de traitement de l'infertilité

1. Cooper *et al.*, Ten years of democracy in South Africa, *art. cit.*, p. 79.

2. Ann Strode, Sethembiso Mthembu & Zaynab Essack, She made up a choice for me': 22 HIV-positive women's experiences of involuntary sterilization in two South African provinces, *Reproductive Health Matters*, 2012, vol. 20, n° 39S, p. 61.

dans les services publics, l'illégitimité de cette question au regard des enjeux auxquels fait face le système de santé, la justification du déni du problème de l'infertilité par l'argument d'une transition démographique nécessaire sont autant d'arguments déjà présents pendant l'apartheid. Ils traduisent la continuité d'une politique qui, d'un motif proprement racial, passe à un motif économique. Les populations elles-mêmes ne sont pas dupes de ces logiques de continuité. Ainsi, en 2002, un malade du sida habitant du *township* d'Alexandra commentait à mon intention la non-délivrance des antirétroviraux dans le service public de santé. Il indiquait avoir appris que le ministre de l'Économie de l'époque, Trevor Manuel, aurait expliqué, lors d'un séminaire gouvernemental, vouloir baisser de 20 % le nombre de pauvres et que, pour cela, il ne souhaitait pas que les malades du sida soient soignés.

Les pratiques actuelles du triage au sein de l'*Infertility Clinic* de Pretoria reposent non seulement sur des critères médicaux, mais aussi sur l'appréciation de la capacité financière et de la situation familiale des couples. Ces derniers critères reconduisent finalement l'illégitimité des femmes noires et pauvres à procréer, une illégitimité qui renvoie aux politiques reproductives de l'apartheid. Comprendre cette illégitimité nécessite d'étudier dans la longue durée l'évolution de ses logiques comme celle de ses motifs. L'histoire singulière de l'Afrique du Sud permet de souligner la nécessité de cette articulation de l'histoire et du présent[1]. Dans ce contexte, le triage observable dans le cadre de l'interaction médicale n'est que la partie visible d'un processus plus long dont la logique échappe en partie aux acteurs du tri eux-mêmes. Le registre de la santé publique dans la longue durée leur donne un argument rendant acceptable et même légitime la restriction de l'offre d'AMP. Ce registre, même si ses motifs changent dans le temps, s'inscrit dans une dynamique d'exclusion globale de l'offre de prise en charge de l'infertilité pour la majorité des femmes noires et pauvres.

1. Hoosen Coovadia, Rachel Jewkes, Barron, Peter Sanders & David McIntyre, The health and health system of South Africa: Historical roots of current public health challenges, *The Lancet*, 2009, vol. 374, p. 817.

Cette dynamique relève d'une pensée de la santé et de la reproduction à l'échelle de la population qui fait peu de cas des expériences individuelles. En outre, quand c'est le cas, comme dans le cadre du développement d'une politique de santé reproductive à l'heure de la démocratie, l'autonomie des femmes n'est pensée qu'en termes de choix de l'espacement ou du refus de la naissance, et non en termes de désir d'enfant.

L'attention accordée à la pratique du tri des couples infertiles en Afrique du Sud permet de mettre en lumière les impensés des politiques globales de santé reproductive à l'échelle populationnelle. Ainsi, vue sous l'angle de sa politique de santé de la reproduction, l'Afrique du Sud n'est pas dans une situation d'exceptionnalité. Elle fait face au contraire à des problèmes qui renvoient à la tension traversant la santé publique et qui va de la reconnaissance des situations individuelles à la réflexion à une échelle populationnelle.

IV

TRIAGE ET ÉTHIQUE DANS LES PRATIQUES CLINIQUES CONTEMPORAINES

SÉLECTION, TRIAGE ET ACCÈS DES PATIENTS AUX ESSAIS PRÉCOCES EN CANCÉROLOGIE EN FRANCE

Valérie Gateau

L'ÉTHIQUE DE LA RECHERCHE ET SES ÉVOLUTIONS RÉCENTES

Recherche et soin : protection versus accès

Dans l'encadrement éthique et juridique des pratiques biomédicales contemporaines, on distingue classiquement entre recherche et soin. La recherche consiste à tester sur l'homme une hypothèse scientifique portant sur l'efficacité d'une molécule ou d'un traitement, en vue de la prouver ou de l'invalider. La recherche vise une connaissance exacte, fondée sur des preuves, pour permettre à la médecine de progresser dans ses thérapeutiques. En ce sens, on peut dire que la recherche se caractérise par son objectif : une connaissance exacte, potentiellement bénéfique pour la collectivité. C'est pour cela qu'elle a été encadrée au plan légal et éthique selon des critères distincts du soin, qui vise la préservation ou le rétablissement de la santé d'un individu. Pour la recherche, les instances de régulation éthiques et juridiques sont conçues pour assurer sa qualité – pour que la recherche apporte des bénéfices, il faut qu'elle soit scientifiquement rigoureuse –, ainsi que la protection des personnes qui acceptent de s'exposer à des risques individuels pour des fins scientifiques et collectives, et dont il faut éviter qu'elles soient manipulées, contraintes ou exploitées. En effet, dans la mesure où la recherche teste sur des sujets humains, elle comporte des risques potentiels pour celui qui s'y prête. Le respect du principe de justice, qui impose de répartir le plus équitablement les risques et bénéfices, est alors conçu comme la nécessité de protéger les personnes *vulnérables* de toute exploitation par la recherche. C'est ce que l'on trouve par exemple dans le Rapport Belmont : « Certain groups, such as racial minorities, the economically disadvantaged, the very sick, and the institutionalized [...] should be protected against the danger of being involved in research solely for administrative convenience, or because they are easy to manipulate as a result of their illness or socioeconomic condition[1]. » Dans les situations de soins qui, elles, visent directement le bénéfice des individus qui le reçoivent, le respect du principe de justice vise à garantir un accès équitable voire égal aux thérapeutiques disponibles, et la question de l'allocation de ressources rares est centrale.

Mais depuis une vingtaine d'années, les frontières entre soin et recherche semblent plus floues. La raison en est que, dans de nombreux cas, la balance bénéfices/risques de la recherche n'est pas simple à évaluer, en particulier lorsqu'elle est combinée avec des soins et que les participants en tirent un bénéfice thérapeutique. Par ailleurs, la protection des plus vulnérables peut avoir des conséquences imprévues : en pratique, la « juste » répartition centrée sur les risques de la recherche exclut ces populations des bénéfices des recherches. Les enfants ont longtemps été des « orphelins » de la recherche, et de nombreuses recherches excluent les femmes[2], les minorités ethniques,

1. *The Belmont Report*, Ethical principles and guidelines for the protection of human subjects of research, The National Commission for the Protection of Human Subjects, 1979.

2. Les femmes ont longtemps été exclues des recherches soit parce qu'elles étaient enceintes et considérées comme vulnérables, soit simplement parce qu'il était admis qu'en âge de procréer, elles présentaient des variations hormonales risquant de perturber la méthodologie de l'essai. Sur ce sujet, voir Charles Weijer, Selecting subjects for participation in clinical research: One sphere of justic, *Journal of Medical Ethics*, 1999, n° 25, p. 31-36.

les vieillards, etc. Pour ces différentes raisons, dans les années 1980-1990, la question de la justice dans les situations de recherche s'est trouvée reformulée. Différents groupes de malades (femmes, patients HIV, etc.) se constituent et se font représenter ; ils considèrent que la justice ne repose pas uniquement sur la protection contre les risques et dangers de la recherche, mais aussi sur une opportunité équitable d'inclusion dans les recherches dont les bénéfices espérés sont importants[1]. Ces demandes et revendications, principalement portées par des associations de patients HIV et de femmes atteintes de cancer jouent un rôle important et conduisent à des modifications dans l'encadrement des recherches. Elles mettent à l'agenda la question des bénéfices de la recherche, mais aussi celle de la place des patients dans le processus de décision et d'accès aux essais. Elles demandent que les minorités et groupes sous-représentés y soient systématiquement inclus. Et elles portent les valeurs et attentes des patients dans les sphères scientifiques et politiques[2]. En réponse à ces situations nouvelles, le National Institute for Health impose en 1994 l'inclusion de groupes particuliers (femmes, minorités) dans les protocoles de recherche aux États-Unis d'Amérique, ouvrant la porte d'un débat qui se poursuit depuis. En 2010 par exemple, une recherche rétrospective sur 11 000 patients cancéreux est menée au Royaume-Uni pour déterminer dans quelle mesure l'âge, le sexe et l'ethnie contribuent à modifier l'accès aux essais, et dans quelle mesure les disparités de recrutement doivent être « corrigées » par la réglementation[3]. Ces différentes modifications témoignent de ce qu'Anna Mastroinanni et Jeffrey Kahn appellent un

1. Anne Mastroianni & Jeffrey Kahn, Swinging on the pendulum shifting views of justice in human subjects research, *Hasting Center Report*, 2001, 31, n° 3, p. 21-28.

2. Rebecca Dresser, Patient advocates in research: new possibilties new problems, 2003, 11. Wash. U. J. L. & Poly 237 http://digitalcommons.law.wustl.edu/wujlp/vol11/iss1/9. Consulté le 17 nov. 2013.

3. S. Godden, G. Ambler & A.M. Pollock, Recruitment of minority ethnic groups into clinical cancer research trial to asses adherence to the principles of the department of health research governance framework: National sources of data and general issues arising from a study in one hospital trust in England, *Journal of Medical Ethics*, 2010, vol. 36, p. 358-362.

« mouvement de balancier » qui fait passer de la question des risques et de la protection à celle des bénéfices, droits et accès. Un des lieux principaux de ce mouvement de balancier est, après la recherche sur le sida, la recherche sur le cancer, et spécifiquement les essais dits « précoces ».

Entre la justice comme protection et la justice comme accès[1] *:*
le cas des essais précoces en cancérologie

En cancérologie, les essais précoces sont les premiers tests d'administration d'une molécule (ou combinaison de molécules) chez l'être humain. Classiquement, ces essais de phase I non randomisés visent à évaluer la dose maximale tolérée, c'est-à-dire la toxicité. Ils sont conduits sur de petits nombres de patients (de moins d'une dizaine à une trentaine). Contrairement aux essais dans d'autres pathologies, en raison de la cytotoxicité des molécules testées, les volontaires sont des malades (et non des volontaires sains), généralement en impasse thérapeutique. Le Comité consultatif national d'éthique français (CCNE) a rendu en 2002 un avis assez sévère sur les conditions dans lesquelles sont pratiqués ces essais[2]. Il les décrit comme le paradigme de la *« therapeutic misconception*[3] *»*, où les patients cancéreux sollicités sont en phase terminale et espèrent à tort un effet thérapeutique de ce qu'ils perçoivent comme un traitement expérimental. Si les essais visés par le CCNE persistent par nécessité, les nouveaux modes d'organisation de la recherche – la recherche « translationnelle » – et les nouvelles stratégies d'essais renouvellent les questions. La recherche translationnelle

1. Anne Mastroianni & Jeffrey Kahn, *op. cit.*

2. Comité consultatif national d'éthique, *Avis n° 73 du 26 septembre 2002 : Les essais de phase I en cancérologie*, disponible sur http://www.ccne-ethique.fr/fr/publications/les-essais-de-phase-1-en-cancerologie#.Uok0ZnDvWWc. Consulté le 17 nov. 2013.

3. P.S. Appelbaum, L.H. Roth & C. Lidz, The therapeutic misconception: Informed consent in psychiatric research, *International Journal of Law and Psychiatry*, 1982, vol. 5, p. 319-329.

vise à faire le pont plus rapidement entre les avancées de la recherche et le public et, pour cela, à dépasser la division entre la recherche et la mise à disposition, entre la recherche fondamentale et la recherche appliquée[1].

En cancérologie, les essais qui sont au cœur de cette stratégie de recherche sont les essais précoces « modernes », c'est-à-dire guidés par la biologie moléculaire et la bio-informatique. Ici, les molécules à l'essai visent des cibles protéiques anormales caractéristiques de tel type moléculaire de tumeur ; elles ont été identifiées comme candidates crédibles par des screenings bio-informatiques massifs. C'est en ce sens qu'on parle d'essais précoces « ciblés ». La particularité de ces essais est qu'ils permettent, en plus des objectifs classiques d'évaluation de la tolérance et du dosage, de vérifier si la molécule atteint sa cible. En s'appuyant sur l'imagerie, ils permettent de rechercher une réponse au traitement qu'ils peuvent détecter plusieurs semaines avant d'autres indicateurs cliniques tels que la réduction (ou la stabilisation) de la tumeur. En ce sens, les essais précoces ciblés proposent *et* l'étude de la toxicité, *et* une première évaluation de l'efficacité. Les méta-analyses récentes montrent que dans les essais précoces « modernes » (étudiés entre 1991 et 2002, puis entre 2003 et 2006), le taux de réponse clinique partielle ou complète est de 10 % ; que le taux de longue stabilisation est passé de 35 à 45 % ; et que les morts toxiques sont en forte baisse. Mais ces avancées restent des « petits pas » : 90 % des participants ont une survie sans progression du cancer inférieure à 3 mois, et différentes toxicités peuvent dégrader la qualité de vie et produire des effets morbides ou mortels. Au total, il n'est pas évident d'effectuer une juste balance des risques et des bénéfices dans ces situations, et la distinction entre soins et recherches y est difficile : ces essais peuvent être conçus comme des essais risqués sans autre but que la connaissance scientifique, aussi bien que comme des options

1. The Translational Research Working Group (TRWG), National Cancer Institute. Report of the Translational Research Working Group of the National Cancer Advisory Board: Transforming Translation-Harnessing Discovery for Patient and Public Benefit, Final Report, DHHS, NIH, NCI 2007, p. 99.

raisonnables de traitement pour des patients en phase terminale[1]. La difficulté à distinguer les risques et bénéfices de ces recherches dont la visée reste scientifique, mais dont les effets peuvent être curatifs participe à la confusion qui règne quant à la juste sollicitation des patients pour ces essais.

État de la question

Dans ce contexte, la conception initiale de la justice dans la recherche *(ce qui est juste c'est la protection)* est mise en doute, et la question de l'accès aux essais *(ce qui est juste c'est un meilleur accès aux essais)* génère un important débat. Là où la réflexion éthique était centrée quasi exclusivement sur la protection contre les atteintes morales (autonomie) et physiques (risques pour la santé) des sujets, et où la recherche était conçue comme un danger, les bénéfices potentiels des recherches nouvelles modifient la donne : si les essais précoces – certes risqués – peuvent constituer des voies d'accès pour les malades à l'innovation thérapeutique, comment allouer les places de manière juste ? Comment sélectionner, trier, organiser l'accès des patients aux essais ?

En réponse à ces questions, plusieurs modèles sont élaborés pour proposer des critères de distribution des essais, orientés tantôt vers une *sélection* plus juste des patients, tantôt vers un *accès* plus juste. Un bon exemple de modèle orienté vers une meilleure *sélection* des patients est celui élaboré par le philosophe Charles Weijer[2], inspiré de la théorie des sphères de justice de Michael Walzer[3]. Selon la théorie des

1. Franklin G. Miller & Steven Joffe, Benefit in phase 1 oncology trials: Therapeutic misconception or reasonable treatment option?, *Clinical Trials*, 2008, n° 5(6), p. 617-623.

2. Charles Weijer, Selecting subjects for participation in clinical research: One sphere of justice, *op. cit.*

3. Michael Walzer, *Sphères de justice. Une défense du pluralisme et de l'égalité*, Paris, Seuil, 1997.

sphères de justice, les biens de santé doivent être distribués par le critère du besoin : à même besoin doivent être proposés les mêmes soins. La recherche sur l'homme n'est pas un bien en elle-même, mais elle est un moyen nécessaire pour offrir des soins meilleurs (ce qui est un bien). Il importe donc que les résultats de la recherche soient utiles à tous ceux qui sont atteints d'une pathologie donnée, ce qui suppose que les participants à la recherche soient représentatifs des personnes susceptibles de bénéficier de ses résultats. Ici, à même besoin, les patients doivent avoir un même accès aux soins et *donc* aux recherches. Répondre aux besoins de tous – être juste – suppose donc de construire des essais dont la méthodologie n'exclut aucune des populations qui ont *besoin* des bénéfices de la recherche, même si ces populations sont « vulnérables » (femmes, enfants, vieillards, incapables, patients en fin de vie, etc.). Et dès lors que le recrutement sélectionne les patients éligibles en fonction de critères non directement médicaux : genre, race, vulnérabilité, lieu de résidence, il est injuste. Weijer appelle donc à une modification des critères de sélection et à un recentrement sur les seuls critères médicaux.

Un bon exemple de modèle centré sur un meilleur *accès* des patients aux essais est celui proposé par Manik Chahal[1], qui s'inspire du libéralisme de John Stuart Mill[2]. Pour Chahal, les essais sur l'homme visent avant tout la production de connaissances scientifiquement fondées, ce qui est un bien social et un espoir de thérapies efficaces pour les patients *futurs*. Mais la méthodologie des essais – nécessaire au plan scientifique – impose de très sérieuses barrières à l'exercice des droits des patients actuels. Les patients *présents* considèrent que les critères de sélection actuels sont injustes dans la mesure où ils les privent de la possibilité d'essayer les molécules porteuses d'espoir lorsqu'ils ne répondent pas exactement aux critères d'inclusion ou lorsqu'il n'y a

1. Manick Chahal, Off-Trial access to experimental cancer agents for the terminally ill: Balancing the needs of individuals and society, *Journal of Medical Ethics*, 2010, n° 36, p. 367-370.

2. John Stuart Mill, *De la liberté* (1859), trad. Laurence Lenglet, Paris, Gallimard, « Folio-Essais », 1990.

plus de place. C'est pour concilier les droits et besoins des patients présents et futurs que Chahal propose d'accorder aux patients cancéreux un droit d'accès hors essais aux molécules testées. De cette façon, les patients actuels qui le souhaitent peuvent essayer les molécules pour lesquelles ils ne peuvent pas être inclus dans un essai, et la méthodologie scientifique est préservée. Dans ce modèle, l'arbitrage porte donc sur la tension entre les bénéfices médicaux individuels espérés (patients présents) et les bénéfices scientifiques et ou médicaux communs espérés (pour la société et les patients futurs) ; le critère des droits permet de préserver les deux.

Les modèles de ce type sont nombreux et variés : le modèle de Rosamond Rhodes[1] propose par exemple de rendre *obligatoire* la participation aux essais, quand d'autres appellent à un retour aux critères de protection. L'enjeu n'est pas ici de les départager, mais bien de montrer qu'ils témoignent de l'émergence, dans le champ conceptuel et organisationnel de la recherche, de conceptions de la recherche comme bénéfice collectif *et* individuel appelant de nouveaux critères de distribution, ce qui ne va pas sans générer un important débat.

Distribution, sélection et accès en France : la recherche Egalican

Egalican : objectifs et méthodologie

C'est à ce débat que la recherche Egalican entendait contribuer. Sa spécificité était de prendre pour point de départ la sélection des patients dans les essais précoces en cancérologie, telle qu'elle était organisée et perçue par les acteurs de la recherche eux-mêmes (équipes médicales, patients, médecins référents). En ce sens, il s'agis-

1. Rosamond Rhodes, Research ethics a decent proposal, *in* T. Takala, P. Herissone-Kelly & S. Holm (dir.), *Cutting Through the Surface Philosophical Approaches to Bioethics*, Amsterdam, Rodopi, 2009, p. 143-160.

sait d'une recherche *bottom up*, qui prenait pour point de départ les situations réelles pour intégrer les débats éthiques et éventuellement en reformuler les termes. Ses objectifs étaient de comprendre s'il y avait en France des inégalités d'accès aux essais et, le cas échéant, de quel type ; d'analyser si ces inégalités étaient ou non injustes ; et de déterminer dans quelle mesure elles appelaient des solutions normatives nouvelles en termes de sélection ou d'accès.

La recherche a été menée en collaboration par l'Institut Gustave Roussy, l'Institut Curie, le Collège de France, l'École normale supérieure et le CNRS, entre 2011 et 2013. Elle comportait deux volets – quantitatif et qualitatif – et était financée par la Fondation Pierre Gilles de Gennes et la Région Île-de-France. Le volet quantitatif visait à cartographier les réseaux d'adressage des patients aux centres de phases précoces participants et à documenter les caractéristiques sociodémographiques des patients inclus dans ces essais. En effet, la littérature internationale fait apparaître que les critères de catégorie sociale et socioprofessionnelle, de niveau d'éducation et d'origine géographique jouent, avec les critères d'âge et de genre, un rôle majeur dans le recrutement des sujets de recherche. Mais ces données sociales essentielles pour traiter des inégalités d'accès aux essais n'étaient pas recueillies en routine dans les centres français concernés. Le volet quantitatif a consisté à recueillir et analyser rétrospectivement les données disponibles dans les deux centres d'essais précoces initiateurs de la recherche : l'Unité d'investigation clinique de l'Institut Curie (UIC) et le Service Innovations thérapeutiques précoces de l'Institut Gustave Roussy (SITEP). Les données ont été extraites pour la file active des patients des deux centres d'essais précoces. Pour l'IGR, les données concernaient l'ensemble des patients adressés au SITEP (inclus ou non) entre 2006 et 2012, ce qui représentait 2 499 patients. Pour l'UIC, les données concernaient uniquement les patients inclus entre 2004 et 2012, ce qui représentait 1 231 patients. Elles ont donné lieu à une analyse statistique pour le genre, l'origine géographique et la voie d'adressage des patients, les données socioprofessionnelles n'étant pas disponibles. Le volet qualitatif[1] visait la compréhension des déterminations organisationnelles et axiologiques des inégalités d'accès, il était structuré autour d'entretiens semi-dirigés avec les acteurs du domaine, et visait à comprendre, pour les professionnels, si la sélection des patients était perçue comme juste ou injuste, égale ou inégale, et pour les patients, comment ils percevaient l'essai et décrivaient leur propre accès à l'essai en cours. Au total, 48 entretiens ont été réalisés et 37 analysés (11 entretiens IGR patients et 26 entretiens Curie, dont 13 patients et 13 professionnels).

Principaux résultats

Au plan quantitatif, les données ont permis l'élaboration d'une première cartographie des adressages dans les deux centres. Elles mettaient en évidence, pour l'Île-de-France, l'existence de « creux » géographiques, c'est-à-dire de lieux dans lesquels les patients n'étaient pas adressés. À titre d'exemple, très peu de patients de Seine-Saint-Denis étaient adressés aux centres participants.

Les données montraient aussi qu'il y avait des médecins référents qui adressaient beaucoup de patients quand d'autres n'en adressaient que très peu. Au total, elles permettaient de faire l'hypothèse d'inégalités *structurelles* dans l'accès des patients aux essais, c'est-à-dire d'inégalités liées :

— à la répartition géographique des essais sur le territoire (répondant à la question de savoir quels centres proposent quels essais) ;

— au maillage informationnel des médecins éventuellement référents (quels médecins potentiellement adresseurs ont connaissance des essais, comment et pourquoi adressent-ils les patients ?).

1. La recherche qualitative est appropriée pour identifier et comprendre les comportements et les raisons d'agir ; c'est le préalable *typologique* à des études ultérieures éventuelles de quantification des phénomènes identifiés. Elle s'appuie sur des données empiriques et elle procède à des comptages précis. À la différence de la recherche quantitative, le comptage des réponses n'a pas vocation à fournir une mesure généralisable.

Cependant, dans la mesure où les données disponibles ne représentaient que deux centres d'essais précoces et n'étaient pas directement comparables, elles appelaient la poursuite de l'enquête quantitative[1] : ce travail est en cours et fera l'objet d'une publication spécifique.

Au plan qualitatif, l'analyse thématique des entretiens menés auprès des professionnels permettait de distinguer trois profils : les « investigateurs » (N=6), les « cliniciens » (N=5) et les « adresseurs » (N=2), qui se distinguaient selon la conception qu'ils avaient des essais, de l'inclusion des patients et des enjeux éthiques liés aux essais précoces. Pour les investigateurs, qui se décrivaient comme participant à la décision d'engager le service et les patients dans les protocoles, et participant éventuellement à l'élaboration du protocole et à l'analyse des données, l'essai était conçu comme une situation d'incertitude, dans laquelle on cherche la toxicité mais dans laquelle on espère aussi un bénéfice. Ils considéraient que le facteur principal d'inégalité était lié à l'adressage et à l'information des patients, c'est-à-dire au médecin référent. Pour eux, l'enjeu éthique principal était la capacité à consentir des patients, c'est-à-dire le respect de leur autonomie. Pour les cliniciens, qui se décrivaient comme effectuant la recherche et prenant en charge les patients au quotidien, l'essai était considéré comme une chance. Ils considéraient, dans la mesure où tous les dossiers adressés étaient sélectionnés collectivement en fonction des seuls critères d'inclusion / non-inclusion, qu'il n'y avait pas d'inégalité d'accès, et pas de question éthique puisque la participation était perçue comme une chance. Pour les adresseurs, enfin, qui se décrivaient comme suivant les patients et les adressant ou non pour les essais, l'essai était au contraire avant tout perçu comme risqué. Ils n'adressaient donc que des patients en échec thérapeutique et se trouvaient souvent confrontés à des refus d'inclusion difficiles à gérer ensuite. Pour eux, le facteur d'inégalité d'accès était le triage, la sélection faite par l'équipe, et l'enjeu éthique principal était la difficulté d'inclure leurs patients. Ils étaient préoccupés de la justice plus que de l'autonomie des patients, et se disaient

1. Egalican 2.

découragés par les refus d'inclusion qui les conduisaient à ne pas référer leurs patients médicalement éligibles.

L'analyse thématique des entretiens menés auprès des patients permettait de distinguer trois profils de patients qui se différenciaient selon leur mode d'inclusion, leur rapport à l'essai et le rôle des proches dans le processus d'information et de décision. Il n'y avait pas de différence de genre ou de statut socioprofessionnel entre les trois groupes. Les patients que l'on a nommés de type « A » (N=16) décrivaient une relation à l'essai de l'ordre de la compliance. Ils étaient soignés sur place ou avaient été adressés par leur oncologue et considéraient qu'ils avaient fait ce qui leur avait été conseillé. Leur conception de l'essai était très peu différenciée du soin, ils parlaient d'ailleurs de l'essai comme d'un traitement, conçu comme une chance, voire comme la dernière chance. Ils ne décrivaient pas de participation des proches au processus informationnel ou décisionnel et considéraient qu'ils avaient pris leur décision seuls. Les patients de type « B » (N=6) décrivaient une relation à l'essai d'ordre tactique. Ils prenaient un ou plusieurs « deuxième avis », et choisissaient entre ce qui leur était proposé. Ils distinguaient l'essai du soin dans la mesure où l'essai comportait des risques et de l'incertitude. Ils mettaient en balance les risques de l'essai avec le bénéfice qu'ils pouvaient éventuellement en tirer. Ils décrivaient une participation des proches à la décision et notamment au choix d'un second avis. Les patients du type « C » (N=2) décrivaient une relation à l'essai de l'ordre de l'expertise : ces patients connaissaient « tout » de leur maladie, refusaient certains essais précoces et en choisissaient d'autres ; ils cherchaient ce qui ne leur était pas proposé, en allant à l'étranger le cas échéant. Pour eux, les essais précoces dans leur ensemble étaient des essais risqués dont le bénéfice était incertain voire nul. Ils choisissaient tel essai qui, par opposition aux autres, leur semblait potentiellement bénéfique pour eux-mêmes. Ils décrivaient une participation des proches dans le processus informationnel.

En résumé, ces résultats permettaient de constater des inégalités dans l'accès aux essais précoces en France. Ces inégalités semblaient liées à l'origine géographique des patients, aux liens entre médecins référents et centres d'essais, et à la relation des patients à leur proches. Ils montraient aussi que les processus décisionnels des professionnels et des patients variaient avec la conception qu'ils se faisaient des essais précoces, conçus plutôt comme des chances ou plutôt comme des risques. Les résultats permettaient enfin de faire l'hypothèse de deux niveaux d'inégalités. Un niveau *structurel*, qui concerne l'accès des patients aux essais en tant que *population* et interroge les différences entre le nombre de patients éligibles, adressés, et inclus. Ici, on peut faire l'hypothèse que les variations sont liées à la répartition des essais sur le territoire, aux liens entre les centres d'essais et les médecins référents, et aux conceptions des essais comme chance ou risque. Un niveau *personnel*, qui concerne les variations *individuelles* dans l'accès aux essais et pour lequel on peut faire l'hypothèse que l'accès est corrélé à la place des proches dans le processus décisionnel ainsi qu'à la conception que les patients et leurs proches ont des essais. Enfin, on pouvait faire l'hypothèse que les patients B et C, dont les proches participaient au processus décisionnel et qui prenaient plusieurs avis, étaient moins sensibles que les patients de type A aux inégalités structurelles. En revanche, les résultats ne permettaient pas de déterminer dans quelle mesure les inégalités constatées (qui restent à confirmer statistiquement) étaient ou non injustes et appelaient ou non des mesures normatives.

Discussion

Inégalités et injustices

Concernant cette dernière question, différents auteurs affirment que la situation actuelle d'accès aux essais n'est pas injuste. L'argument est le suivant : les essais de phase 1 visent à déterminer la dose maximum tolérée, à évaluer la toxicité et à étudier la pharmacocinétique, mais ils ne comportent aucune visée thérapeutique et ne sont en aucun cas destinés à produire un bénéfice clinique[1]. Si ces essais offrent parfois des bénéfices individuels, ceux-ci restent très faibles : même lorsqu'une stabilisation ou une diminution de la tumeur est prouvée, cela ne signifie pas nécessairement des conséquences cliniques favorables en termes de durée ou de qualité de vie. De ce fait, les patients ne doivent en espérer aucun bénéfice et le problème n'est pas d'ouvrir l'accès, mais bien de *protéger* les patients du risque de surévaluer les bénéfices de ces essais et d'y participer en espérant à tort y être traités[2]. Les inégalités d'accès aux essais précoces ne sont pas injustes dans la mesure où ce qui importe c'est de n'inclure que les patients qui sont conscients de l'absence de bénéfice. Dans cette perspective, ne pas participer à un essai risqué et sans espoir de bénéfice ne saurait en aucun cas être une *injustice*. En revanche, l'optimisme des investigateurs ou des médias à propos de découvertes médicales[3], ou encore la volonté affichée d'inclure plus de patients dans ces essais[4] risque d'augmenter les situations de *therapeutic misconception* et de générer des espoirs déraisonnables chez les patients. Le critère de distribution des essais doit donc rester la protection, et ils doivent être « distribués » avec la plus grande prudence.

Pour d'autres, il est possible que les inégalités actuelles soient injustes sans appeler de modifications normatives. C'est par exemple ce que défend Martin Marchman[5] selon le raisonnement suivant. S'il est *injuste* que certaines populations (femmes, minorités, classes sociales

1. Steven Joffe & Franklin G. Miller, Rethinking risk-benefit assessment for phase I cancer trials, *Journal of Clinical Oncology*, 2006, vol. 24 n° 19, p. 2987-2990.

2. K.P. Weinfurt, L.D. Castel, Y. Li *et al.*, The correlation between patient characteristics and expectations of benefit from phase 1 clinical trials, *Cancer*, 2003, vol. 98, p. 166-175 ; Anne Mastroianni & Jeffrey Kahn, *op. cit.*

3. Rebecca Dresser, First-in-human trial participants: Not a vulnerable population, but vulnerable nonetheless, *Journal of Law Medicine and Ethics*, printemps 2009, p. 38-50.

4. Anne Mastroianni & Jeffrey Kahn, *op. cit.*

5. Martin A. Marchmann, Clinical trials, egalitarian justice and social inequality in health: Which questions should we address?, communication à la Journée *Essais précoces en cancérologie, quelles définitions, quelle justice ?*, Paris, Collège de France, 24 mai 2012.

défavorisées) aient un accès moindre aux essais précoces, voire n'y participent pas, c'est parce que l'absence de participation peut signifier une perte de chance en termes de santé : si une molécule n'est pas essayée auprès d'un groupe donné, il sera impossible de savoir si elle lui est bénéfique. Il y a donc des arguments scientifiques (représentativité) et éthiques (égalité) pour que les différentes populations soient incluses dans les essais cliniques. Pour autant, au plan *individuel*, la participation à un essai peut être bénéfique comme elle peut ne pas l'être. Faut-il alors faire en sorte d'inclure des représentants des différentes populations dans les essais ? Sur ce point, Marchman considère que de telles mesures, bien qu'orientées vers une amélioration de l'égalité, ne seraient pas légitimes car elles reposeraient sur une forme de paternalisme dans lequel pour le bien (futur, espéré) de telle population, les personnes actuelles seraient incitées à prendre des risques, ce qui serait une forme d'atteinte à leur autonomie[1].

Au total, malgré le constat partagé sur les inégalités effectives dans la participation aux essais, il semble difficile de déterminer dans quelle mesure ces inégalités sont injustes, et donc si elles appellent de nouveaux critères de distribution. En ce sens, il est tout simplement probable que déterminer un mode de sélection, d'accès ou de « triage » et un seul pour l'ensemble des essais soit illusoire, et qu'il soit nécessaire, pour chaque essai, de poser la question « appliquée ». C'est ce que les travaux de Joffe et Miller sur les risques et bénéfices des essais précoces peuvent par exemple laisser entendre[2].

1. Martin A. Marchman, *op. cit.*

2. Steven Joffe & Franklin G. Miller, Rethinking risk-benefit assessment for phase I cancer trials, *op. cit.* Pour Miller et Joffe, les risques et bénéfices des essais précoces varient en fonction des différents essais qui sont divers – par exemple selon qu'ils testent une nouvelle molécule, une combinaison de molécules, ou une molécule connue pour une nouvelle population – comme en fonction des alternatives proposées aux patients : soins palliatifs, traitement de référence, traitements hors autorisation proposés aux patients dont le cancer résiste aux thérapies de référence, etc. Établir une balance risque-bénéfice d'un essai précoce c'est donc comparer toutes ces solutions, et le faire pour chaque patient. L'idée serait alors que plus la balance risque-bénéfice est favorable au patient et plus il est juste que celui-ci y participe et/ou injuste qu'il en soit exclu.

Tri, sélection et gatekeeping

Par ailleurs, dès lors qu'on admet qu'établir un critère de distribution et un seul est problématique, la question qui reste est celle de la détermination des critères d'accès pour les différents essais, c'est-à-dire du *« gatekeeping »*. En effet, on peut dire des modèles proposés qu'ils restent des modèles de triage ou de sélection, parce que, s'ils proposent de nouveaux *critères*, ils ne modifient pas la ligne de partition entre les instances scientifiques et les patients, les instances scientifiques gardant seules la main sur l'élaboration des recherches mais aussi sur le choix des critères d'éligibilité et de sélection des patients, et donc *in fine* sur l'accès des patients aux essais.

Sur ce point, certains, comme Peter Koopmans[1], suggèrent de modifier le rôle et la place des patients en amont, c'est-à-dire dans l'élaboration et le choix des essais qui seront mis en place, mais aussi dans le choix des mesures d'efficacité et de toxicité, des critères d'inclusion, etc. Or, si ce point est important, c'est que comme le montre le *Statement on Consumer and Community Participation in Health and Medical Research*[2], jusqu'à maintenant, la participation des consommateurs, communautés et patients – bref, des partenaires non médicaux-scientifiques de la recherche – est restée extrêmement limitée : ils sont réduits au seul statut de sujets de la recherche[3]. Et c'est *cela* qui, selon les auteurs, n'est pas acceptable. En effet, la recherche sur l'homme génère des bénéfices importants, et ceux qui contrôlent la recherche

1. P.P. Koopmans, Clinical endpoints in trials of drugs for cancer: Time for a rethink?, British Medical Journal, 2002, vol. 324, p. 1389-1391.

2. *Statement on Consumer and Community Participation in Health and Medical Research*, National Health and Medical Research Council – Consumers' Health Forum of Australia, 2001. Disponible http://www.nhmrc.gov.au/_files_nhmrc/publications/attachments/r22.pdf. Consulté le 17 nov. 2013.

3. *Statement on Consumer*, *op. cit.*, p. vii : « Until relatively recently, consumer participation in health and medical research was primarily as "subjects" who were not necessarily aware that they were involved in research and were not informed about the outcomes ».

biomédicale (investigateurs, décideurs politiques, administrateurs etc.) exercent un *pouvoir* dont les conséquences sont majeures pour la vie des consommateurs des soins de santé et de leurs proches. En ce sens, tant que la place des patients et acteurs non médicaux de la recherche reste inchangée, quel que soit le critère, il reste un critère de *triage* et cela reste de fait *injuste*. Car, dans ce cas, les patients et plus largement ceux qui sont affectés par les décisions des instances médico-scientifiques ne sont pas reconnus comme des acteurs à part entière du processus d'élaboration de la recherche, alors même qu'ils y sont prêts et le demandent[1]. C'est pourquoi il importe de reconnaître que, dans la situation actuelle, quelle que soit la justesse du critère de distribution, les instances médico-scientifiques restent, pour les patients et consommateurs, des instances *dominantes* – tout comme le maître bienveillant décrit par Philip Pettit reste en position de domination sur son esclave tant qu'il conserve la *potentialité* d'exercer sur lui un pouvoir[2]. En ce sens, sur le plan des principes, le premier pas – fondamental – en matière de justice semble être la modification non des critères de distribution mais bien du *gatekeeping*. Il s'agit alors de suivre les recommandations formulées dans le *Statement on Consumer and Community Participation in Health and Medical Research*, et d'organiser la participation des patients et consommateurs du système de soins en amont, pour décider que chercher, comment chercher, comment organiser la recherche, comment et auprès de qui en diffuser les résultats, déterminer à nouveau que chercher, etc. Dans un processus comme celui-ci, ce qui est juste c'est avant tout d'être considéré comme un partenaire égal des décisions. Par ailleurs, ici l'enjeu n'est plus de trier ou de sélectionner *les patients* mais de distribuer le plus justement possible les *essais*, avec l'aide et le point de vue des premiers concernés. Ajoutons que les données disponibles par exemple pour les essais concernant le VIH-sida ont montré que la modification du rôle des patients (sujets de la recherche *versus* partenaires des décisions) conduit effectivement

1. *Statement on Consumer*, *op. cit.*, p. 1.

2. Philip Pettit, *Républicanisme. Une théorie de la liberté et du gouvernement*, Paris, Gallimard, 2004.

à des modifications majeures, notamment en termes de réduction des inégalités et injustices dans l'accès aux essais[1].

À mesure que le cancer devient une maladie chronique, il est de plus en plus possible et souhaitable que les patients atteints de cancer puissent être représentés et intègrent les processus d'élaboration et de discussion des essais. Évidemment, engager un tel processus n'est pas simple : déterminer *comment* organiser la participation des patients, communautés et consommateurs dans les choix de santé représente une tâche complexe, déjà régulièrement discutée[2], qui pose notamment question lorsqu'il s'agit *d'arbitrer* entre les positions éventuellement contraires des acteurs médico-scientifiques, des patients et des citoyens[3]. Pour autant, prendre au sérieux la question du *gatekeeping* permettrait à la fois de reconnaître aux patients le statut d'interlocuteurs égaux dans l'ensemble du processus de décision, et de faire place à la diversité des acteurs (patients, adresseurs, investigateurs), de leurs parcours et de leurs conceptions des essais comme risque ou chance, défi scientifique ou pari thérapeutique.

1. Jean-Pierre Fournier, Les patients et la recherche clinique dans le cas du VIH-SIDA, communication à la journée *Essais précoces en cancérologie, quelles définitions, quelle justice ?*, *op. cit.*

2. Sur ces questions, voir Léonard Fleck, Rationing: Don't give up, *Hastings Center Report*, vol. 32 (2), p. 35-36 ; voir aussi CCNE, *Avis n° 101, Santé, éthique et argent : les enjeux éthiques de la contrainte budgétaire sur les dépenses de santé en milieu hospitalier*, 2007.

3. Sur ce point, voir notamment Daniel Weinstock, *Qu'est-ce qui constitue une donnée probante ? Une perspective philosophique*, CCNPPS-INSPQ, disponible sur http://www.ccnpps.ca/docs/Weinstock_Donn%C3%A9eProbante_Fr.pdf. Consulté le 17 nov. 2013.

VARIABILITÉ DÉCISIONNELLE EN CHIRURGIE CARDIAQUE ET EXCLUSION DES PATIENTS ÂGÉS OU TROP GRAVES

Philippe Bizouarn

Madame G. a 77 ans. Elle est diabétique, suit mal son traitement. Elle présente une maladie coronarienne responsable d'un infarctus altérant très sévèrement sa fonction cardiaque. La chirurgie coronarienne est sa seule chance d'éviter une insuffisance cardiaque terminale conduisant au décès en quelques mois. Elle est autonome et entourée de ses enfants. Malgré les risques importants de décès ou de complications après la chirurgie, elle semble accepter de se faire opérer. La chirurgie est difficile, et l'évolution n'est pas favorable. Son cœur ne récupère pas, nécessitant de fortes doses de médicaments pour la maintenir en vie. Après plusieurs semaines, la patiente est toujours endormie, sous ventilation artificielle, dialysée du fait d'une insuffisance rénale. Son corps se dégrade, inéluctablement. Fallait-il l'opérer ? Pourquoi, demande le chirurgien aux réanimateurs en charge de la patiente, ne pas avoir contre-indiqué cette patiente à la chirurgie puisqu'il y avait peu d'espoir qu'elle récupère sans séquelles ?

Opérer un patient grave reste un pari. Quels arguments justifient de le prendre ou non ?

Sélectionner en chirurgie cardiaque

Dans le domaine de la chirurgie cardiaque, les progrès des techniques chirurgicales et d'anesthésie-réanimation permettent d'opérer des patients de plus en plus graves et âgés, entraînant un accroissement sensible des listes d'attente. Devant l'augmentation des temps d'attente, des règles de priorité, basées souvent sur le degré d'urgence, ont ainsi pu être établies. Une manière de diminuer la liste d'attente consiste à exclure de la chirurgie des patients jugés trop âgés ou trop graves pour être opérés. Il faudrait admettre, pour justifier – d'un point de vue « scientifique » et moral – la sélection des patients, qu'un accord sur les règles de priorité et les critères d'exclusion des patients du programme opératoire puisse s'établir entre les acteurs de la décision, médecins et patients. De nombreux travaux ont pourtant montré qu'il existait, au sein d'une même institution, une grande variabilité concernant, d'une part, les critères d'opérabilité de patients âgés ou considérés comme trop à risque, d'autre part, les attitudes adoptées (exclusion définitive des patients du programme opératoire, demande d'autres avis, etc.) en cas d'exclusion des patients. Ceci pourrait conduire, en l'absence d'accord entre les médecins au sein d'une institution et entre les institutions, à une décision thérapeutique inégalitaire, conditionnelle, et injuste[1], non justifiée par les études épidémiologiques. L'incertitude sur les risques pourrait expliquer en partie cette absence d'accord, et justifier l'exclusion des patients, au prétexte que le risque de mortalité – synonyme de gaspillage des ressources – et de complications – synonyme de détérioration de la qualité de vie future – serait jugé trop grand. Ces décisions d'exclusion risquent cependant de remettre en question les principes de solidarité au fondement de

1. Nancy A. Walton, Douglas K. Martin, Elisabeth H. Peter, Dorothy M. Pringle & Peter A. Singer, Priority setting and cardiac surgery: A qualitative case study, *Health Policy*, 2007, n° 80, p. 444-458.

notre système de santé, en excluant ainsi ceux qui en aurait le plus grand besoin, au nom d'une plus grande efficience[1].

Le but de cet article sera de confirmer, à l'aide d'une enquête réalisée au sein de notre institution auprès de cardiologues et chirurgiens séniors, que les décisions d'exclusion des patients restent très variables. Il tentera de montrer que des critères non médicaux, individuels et implicites, sont souvent utilisés pour justifier la sélection des patients. Nous suggérerons, en conclusion, la nécessité d'expliciter les critères individuels avancés, afin d'obtenir un accord justifié par de « bonnes raisons » entre médecins et patients et d'éviter qu'une décision de ne pas opérer soit jugée injuste dans ce contexte de ressources contraintes.

Opérer ou ne pas opérer ?

La chirurgie cardiaque est une grande utilisatrice de ressources hospitalières. Elle s'inscrit dans un environnement technique, où le nombre des salles d'opération, des machines de circulation extracorporelle, des lits de réanimation postopératoire, est limité. Les décideurs politiques et hospitaliers sont confrontés à une augmentation croissante des besoins en personnels, médicaux et non médicaux, et en lits, du fait en particulier du vieillissement de la population et du nombre des patients éligibles pour une chirurgie cardiaque. Dans ce contexte, les durées sur les listes d'attente augmentent sensiblement (jusqu'à deux à trois mois dans l'institution qui constitue le terrain de cette étude, le CHU de Nantes), risquant de voir des patients s'aggraver et mourir avant d'être opérés.

1. L. Ridderstolpe, G. Collste, H. Rutberg & H. Ahlfeldt, Priority setting in cardiac surgery: A survey of decision making and ethical issues, *Journal of Medical Ethics*, 2003, n° 29, p. 353-358.

Dès lors se posent les questions suivantes : tous les patients peuvent-ils être opérés ? Quelles raisons de ne pas opérer ? Quelles règles de sélection choisir ?

Une première difficulté survient : la multitude des acteurs concernés. En premier lieu, le patient est vu et suivi par un cardiologue, qui pose – en l'absence de risque jugé trop important pour le patient – une indication théorique de chirurgie (par exemple, pour les chirurgies les plus fréquentes, remplacement de la valve aortique et/ou mitrale en cas de rétrécissement et/ou d'insuffisance, pontage des artères coronaires en cas de maladie coronarienne). Il adresse ensuite le patient au chirurgien, qui confirme ou non l'indication opératoire, et juge de l'opérabilité au regard des co-morbidités présentes en s'aidant parfois de scores de gravité. Il « place » le patient sur une liste d'attente, dont les délais dépendent du caractère urgent ou non de la chirurgie : si la chirurgie est jugée urgente, le patient sera en principe opéré dans la semaine ; si la chirurgie est jugée semi-urgente, il sera opéré dans le mois ; en dehors de ces cas, le patient sera opéré dans les trois mois. Le médecin anesthésiste-réanimateur sera enfin consulté pour juger à son tour de l'opérabilité du patient. Une contre-indication temporaire (en cas de nécessité d'explorations complémentaires par exemple) pourra être posée, plus rarement une contre-indication définitive. Nous voyons bien qu'au cours de ce parcours complexe se posent d'autres questions : qui décide, finalement ? Pour quelles « bonnes » raisons ? Que se passe-t-il en cas d'exclusion ? D'autres avis sont-ils demandés ? Quelle est la place du patient et de ses proches dans ce processus décisionnel ?

Enquête locale

Pour tenter de répondre à ces questions, nous avons mené une enquête par questionnaire auprès des cardiologues séniors et des chirurgiens séniors des services de cardiologie et de chirurgie cardiaque du CHU de Nantes. Le questionnaire comprenait deux parties. La première concernait leur pratique personnelle en cas de contre-indication à la chirurgie : fréquence des cas rencontrés, avis demandé auprès d'un autre collègue (jamais, parfois, toujours), présentation au staff multidisciplinaire hebdomadaire (jamais, parfois, toujours), influence de l'âge sur la décision d'opérer, selon le type d'intervention. La deuxième partie consistait à leur présenter 8 cas simulés, différant selon des critères considérés comme importants pour orienter la décision : âge, sexe, pathologie valvulaire ou coronarienne, fonction cardiaque, insuffisance rénale ou pulmonaire, antécédents neurologiques. Chaque cas était stratifié selon un score de gravité utilisé couramment en chirurgie cardiaque, l'Euroscore, donnant une probabilité théorique de mourir après la chirurgie (plus le score est élevé, plus le risque de mortalité est grand ; il peut en théorie varier de 0 à 100, correspondant à une mortalité prédite de moins de 1 % à 100 %). Pour chaque cas, les médecins devaient indiquer, sur une échelle des préférences à 6 degrés (degré 1 : « oui, certainement » ; degré 2 : « oui, probablement » ; degré 3 : oui, possiblement » ; degré 4 : « non, possiblement » ; degré 5 : « non, probablement » ; degré 6 : « non, certainement »), s'ils proposeraient la chirurgie.

Résultats de l'enquête

Quinze médecins ont répondu (12 cardiologues sur 15 ; 3 chirurgiens sur 8). En cas de contre-indication posée lors de la consultation, un autre avis était toujours demandé par 8/15 des répondants et parfois présenté au staff par 14/15 répondants. L'âge était considéré comme un facteur indépendant pour la décision par 12/15 des répondants, mais la limite d'âge pour une discussion systématique variait de 75 à 85 ans selon le type de chirurgie. Le tableau ci-dessous montre que la limite d'âge au-delà de laquelle il semblerait déraisonnable d'opérer variait de 75 ans pour une chirurgie complexe jugée à risque, comme le remplacement de la valve aortique et mitrale, à 85 ans pour

Cas 1 : Homme, 85 ans, diabétique et hypertendu, insuffisant rénal (créatininémie 180 µmol/l). Sténose valvulaire aortique. FEVG* = 56 % (Euroscore 8, probabilité de décès 8 %). *Conseilleriez-vous un remplacement valvulaire aortique ?*

Cas 2 : Femme, 72 ans, diabétique et hypertendue. Sténose valvulaire aortique et mitrale. FEVG = 32 % (Euroscore 7, probabilité de décès 7 %). *Conseilleriez-vous un remplacement valvulaire aortique et mitral ?*

Cas 3 : Homme, 71 ans, diabétique et hypertendu, aux antécédents d'accident vasculaire cérébral. Sténose valvulaire aortique. FEVG = 55 % (Euroscore 7, probabilité de décès 7 %). *Conseilleriez-vous un remplacement valvulaire aortique ?*

Cas 4 : Femme, 83 ans, diabétique et hypertendue. Hypercholestérolémie et intoxication tabagique. Sténose valvulaire mitrale. FEVG = 40 % (Euroscore 11, probabilité de décès 27 %). *Conseilleriez-vous un remplacement valvulaire mitral ?*

Cas 5 : Homme, 82 ans, obèse. Insuffisance coronaire (déjà opéré) et sténose valvulaire aortique. FEVG = 60 % (Euroscore 12, probabilité de décès 31 %). *Conseilleriez-vous un remplacement valvulaire aortique et un pontage coronarien ?*

Cas 6 : Femme, 81 ans, diabétique. Sténose valvulaire aortique et mitrale. FEVG = 35 % (Euroscore 9, probabilité de décès 12 %). *Conseilleriez-vous un remplacement valvulaire aortique et mitral ?*

Cas 7 : Femme, 73 ans, diabétique et hypertendue. Insuffisance rénale (créatininémie 250 µmol/l). Sténose valvulaire mitrale. FEVG = 45 % (Euroscore 9, probabilité de décès 14 %). *Conseilleriez-vous un remplacement valvulaire mitral ?*

Cas 8 : Homme, 71 ans, obèse, insuffisant respiratoire chronique (VEMS** = 60 % de la théorique). Insuffisance coronarienne (déjà opéré) et sténose valvulaire aortique. FEVG = 70 % (Euroscore 9, probabilité de décès 14 %). *Conseilleriez-vous un remplacement valvulaire aortique et un pontage coronarien ?*

Cas simulés de l'enquête locale (Euroscore non donné aux participants)
*FEVG = fraction d'éjection du ventricule gauche ; **VEMS = volume expiratoire maximal par seconde

une chirurgie moins à risque, comme le remplacement isolé de la valve aortique.

Âge (années)	75	80	85
Pontage coronaire (PC)	1	*6*	*8*
Remplacement valvulaire aortique (RVA)	1	3	*10*
Remplacement valvulaire mitral (RVM)	*6*	*9*	—
PC et RVA	2	*12*	1
RVA et RVM +/- PC	*14*	1	—

Limites d'âge pour une discussion systématique (en nombre de répondants pour chaque âge et pour chaque type d'intervention)

Les scores médians variaient de « oui, probablement » à « oui, possiblement », pour les cas à risques modérés (cas 1 à 3, risque de mortalité < 10 %). L'examen des figures montre cependant que la distribution varie selon les cas, même si l'intervention théorique était la même et le risque prédit identique. Pour le cas 3 (homme de 71 ans, aux antécédents d'AVC), les répondants semblaient plutôt d'accord pour opérer, alors que pour le cas 1 (homme de 85 ans, insuffisant rénal), certains pensaient qu'il n'était pas raisonnable d'opérer. Les scores médians variaient de « oui, possiblement » à « non, probablement » pour les cas à risques élevés (cas 4 à 8, risque de mortalité > 10 %). L'examen de la distribution des scores montre que, pour les cas les plus graves (cas 4 et 5, risque de décès > 25 %), les avis divergeaient pour chaque cas. Enfin, on remarque que pour les cas ayant le même risque de mortalité de 14 % (cas 7 et 8), un accord était obtenu pour proposer à la chirurgie de remplacement valvulaire aortique associé à un pontage coronarien un patient de 71 ans obèse et insuffisant respiratoire (cas 8), tandis qu'il semblait plus problématique pour certains de proposer à la chirurgie de remplacement valvulaire mitral une femme de 73 ans, diabétique, hypertendue et insuffisante rénale (cas 7).

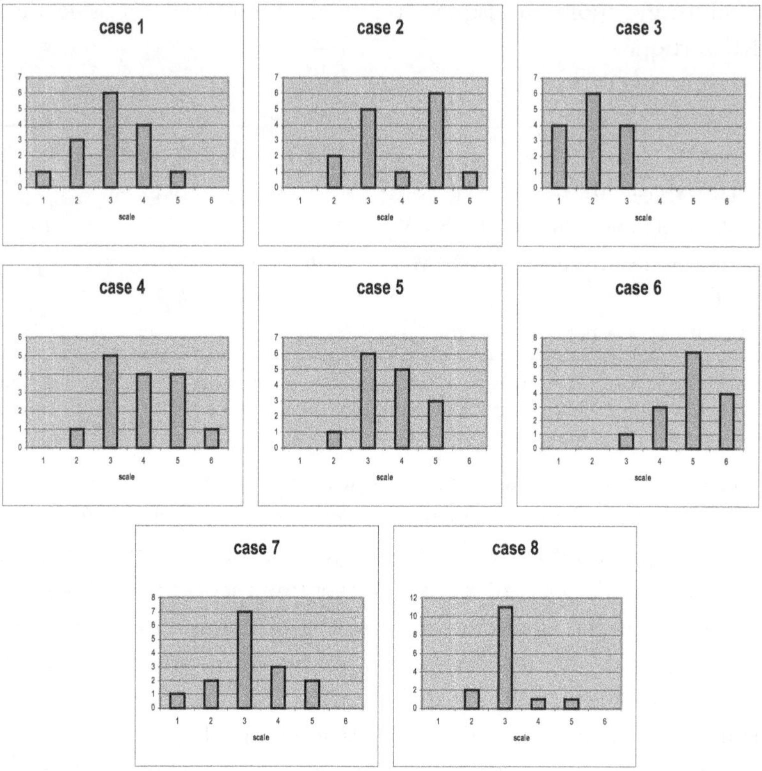

Variation des degrés de préférences pour les 8 cas cliniques fictifs (voir plus haut) basés sur les caractéristiques des patients et les risques opératoires. Axe horizontal : degrés des préférences (1 : « oui, certainement » ; 2 : « oui, probablement » ; 3 : oui, possiblement » ; 4 : « non, possiblement » ; 5 : « non, probablement » ; 6 : « non, certainement ») ; axe vertical : nombre des répondants pour chaque degré des préférences.

Conclusions non définitives) de l'enquête

Cette enquête a montré qu'il existait une grande variabilité parmi les cardiologues et les chirurgiens d'un même centre concernant les décisions d'opérer pour certains patients d'âges et de risques différents.

L'incertitude sur les risques – et le degré d'aversion face à ceux-ci ?[1] – pourrait expliquer en partie cette absence d'accord, et justifier l'exclusion de patients (au prétexte d'un trop grand risque de mortalité ou de complications). Cette enquête n'a pas permis de répondre à cette question portant sur les risques, ni de repérer toutes les raisons justifiant ces choix sélectifs. Cette enquête a par ailleurs permis de montrer que les attitudes en cas de contre-indication différaient selon les praticiens, certains décidant seuls, d'autres demandant un autre avis avant d'exclure définitivement les patients.

À ce stade de la discussion, trois points méritent d'être soulignés : 1) la nécessité d'une révision du jugement en cas de choix de ne pas opérer, au vu de la variabilité des attitudes face aux risques ; 2) la nécessité, autant que faire se peut, de rendre explicites les critères individuels présidant aux choix, afin de ne pas suspecter les acteurs d'un choix arbitraire par des « mauvaises » raisons ; 3) la nécessité, ou pas, d'obtenir un accord justifié par de « bonnes » raisons, dans le cadre d'une information au patient la plus claire et juste possible.

Quelles raisons sont habituellement évoquées pour ne pas opérer les patients ?

« Raisons » de ne pas opérer

Habituellement, les patients ne sont pas opérés s'ils sont jugés trop graves, du fait de leur âge, des pathologies associées (le « terrain ») et des scores élevés de gravité. Parfois, ils ne sont pas opérés car ils ne sont pas jugés assez graves, selon des critères médicaux, cardiologiques en particulier, ou s'ils « se sentent bien », refusant pour cela la chirurgie malgré des critères médicaux de gravité (dans ces cas, les patients sont parfois opérés en urgence).

1. Philippe Bizouarn, Éric Fiat & Dominique Folscheid, Choix rationnel, prédiction et décision médicale. Apport des scores de gravité, *Annales françaises d'Anesthésie-Réanimation*, 2001, n° 20, p. 807-812.

L'âge

Le « grand » âge, nous l'avons vu, est souvent une raison invoquée pour ne pas opérer[1]. Nous avons également montré que les limites d'âge au-delà desquelles il était supposé déraisonnable de proposer une chirurgie cardiaque variaient selon les types d'intervention et les répondants – ce qui montre qu'elles sont éminemment subjectives.

Il convient de s'interroger sur la pertinence d'une limite d'âge à la chirurgie. Il a été montré que l'incidence des séjours prolongés en réanimation postopératoire augmentait avec l'âge[2]. Cependant, dans la même étude, la mortalité ne semblait pas différer selon les catégories d'âge choisies, alors que les scores prédictifs de mortalité habituellement utilisés en chirurgie cardiaque restaient peu fiables pour les patients de plus de 70 ans[3]. Pourtant, l'âge reste un facteur souvent invoqué pour ne pas opérer, comme l'a montré une autre étude portant sur 216 patients présentant un rétrécissement aortique[4]. Ces résultats ont été confirmés par une autre étude, s'attachant à repérer les facteurs invoqués par 530 cardiologues néerlandais contactés pour ne pas opérer les patients porteurs d'un rétrécissement aortique. L'âge y était considéré comme un facteur d'exclusion pour 41 % des cardiologues[5].

1. R. Klein, Puzzling out priorities [Editorial], *British Medical Journal*, 1998, n° 317, p. 959-960.
2. Roelof G.A. Ettema, Linda M. Peelen, Cor J. Kalkman, Arno P. Nierich, Karel G.M. Moons & Marieke J. Schuurmans, Predicting prolonged intensive care unit stays in older cardiac surgery patients: A validation study, *Intensive Care Medicine*, 2011, n° 37, p. 1480-1487.
3. *Ibid.*
4. Bernard Iung, Agnès Cachier, Gabriel Baron, David Messika-Zeitoun, François Delahaye, Pilar Tornos, Christa Gohlke-Bärwolf, Eric Boersma, Philippe Ravaud & Alec Vahanian, Decision-making in elderly patients with severe aortic stenosis: Why are so many denied surgery?, *European Heart Journal*, 2005, n° 26, p. 2714-2720.
5. B.J. Bouma, J.H.P. van der Meulen, R.B.A. van den Brink, A.E.R. Arnold, A. Smidts, L.H. Teunter, K.I. Lie & J.G.P. Tissen, Variability in treatment advice for elderly patients with aortic stenosis: a nationwide survey in the Netherlands, *Heart*, 2001, n° 85, p. 196-201.

Par conséquent, l'âge reste un facteur de discrimination parmi les médecins, alors que de nombreuses études montrent que les patients âgés tirent souvent bénéfice de la chirurgie[1]. Dans notre service, en voulant répondre aux interrogations des médecins et des soignants face aux patients jugés trop âgés, nous avons montré que les patients de plus de 80 ans ne restaient pas plus longtemps en réanimation et ne mouraient pas plus que les patients plus jeunes.

On pourrait supposer que les patients âgés opérés étaient des patients sélectionnés, les plus graves n'ayant pas été proposés à la chirurgie. On pourrait imaginer que les patients âgés fragiles avaient par eux-mêmes « choisi » de ne pas se faire opérer. Pour répondre à cette question de l'auto-sélection des patients âgés, une étude a montré que seulement la moitié des patients âgés de plus de 75 ans étaient prêts à abandonner leur place sur la liste d'attente au profit des patients plus jeunes[2]. Un *principe d'indifférence par rapport à l'âge* mérite alors d'être défendu[3].

La gravité

Elle est liée à la fois à la pathologie cardiaque, parfois hors de ressource thérapeutique, et aux pathologies associées pouvant s'aggraver après chirurgie (insuffisance respiratoire et rénale, antécédents d'accident vasculaire cérébral, etc.). De nombreux scores de prédiction de mortalité ont été construits en tenant compte de ces facteurs médicaux[4].

1. *Ibid.*
2. Ann Bowling, Aldo Mariotto & Olga Evans, Are older people willing to give up their place in the queue for cardiac surgery to a younger person?, *Age and Ageing*, 2002, n° 31, p. 187-192.
3. J. Harris, Cardiac surgery in the elderly, *British Medical Journal*, 1999, n° 82, p. 119-120.
4. Johan Nilsson, Lars Algotsson, Peter Höglund, Carsten Lührs, Johan Brandt, Comparison of 19 pre-operative risk stratification models in open-heart surgery, *European Heart Journal*, 2006, n° 27, p. 867-874.

Les scores de prédiction pourraient-ils alors nous aider pour « choisir » les patients qu'il faut exclure de la chirurgie ? Il paraît difficile de ne s'en tenir qu'à ce type de score pour prédire un risque individuel. En effet, les probabilités de décès ne sont que des *estimations* du risque de décès valables pour un groupe de patients identiques. Elles ne permettent jamais de prédire l'évolution pour un patient particulier quand une décision de type binaire (opérer ou non) est requise[1]. De même, ces scores prédisent mal pour les patients très âgés, comme nous l'avons montré dans notre centre. Les scores de prédiction plus récents permettront peut-être d'améliorer notre capacité prédictive (Euroscore II), mais la question du seuil de mortalité sera toujours posée : à partir de quel pourcentage de mortalité prédite choisirons-nous de ne pas opérer : 10 % ? 15 % ? 20 % ? En outre, qui déciderait de ces seuils, dont l'interprétation en termes de prise de risque acceptable dépend grandement de la subjectivité des médecins, des patients, des proches ? Faudrait-il que les institutions (agences, comités d'experts, hôpital, etc.) décident seules d'un tel seuil de risque, sous prétexte que les ressources engagées pour opérer les patients trop graves s'avéreraient trop importantes dans le contexte de ressources contraintes ? Suffirait-il d'affiner nos capacités prédictives pour hiérarchiser les priorités, en ajoutant aux scores de prédiction habituels d'autres facteurs prédictifs plus adaptés aux patients âgés, comme par exemple des mesures de fragilité utilisées en gériatrie[2] ?

Il nous semble qu'un choix – qu'on voudrait rationnel[3] – fondé uniquement sur un seuil théorique ne pourrait se justifier qu'après

1. S. Lemeshow, J. Klar, D. Teres, Outcome prediction for individual intensive care patients: useful, misused, or abused?, *Intensive Care Medicine*, 1995, n° 21, p. 770-776.

2. Jonathan Afilalo, Mark Eisenberg, Jean-François Morin, Howard Bergman, Johanne Monette, Nicolas Noiseux, Louis Perrault, Karen Alexander, Yves Langlois, Nandini Dendukuri, Patrick Chamoun, Georges Kasparian, Sophie Robichaud, Michael Gharacholou & Jean-François Boivin, Gait speed as an incremental predictor of mortality and major morbidity in elderly patients undergoing cardiac surgery, *Journal of the American College of Cardiology*, 2010, n° 56, p. 1668-1676.

3. Philippe Bizouarn, Éric Fiat &Dominique Folscheid, Choix rationnel, prédiction et décision médicale. Apport des scores de gravité, *art. cit.*

avoir évoqué avec les patients les bénéfices et les risques individuels attendus de la chirurgie cardiaque, à condition de s'entendre sur les termes du rapport : quel bénéfice le patient attend-il de la chirurgie ? Quel risque le patient est-il prêt à courir ? S'il s'agit de respecter l'autonomie du patient, une bonne compréhension de *ce qui compte réellement pour lui* s'avère indispensable.

Listes d'attente et priorisation

Selon la gravité et le contexte, les patients sont placés sur une liste d'attente. Les critères choisis sont à la fois médicaux et non médicaux. Les critères médicaux dépendent de la pathologie cardiaque et des pathologies associées. Les patients très instables seront opérés le plus rapidement possible. Dans ce cas, les patients moins graves attendront plus longtemps, au risque de s'aggraver – nécessitant un replacement dans la liste –, voire de mourir – même si le risque reste faible (1 %[1]). Mais des critères non médicaux – rarement évoqués – participent également au processus de priorisation.

Une enquête irlandaise a été réalisée auprès de 34 médecins (17 cardiologues, 4 médecins généralistes, 4 chirurgiens cardiaques et 9 médecins consultants), s'attachant à déterminer les facteurs liés au degré de priorité des patients éligibles pour une chirurgie de pontage coronarien[2]. Les participants devaient donner leur avis sur le caractère urgent ou prioritaire de 60 patients coronariens décrits par

1. Boris G. Sobolev, Lisa Kuramoto, Adrian R. Levy & Robert Hayden, Cumulative incidence of wait-list death in relation to length of queue for coronary-artery bypass grafting: A cohort study, *Journal of Cardiothoracic Surgery*, 2006, http://www.cardiothoracicsurgery.org/content/1/1/21 ; Andrew A. Ray, Karen J. Buth, John A. Sullivan, David E. Johnstone & Gregory M. Hirsch, Waiting for cardiac surgery. Results of a risk-stratified queuing process, *Circulation*, 2001, n° 104 [suppl I], p. 92-98.

2. F. Kee, P. McDonald, J.R. Kirwan, C.C. Patterson & A.H.G. Love, Urgency and priority for cardiac surgery: A clinical judgment analysis, *British Medical Journal*, 1998, n° 316, p. 925-929.

10 indicateurs (âge, sexe, tabagisme, indice de masse corporelle, comorbidités, test de stress, classe d'angor, fonction ventriculaire gauche, sténose de la coronaire gauche, nombre de coronaires atteintes). La plupart des médecins s'accordaient pour fonder leur décision sur des indicateurs spécifiques, comme la classe d'angor, l'atteinte de la coronaire gauche, le nombre d'artères atteintes. Un certain nombre de médecins tenait compte de facteurs non médicaux ou non liés à la pathologie cardiaque, comme l'âge, le sexe, le tabagisme, ou l'indice de masse corporelle pour classer les patients comme urgents ou prioritaires. De la même manière, les perceptions des médecins sur l'efficacité probable de la chirurgie (traitement des symptômes, réduction du risque d'infarctus ou prolongation de la vie) influençaient leur perception sur le caractère urgent ou prioritaire de la chirurgie. Les facteurs non liés à la pathologie cardiaque pouvaient aussi influencer la perception que les médecins avaient de l'efficacité de la chirurgie. Le tabagisme, par exemple, modifiait – certes modestement – leurs jugements sur la capacité du patient à bénéficier de la chirurgie. La grande variabilité des réponses obtenues soulignait ainsi la difficulté à s'accorder sur des critères « objectifs », médicaux ou non, pour décider du caractère urgent ou prioritaire des patients souffrant d'une pathologie coronaire[1].

D'autres facteurs liés aux patients semblent également influencer les décisions médicales. Une autre étude a montré que le statut socioprofessionnel pouvait influencer le placement sur la liste d'attente d'une chirurgie coronaire, les travailleurs handicapés étant plus facilement mis en priorité par rapport aux fonctionnaires ou aux retraités[2]. De même, en examinant les *« guidelines »* concernant les procédures cardiaques (cathétérisme cardiaque, transplantation cardiaque, pontages coronaires, *pacemaker*, etc.), il est apparu que des facteurs psychosociaux ou comportementaux étaient souvent évoqués pour orienter les patients vers telle

1. *Ibid.*

2. David Naylor, Carey M. Levinton, Ronald S. Baigrie & Bernard S. Goldman, Placing patients in the queue for coronary surgery, *Journal of General Internal Medicine*, 1992, n° 7, p. 492-498.

ou telle procédure, voire pour les contre-indiquer à toute procédure interventionnelle, souvent sans justification claire[1]. Si ces facteurs, multiples, souvent ambigus (« attitudes », problèmes sociaux ou comportementaux, stabilité psychosociale), ou parfois plus précis (dépression ou schizophrénie, observance, ressources financières, relations avec l'entourage, proximité géographique d'un centre référent, intoxication tabagique, type de travail effectué, etc.), peuvent aider à évaluer le rapport risque-bénéfice d'une procédure particulière, leur utilisation pour limiter l'accès aux soins s'avère plus problématique[2].

RENDRE COMPTE DES « BONNES » RAISONS

S'il est nécessaire de reconnaître à la décision une part de subjectivité, il convient de le faire « en toute connaissance de cause », et d'être capable de rendre compte aux patients et aux acteurs impliqués des « bonnes » raisons de nos choix, c'est-à-dire des raisons explicitées, justifiées et partagées.

C'est en ces termes que nous devons interpréter la proposition de Walton issue de son enquête menée dans 3 centres universitaires de Toronto : rendre compte du caractère raisonnable des décisions[3]. Le but de son étude qualitative fut d'examiner les raisons invoquées – médicales et non médicales – par les intervenants (chirurgiens, infirmières de triage, etc.) au cours du processus de sélection dans chaque institution. Ce processus fut analysé au regard des 4 catégories du modèle développé par Daniels et Sabin *(accountability for reasonableness)* :

1. Mita K. Giacomini, Deborah J. Cook, David L. Strainer & Sonia S. Anand, Guidelines as rationing tools: A qualitative analysis of psychosocial patient selection criteria for cardiac procedures, *Canadian Medical Association Journal*, 2001, n° 164, p. 634-640.

2. *Ibid.*

3. Nancy A. Walton, Douglas K. Martin, Elisabeth H. Peter, Dorothy M. Pringle & Peter A. Singer, Priority setting and cardiac surgery: A qualitative case study, *art. cit.*

pertinence *(relevance)*, publicité *(publicity)*, révision *(appeal)*, application *(enforcement*[1]*)*. Dans ce cadre, il est supposé que les acteurs du système adoptent une attitude coopérative permettant de se mettre d'accord sur un corps de raisons acceptées par tous. Cette méthode procédurale, initialement développée dans le cadre du Managed Care américain, définit des règles du jeu acceptées par les participants (tous les acteurs du processus de décision, institutions, professionnels, « usagers ») dans le but de promouvoir un « bien commun » acceptable dans le contexte contraint des ressources du système de santé en vigueur[2].

Pertinence

Dans un processus décisionnel équitable, portant ici sur les règles de priorisation, un exposé raisonné des principes de choix doit reposer sur le caractère pertinent des raisons évoquées, au regard des besoins de la population.

Dans le travail de Walton, la plupart des participants s'accordent pour reconnaître que les raisons cliniques viennent au premier plan dans le processus de délibération[3].

C'est dans cette perspective d'objectivation des raisons que les médecins pensent qu'il est très important de disposer d'abord de recommandations *(guidelines)* basées sur des faits prouvés *(evidence based)*, ou d'une évaluation fiable des risques afin de décider[4].

Comme le montre le tableau ci-dessous, les participants de l'étude de Walton citèrent d'autres raisons non cliniques influençant la déci-

1. Norman Daniels & James Sabin, The ethics of accountability in Managed Care reform, *Health Affairs*, 1998, n° 17, p. 50-64.

2. *Ibid.*

3. Nancy A. Walton, Douglas K. Martin, Elisabeth H. Peter, Dorothy M. Pringle & Peter A. Singer, Priority setting and cardiac surgery: a qualitative case study, *art. cit.*

4. L. Ridderstolpe, G. Collste, H. Rutberg & H. Ahlfeldt, Priority setting in cardiac surgery: A survey of decision making and ethical issues, *art. cit.*

sion. Ces raisons sont liées au patient, mais également aux médecins, et/ou au contexte. Dans notre pratique, les raisons liées au patient peuvent en effet jouer un rôle majeur. Ainsi, les chirurgiens évoquent souvent, pour justifier leur choix malgré les risques majeurs, le caractère « battant » d'un patient « voulant vivre à tout prix », tout en reconnaissant parfois qu'ils agissent plutôt par compassion que par raison. *A contrario*, il est difficile d'accepter d'opérer un patient qui ne le désire pas vraiment, ou a mal compris les enjeux. Si une complication postopératoire survient, il n'est pas rare d'entendre de la part des médecins : « Je le sentais, il ne voulait pas se faire opérer. »

Raisons cliniques	Raisons non cliniques
Liées au patient 1. Anatomie des artères coronaires 2. Fonction ventriculaire gauche 3. Symptômes 4. Co-morbidités 5. Situations urgentes (rétrécissement aortique serré ; sténose coronaire gauche ; autres) 6. Buts de la chirurgie cardiaque 7. Score de priorisation	*Liées au patient* 1. Situation sociale 2. Choix de vie 3. Travail 4. Statut mental (haut niveau d'anxiété ; indécision) *Raisons liées au patient plus controversées* 5. Âge avancé 6. Obésité *Raisons liées au chirurgien* 7. Garde ou fatigue 8. Expérience 9. Capacité à mesurer les risques *Raisons contextuelles* 10. Différences entre institutions 11. Type de pratique chirurgicale 12. Gestion des listes d'attente 13. Délais 14. Ressources (allocation ; utilisation) 15. Accès préférentiel

Raisons évoquées par les chirurgiens cardiaques pour décider[1] (traduction personnelle)

Les raisons non cliniques non liées aux patients sont nombreuses et dépendent du contexte de l'institution dans lequel travaillent les

1. *Ibid.*

médecins : un chirurgien favorisera la technique dont il est le spécialiste ; un jeune médecin « avide » d'apprendre n'exclura jamais les patients qu'on lui propose, même les plus graves ; certains chirurgiens éviteront d'opérer les patients trop graves pour défendre leurs statistiques de mortalité et/ou de durée de séjour, etc. Le type de pratique (individuelle ou collective) joue également un rôle dans le processus décisionnel : une pratique où les médecins agissent seuls, et sont peu coopérants, empêchera sans aucun doute une discussion sur les cas. Nous avons vu dans notre enquête que certains cardiologues ne remettaient jamais en question leur décision de ne pas opérer, et ne discutaient pas les cas difficiles au staff multidisciplinaire.

Dans le modèle décisionnel défendu par l'auteur, deux autres conditions méritent attention : la possibilité de réviser les décisions prises et la publicité des raisons.

Révision

La possibilité de révision (appel) du jugement semble aller de soi. Nous avons vu dans notre enquête que la présence d'un staff multidisciplinaire permettait de discuter des cas, et de revenir sur les décisions prises. Il manque souvent le point de vue des patients dans ces discussions, et le large spectre des raisons de ne pas opérer est rarement communiqué, entraînant alors une sélection pour raisons médicales seules. Il existe également des cas de refus où un deuxième avis est demandé, sans que soient clairement exprimées toutes les raisons du refus initial[1]. Il semble pourtant que les médecins, les patients et les proches ne pourront décider de manière bien informée sans évoquer toutes les raisons ayant conduit à ce refus initial[2].

1. Nancy A. Walton, Douglas K. Martin, Elisabeth H. Peter, Dorothy M. Pringle & Peter A. Singer, Priority setting and cardiac surgery: A qualitative case study, *art. cit.*

2. *Ibid.*

Publicité

Dans la perspective d'une éthique de la discussion, le caractère ouvert du processus permet de lui accorder une grande confiance, les raisons – ou à tout le moins un corps de « bonnes » raisons reconnues par tous – y étant *explicitées, justifiées et partagées*. Évoquer un manque de place pour justifier la sélection ou transférer un patient vers un autre centre qui dispose d'une certaine technique doit être rendu public, en tout cas au sein de l'institution. Reconnaître que, dans certains centres, les patients trop graves ne sont pas opérés, du fait du manque d'expérience des équipes par exemple, doit être clairement évoqué. La publication des résultats individuels des chirurgiens relève de cette même perspective, en sachant qu'une telle publication ne serait pas sans risque si elle devait se faire sans limites[1]. La conséquence est de voir des patients refuser de se faire opérer par un tel ou un tel, ou dans telle ou telle institution, sans justification sérieuse si les résultats publiés sont peu fiables ou mal interprétés. La publication dans les médias des résultats des centres a bien montré que les méthodes de classement des hôpitaux ne prennent pas toujours en compte les spécificités de chaque centre. De même, les critères de classement individuels doivent tenir compte des pratiques, pour éviter toute stigmatisation injustifiée et toute modification des pratiques individuelles seulement en vue d'un meilleur classement[2]. Nous ne sommes pas encore prêts, en France, à nous lancer dans de telles publications, à tort sans doute, si nous voulons regagner la confiance des patients dans nos institutions en en corrigeant l'opacité.

1. Jeffrey P. Jacobs, Robert J. Cerfolio & Robert M. Sade, The ethics of transparency: Publication of cardiothoracic surgical outcomes in the lay press, *Annals of Thoracic Surgery*, 2009, n° 87, p. 679-686.

2. *Ibid.*

Application et engagement

Pour compléter le modèle décisionnel défendu par Walton et par nous, une dernière condition reste à évoquer : le développement de mécanismes de régulation publique ou volontaire afin d'assurer l'application des conditions de pertinence, de publicité et de révision. Les recommandations concernant les règles de priorisation développées par les experts de la profession et les administrations de santé pourraient permettre une telle approche[1]. Cependant, leur caractère souvent très formel, standardisé, ne permet pas de les appliquer. En effet, il n'est pas rare qu'un chirurgien opère rapidement un patient non urgent selon les critères d'urgence établis « objectivement », parce qu'il le *croit* nécessaire[2].

Au niveau local, les médecins se heurtent également aux demandes, sans discussion préalable, de l'institution pour diminuer les dépenses. Il a été reproché aux médecins de notre hôpital une augmentation des dépenses de médicaments coûteux, utilisés pour les patients graves et compliqués, alors que l'administration nous poussait à augmenter notre activité dans le cadre de la T2A (tarification à l'activité). Un tel conflit de priorités pourrait nous conduire à ne plus opérer les patients graves, ou à ne plus traiter les complications nécessitant l'emploi de telles thérapeutiques, au prétexte de faire des économies.

Idéalement, il s'agirait de mettre en place des procédures de délibération où tous les acteurs concernés par la priorisation s'exprimeraient librement et participeraient *réellement* au processus décisionnel[3]. Il ne

1. Andrew A. Ray, Karen J. Buth, John A. Sullivan, David E. Johnstone & Gregory M. Hirsch, Waiting for cardiac surgery. Results of a risk-stratified queuing process, *art. cit.*

2. Nancy A. Walton, Douglas K. Martin, Elisabeth H. Peter, Dorothy M. Pringle & Peter A. Singer, Priority setting and cardiac surgery: A qualitative case study, *art. cit.*

3. Jennifer L. Gibson, Douglas K. Martin & Peter A. Singer, Priority settings in hospitals: Fairness, inclusiveness, end the problem of institutional power differences, *Social Science and Medicine*, 2005, n° 61, p. 2355-2362.

suffirait pas qu'une autorité morale (comités d'experts locaux ou nationaux) s'accorde sur des principes régissant les priorités (le plus grave d'abord, le plus jeune d'abord, le premier arrivé, etc.) pour justifier toute action de priorisation – laissant ainsi de côté les cliniciens, les patients et le public[1]. Il s'agit de s'accorder, au sein des institutions, sur la nécessité d'une délibération publique, dont le but est de rendre compte des « bonnes » raisons – jugées pertinentes dans le contexte décisionnel, ici la chirurgie cardiaque – justifiant les priorités, en toute transparence et honnêteté.

Nous avons voulu montrer que la décision médicale d'opérer ou non un patient de chirurgie cardiaque dépendait de nombreux facteurs, cliniques – souvent explicités – et non cliniques – rarement évoqués. Ces réflexions rejoignent les travaux plus anciens en sociologie, montrant que les décisions médicales étaient très certainement influencées par l'âge des patients, leur statut socio-économique, leur sexe, leur race, l'expérience des médecins et les facteurs contextuels institutionnels, etc.[2]. Dans la mesure où nous ne pourrons jamais trouver un accord sur le type de décision à prendre – ici, opérer ou non, et dans quel délai –, ni sur les résultats à privilégier – une chirurgie simple sans complication par exemple –, nous avons défendu l'idée qu'une délibération entre acteurs – médecins, patients, proches, institutions, etc. – pouvait permettre un accord sur des « bonnes » raisons justifiant les choix pris, au niveau individuel comme institutionnel. Nous supposons qu'une délibération où chacun des acteurs vaudrait pour une voix, à condition qu'elle puisse s'exprimer, rendrait la décision, toujours complexe et difficile quand il s'agit de la vie d'un patient, suffisamment équitable pour redonner à toute la profession la confiance qu'elle semble perdre de nos jours. Nous « sélectionnerons » toujours les patients. Trouvons les moyens de justifier nos choix, autant que faire se peut, avec eux !

1. Norman Daniels, Establishing fair process for priority setting is easier than agreeing on principles, *British Medical Journal*, 2000, n° 321, p. 1300-1301.

2. J.A. Clark, D.A. Potter & J.B. McKinlay, Bringing social structure back into clinical decision making, *Social Science and Medicine*, 1991, n° 32, p. 853-866.

ACCÈS AUX SOINS SPÉCIALISÉS DES ACCIDENTS VASCULAIRES CÉRÉBRAUX. APPROCHE ÉTHIQUE DU RATIONNEMENT ET DU TRIAGE

Sophie Crozier

Si le triage médical est principalement connu dans les situations de médecine militaire ou de catastrophe, où il consiste à identifier différentes catégories de patients afin de guider des choix thérapeutiques de sauvetage, il est en réalité au cœur de la pratique médicale contemporaine. Souvent évoqué dans les choix d'orientation des patients vers un lieu d'hospitalisation (par exemple en réanimation), le triage concerne aussi de nombreuses décisions thérapeutiques prises dans un contexte de soins coûteux et rares.

Nous discuterons ici du triage médical effectué dans la prise en charge aiguë des patients victimes d'accidents vasculaires cérébraux (AVC), en particulier pour l'admission de ces patients dans des unités spécialisées dont le nombre de lits est limité, et qui soulève les difficultés et contradictions engendrées par un rationnement médical implicite. Nous verrons après un état des lieux sur la prise en charge actuelle et optimale des AVC, comment des recommandations fondées sur un idéal peuvent être limitées par une réalité de terrain. En effet, cette dernière est caractérisée non seulement par le rationnement des lits spécialisés mais aussi, comme le montre une enquête réalisée auprès des médecins impliqués dans l'orientation des patients, par des critères d'admission flous et non consensuels. Or ces derniers méritent d'être interrogés, notamment le critère du pronostic (souvent mis en avant) car son élaboration reste difficile à l'échelle individuelle et s'appuie sur des études médicales comprenant de nombreux biais et limites.

Ces choix d'admission ou de refus de certains patients dans des structures spécialisées posent de nombreuses questions éthiques : à quels patients attribuer « la » ressource rare ? Sur quels critères fonder de tels choix ? Qui peut ou doit en décider ? Nous aborderons ensuite et pour finir certaines approches éthiques discutées dans la littérature médicale pour tenter de guider ce triage si complexe.

LES ACCIDENTS VASCULAIRES CÉRÉBRAUX : UN ENJEU DE SANTÉ PUBLIQUE

L'AVC est une atteinte aiguë du cerveau causée soit par une occlusion artérielle qui conduit à un AVC ischémique ou infarctus cérébral (80 % des AVC), soit par l'irruption de sang dans le parenchyme cérébral entraînant une hémorragie. Il se manifeste par l'installation brutale d'un trouble moteur, sensoriel et/ou cognitif dont la sévérité dépend essentiellement de la localisation et de la taille de la lésion cérébrale. Son pronostic est très variable et dépend de nombreux facteurs ; en particulier de la gravité du déficit neurologique initial, de l'âge, de l'existence de co-morbidités associées mais aussi du délai de prise en charge et des mesures thérapeutiques mises en place.

Les AVC représentent un véritable enjeu de santé publique : ils sont la première cause de handicap acquis, la deuxième cause de mortalité dans le monde[1], et la troisième cause de démence. En France, avec 150 000 nouveaux cas par an, ils sont à l'origine d'environ

1. http://www.who.int/gho/mortality_burden_disease/causes_death/en/index.html (consulté le 3 nov. 2013).

40 000 décès, et l'on estime qu'à un an, un quart des survivants est dépendant et un tiers est dément[1].

L'objectif principal de la prise en charge aiguë des AVC est de limiter le handicap et de réduire la mortalité. Depuis plus de 20 ans, de nombreuses études ont démontré le bénéfice d'une organisation et d'une spécialisation des soins en neurologie vasculaire. En effet, l'hospitalisation des patients dans ces unités spécialisées, dites unités neurovasculaires (UNV), réduit d'un quart la mortalité et d'un tiers le risque combiné d'institutionnalisation et de décès[2].

Des études aux recommandations et des recommandations à la réalité du terrain

L'hospitalisation en UNV pour tous les patients victimes d'un AVC fait partie depuis plus de 10 ans de toutes les recommandations nationales[3] et internationales[4].

En France, cette prise en charge spécialisée a fait l'objet d'une circulaire ministérielle qui précise que l'UNV « assure la prise en charge, à la phase initiale de leur maladie, [...] sans discrimination d'âge, de gravité ou de nature (accident ischémique ou hémorragique)[5]. » Elle

1. Jean Bardet, *Prise en charge précoce des accidents vasculaires* (rapport fait au nom de l'Office parlementaire d'évaluation des politiques de santé (OPEPS), 2007. http://www.senat.fr/notice-rapport/2006/r06-475-notice.html (consulté le 3 nov. 2013).

2. Cochrane database of systematic reviews (online): Organised inpatient (stroke unit) care for stroke. Stroke Unit Trialists' Collaboration, 11 sept. 2013 http://onlinelibrary.wiley.com/doi/10.1002/14651858.CD000197.pub3/pdf (consulté le 3 nov. 2013).

3. Recommandations de bonnes pratiques de l'HAS, 2009. http://www.has-sante.fr/portail/jcms/c_830203/en/stroke-early-management (consulté le 3 nov. 2013).

4. Guidelines for management of ischaemic stroke and transient ischaemic attack, *Cerebrovascular Disease*, *25*(5), p. 457-507.

5. Circulaire n° DHOS/O4/2007/108 du 22 mars 2007 relative à la place des unités neuro-vasculaires dans la prise en charge des patients présentant un accident vasculaire cérébral. http://www.sante.gouv.fr/fichiers/bo/2007/07-04/a0040056.htm (consulté le 3 nov. 2013).

est par ailleurs organisée autour d'une filière d'amont représentée par les urgentistes (sapeurs-pompiers, SAMU[1], service d'accueil des urgences) et d'une filière d'aval qui comprend les services de réadaptation, de soins longue durée et le secteur médico-social. L'UNV ne peut fonctionner sans une « fluidité » de toute cette filière neurovasculaire.

En 2009, un rapport sur l'état des lieux ainsi que des propositions portant sur la prévention et la prise en charge des AVC en France a été remis à la ministre de la Santé et préconise de nouveau que « tous les patients à terme devraient être admis en UNV » et que « toute UNV doit accueillir tous les patients, quel que soit leur âge[2] ». Cependant, ce même rapport souligne que, malgré l'augmentation du nombre d'UNV en France (qui est passé de 21 en 2005 à un peu plus de 100 actuellement), les places dans ces unités restent limitées. En effet, même si le taux de patients admis en UNV a presque triplé entre 2007 (10 %) et 2009 (26 %), il est encore insuffisant.

Face à ce constat, la circulaire ministérielle de 2012 insiste sur la nécessité d'améliorer l'accès à l'UNV et inscrit l'organisation des filières d'amont et d'aval comme un axe majeur du plan AVC 2011-2014[3]. Elle propose de nouvelles pistes ; en particulier celle d'orienter les patients âgés vers d'autres services (médecine interne ou gériatrie), ou encore celle de l'existence de différents « types » d'UNV, suggérant un degré d'intensité dans la prise en charge avec des UNV de territoire et des UNV de recours (ayant un plateau technique plus important).

Ainsi, alors qu'il semble toujours admis que tout AVC doive bénéficier d'une prise en charge en UNV, cette nouvelle circulaire suggère

1. SAMU : service d'aide médicale urgente.

2. Elisabeth Ferry-Lemonnier, La prévention et la prise en charge des AVC en France, 2009, http://www.sante.gouv.fr/la-prevention-et-la-prise-en-charge-des-accidents-vasculaires-cerebraux-en-france.html (consulté le 3 nov. 2013)

3. Circulaire NDGOS/R4/R3/PF3/2012/106 du 6 mars 2012 relative à l'organisation des filières régionales de prise en charge des patients victimes d'accident vasculaire cérébral (AVC). Ministère du Travail, de l'Emploi et de la Santé. http://circulaires.legifrance.gouv.fr/index.php?action=afficherCirculaire&hit=1&r=34866 (consulté le 3 nov. 2013).

que l'orientation des patients pourrait faire l'objet de réponses graduées et adaptées à certaines caractéristiques des patients (notamment leur âge), évoquant une stratégie de triage. Il persiste donc une sorte d'injonction paradoxale pour les acteurs de santé impliqués dans la prise en charge des AVC : d'un côté, la recommandation d'admettre tous les AVC en UNV comme s'il n'existait pas de rationnement et, de l'autre, la proposition d'admettre les patients dans d'autres unités que les UNV (notamment en gériatrie), suggérant une certaine prise en compte du nombre limité et insuffisant de lits d'UNV pour tous les AVC.

Par ailleurs, il est important de rappeler que les places disponibles en UNV dépendent des filières d'aval et donc des places dans des structures de réadaptation. Or, ces places sont également très insuffisantes actuellement, en particulier pour des patients très lourdement handicapés – ce qui a tendance à bloquer le fonctionnement de la filière « aiguë » et à induire, là aussi, un triage. La gravité du handicap est en effet souvent un motif de refus d'admission dans des soins de suite et de réadaptation « classique » qui n'ont pas les moyens humains et matériels de prendre en charge ces patients. Et de la même façon, certaines UNV acceptent difficilement des patients victimes d'AVC graves venant de réanimation car elles ont du mal à leur trouver une place ensuite. Malgré les nombreux efforts et progrès dans l'organisation des soins pour les AVC, les filières de soins pour les malades les plus lourdement handicapés ne sont pas clairement identifiées, probablement car la rareté des lits et structures pouvant les accueillir n'est pas reconnue ni envisagée dans les différents textes de recommandations ou circulaires ministérielles[1].

Dans ce contexte de rareté des lits d'UNV (nombre insuffisant au regard de l'incidence des AVC), les médecins urgentistes comme les neurologues effectuent un triage qui pose de nombreuses questions éthiques : faut-il orienter les patients les plus graves vers l'UNV, en

1. Ceci étant, une réflexion est actuellement en cours pour améliorer ces prises en charge très lourdes qui demandent des moyens dédiés et renforcés par rapport à un parcours « classique ».

sachant que la persistance d'un handicap important prolongera la durée de séjour, et donc limitera la possibilité d'accepter de nouveaux patients ? Au contraire, faut-il privilégier l'accueil de patients avec des AVC dits « mineurs » pour lesquels une « expertise neurovasculaire » peut s'avérer particulièrement utile afin d'éviter une récidive ? Ne faut-il accepter sur un « dernier lit » qu'un patient qui pourrait bénéficier d'une thrombolyse (c'est-à-dire réserver la place à un patient qui ne pourrait pas être traité ailleurs) ? Quels sont les objectifs qui guident ces choix ? Le meilleur bénéfice pour le patient, ou au contraire celui pour le plus grand nombre ? Cherchons-nous l'efficacité maximale au regard de la qualité de la récupération et selon la gravité initiale, ou voulons-nous ne traiter que les malades les moins graves, pour obtenir un succès à tout coup ? Même s'il n'existe actuellement aucun critère explicite, le délai de moins de 6 heures de l'AVC, l'indication possible (donc l'absence de contre-indication) d'un traitement spécifique comme la thrombolyse, et un risque d'aggravation (patient dit « instable ») restent les principaux motifs d'acceptation en UNV.

Par ailleurs, quels pourraient être les critères amenant à refuser un patient ? Les patients âgés, ou en situation de précarité, ont-ils le même accès aux UNV que les patients plus jeunes ayant une situation sociale plus favorisée ? Le choix d'admettre ou non certains patients peut-il se justifier s'il modifie le bénéfice pour la collectivité ? Quels sont notre rôle et notre responsabilité dans ces choix qui peuvent avoir pour conséquences d'alourdir les dépenses de santé ? En effet, à l'ère de la tarification à l'activité, où les contraintes financières exercent une certaine pression sur les médecins, il est possible que les critères de choix puissent être plus ou moins dictés par des motifs économiques, conduisant à « choisir » les patients les plus « rentables ».

L'ORIENTATION DES PATIENTS EN UNV : PRATIQUES ET REPRÉSENTATIONS DES MÉDECINS

Pour tenter de comprendre comment les médecins impliqués dans l'orientation des AVC à la phase aiguë se comportent face à cette situation de rationnement, nous avons réalisé une enquête, auprès des médecins de la filière d'amont (pompiers, SAMU et services d'urgence) et des neurologues en UNV, qui a exploré les représentations et décisions de triage dans cette situation[1].

Cette étude a d'abord montré que la très grande majorité des médecins urgentistes (environ 70 % d'entre eux) déclarent rencontrer des difficultés pour adresser des patients en UNV, en dehors des situations où la thrombolyse est possible. Les urgentistes répondent être souvent confrontés à des refus de la part des UNV, en particulier pour les sujets de plus de 80 ans, alors que 90 % d'entre eux considèrent que l'UNV pourrait être bénéfique au patient.

Par ailleurs, si l'on peut noter une forme de consensus pour la « non-admission » de certains patients en UNV (par exemple, les patients déments et les AVC graves sans projet de soin évident), médecins urgentistes et neurovasculaires ne partagent pas la même idée des critères d'admission pour l'UNV. Alors que les neurologues considèrent que la très grande majorité des AVC devraient être admis en UNV (en déclarant d'ailleurs les accepter), les urgentistes sont plus nombreux à estimer que certains patients n'ont pas leur place en UNV, notamment les patients ayant fait une hémorragie cérébrale ou les patients âgés (en déclarant être souvent confrontés à des refus).

Cette étude souligne ainsi que les médecins impliqués dans l'orientation des patients victimes d'AVC, perçoivent la rareté des lits d'UNV et effectuent un triage. Comme nous l'avons vu, les urgentistes s'interrogent en effet sur le bénéfice de la mobilisation de ces ressources pour certains patients et déterminent des critères de « non-admission » en UNV. Ces derniers sont discutables dans la mesure où ils ne sont pas en accord avec les données scientifiques, en particulier pour les sujets âgés. En effet, plusieurs études ont montré le bénéfice des UNV chez les patients âgés de plus de 75 ans, notamment en termes de réduction d'institutionnalisation[2].

1. Ce travail a fait l'objet de la thèse de médecine de Marion Yger : *Admission dans une unité neurovasculaire : allocation d'une ressource rare*, thèse de médecine, Université Pierre et Marie Curie, Paris, 2012.

2. Cochrane database of systematic reviews (online): Organised inpatient (stroke unit) care for stroke. Stroke Unit Trialists' Collaboration, 11 sept. 2013. http://onlinel

De même, la sévérité initiale de l'AVC semble être un critère de refus en UNV, tout comme il peut l'être en réanimation, où le pronostic souvent défavorable de ces patients amène à un refus d'admission dans ce type de structures. Or, la gravité d'un AVC reste difficile à définir. D'une part, les critères médicaux de « mauvais pronostic » méritent d'être interrogés car ils ont été identifiés par des études comportant un certain nombre de biais et de limites. D'autre part, les décisions médicales d'admission d'un patient ne sont pas uniquement guidées par des justifications médicales.

Le pronostic (neurologique) comme critère de triage ?

Le pronostic, souvent très défavorable des AVC « graves[1] », notamment des AVC nécessitant une ventilation mécanique, dont la mortalité est d'environ 60 % à 1 mois et dont l'évolution vers un handicap très lourd varie selon les études de 25 à 100 % des patients[2], peut justifier l'absence de réanimation de ces patients.

Plusieurs études ont tenté d'identifier des critères de gravité qui pourraient prédire le décès ou, plus rarement, le handicap des patients victimes d'AVC sévères. Or, si certains facteurs comme le coma ou la taille de l'AVC sont associés à une plus grande mortalité, la majorité

ibrary.wiley.com/doi/10.1002/14651858.CD000197.pub3/pdf (consulté le 3 nov. 2013).

1. L'AVC grave n'est pas une entité précise, mais il est souvent associé dans la littérature à un déficit neurologique important, des troubles de la vigilance, et à un pronostic particulièrement sombre, c'est-à-dire à un risque important de décès ou de handicap sévère.

2. R.G. Holloway, C.G. Benesch, W.S. Burgin, J.B. Zentner, Prognosis and decision making in severe stroke, *Journal of American Medical Association*, 2005, n° 294, p. 725-733.

de ces études comportent d'importants biais et limites[1]. En effet, elles sont en majorité rétrospectives, portent sur des populations hétérogènes, et les outils de mesure du pronostic fonctionnel sont différents, c'est-à-dire que la définition du critère de « mauvais » pronostic est variable selon les études.

D'autre part, le rôle des stratégies et de l'engagement thérapeutiques est rarement pris en compte. Ainsi, l'un des principaux biais dans les études sur la mortalité des AVC (en particulier des hémorragies cérébrales) est l'absence de prise en compte de la mise en œuvre (ou non) d'une réanimation, décision qui conditionne très fortement le pronostic chez des patients fragiles[2]. Or, cette décision s'appuie elle-même sur la prédiction subjective de décès du patient faite par le médecin, qui est dans certaines études le principal facteur de mortalité, et ce, indépendamment des critères de gravité « reconnus » des AVC[3]. Ce cercle vicieux aboutit à des *prophéties auto-réalisatrices*, également bien décrites en réanimation[4] : une croyance pronostique (ici la prédiction du décès) guide une attitude thérapeutique (non-réanimation) qui conditionne à son tour le pronostic (décès du patient).

Enfin, au-delà de ces biais et limites dans l'évaluation du « pronostic de mort », la prédiction du handicap « séquellaire » et, plus encore, celle de la qualité de vie future sont particulièrement difficiles. D'une part, les outils de mesure du pronostic fonctionnel varient selon les études, ce qui fragilise les quelques connaissances sur les facteurs de gravité, et, d'autre part, la prédiction individuelle à partir d'études

1. E.F. Wijdicks & A.A. Rabinstein, Absolutely no hope? Some ambiguity of futility of care in devastating acute stroke, *Critical Care Medicine*, 2004, n° 32, p. 2332-2342.

2. D.B.Zahuranec, D.L. Brown, L.D. Lisabeth *et al.*, Early care limitations independently predict mortality after intracerebral haemorrhage, *Neurology*, 2007, n° 8, p. 1651-1657.

3. K.J. Becker, A.B. Baxter, W.A. Cohen *et al.*, With-drawal of support in intracerebral hemorrhage may lead to self-fulfilling prophecies, *Neurology*, 2001, n° 27, p. 766-772.

4. D.Cook, G. Rocker, J. Marshall, P. Sjokvist, P. Dodek, L. Griffith *et al.*, Withdrawal of mechanical ventilation in anticipation of death in the intensive care unit, *New England Journal of Medicine*, 2003, n° 349(12), p. 1123-1132.

« populationnelles » est toujours délicate. Enfin, la qualité de vie, qui devrait pourtant guider les décisions médicales, est une notion complexe. Elle n'est pas toujours corrélée à l'importance du handicap, et sa perception est différente selon les patients, qui la trouvent souvent meilleure que celle décrite par des observateurs extérieurs. Cette différence entre handicap vécu et handicap perçu, définie sous le terme de *« disability paradox »*, souligne la possibilité d'une adaptation à un handicap même très sévère, mais aussi la difficulté à se représenter la qualité de vie d'autrui[1].

Ainsi, le pronostic, qui est souvent considéré comme le principal critère médical des décisions de triage, mérite d'être interrogé et discuté, notamment quand il s'agit de l'admission en UNV, en réanimation, ou de la mise en œuvre de manœuvres de ressuscitation cardiorespiratoire.

Par ailleurs, si le pronostic reste le principal critère décisionnel, d'autres éléments interviennent dans ces décisions, comme les pratiques et habitudes médicales des hôpitaux, notamment celle de proposer, fréquemment ou non, des consignes de non-réanimation (ou « DNR orders[2] »). Dans une étude réalisée en Californie sur plus de 8 000 patients victimes d'une hémorragie cérébrale, la mortalité était directement liée à la fréquence hospitalière de ces « DNR orders », elle-même inversement proportionnelle à l'accessibilité à un plateau technique chirurgical ou neuroradiologique[3]. Les critères sur lesquels reposent ces décisions de non-réanimation sont donc aussi liés à des contraintes organisationnelles locales, comme la possibilité d'avoir accès à certaines techniques médicales.

Enfin, comme l'ont montré les études conduites en réanimation, d'autres facteurs sont associés au refus d'admission d'un patient, à la fois liés à la maladie, au patient mais aussi au médecin et au contexte

1. G.L. Albrecht & P.J. Devlieger, The disability paradox: High quality of life against all odds, *Social Science Medicine*, 1999, n° 48(8), p. 977-988.

2. *DNR orders*: *Do not resuscitate orders*, ou décisions de « non-réanimation ».

3. J.C. Hemphill, J. Newman, S. Zhao & S.C. Johnston, Hospital usage of early do-not-resuscitate orders and outcome after intracerebral hemorrhage, *Stroke*, 2004, n° 35, p. 1130-1134.

(en particulier le nombre de lits disponibles en réanimation, l'hôpital ou le pays[1]). La multiplicité de ces critères souligne le caractère aléatoire et potentiellement arbitraire des décisions médicales de triage.

Les enjeux éthiques de ces choix d'admission en réanimation ont fait l'objet de nombreuses discussions et recommandations. Ces dernières s'appuient sur le bénéfice supposé de la réanimation, la règle du « premier arrivé, premier servi », et précisent que l'accès aux soins intensifs ne doit dépendre ni des caractéristiques personnelles du patient, ni de ses ressources financières[2]. S'y articulent d'autres enjeux relatifs à la justice qui apparaissent lorsque l'on met en perspective un choix médical à effectuer pour un patient particulier avec les ressources disponibles et le coût pour la collectivité, le bénéfice individuel pouvant en effet entrer en conflit avec le bénéfice collectif. On peut par exemple considérer qu'un patient victime d'un AVC grave devrait être admis en réanimation, mais que le faible nombre de lits dans ce type d'unités demande de penser le choix en termes de coût-utilité. De fait, l'accès à la réanimation reste extrêmement difficile pour les AVC graves, tant le bénéfice est controversé, sous-entendant aussi que la réanimation profiterait davantage à d'autres patients[3]. Ce sont ces questions éthiques relatives à la juste attribution des ressources que nous souhaitons désormais poser, en sollicitant, sans les développer dans le détail, différentes approches de justice distributive qui tentent de guider le plus justement possible ces difficiles questions de triage.

1. M. Escher, T.V. Perneger & J.C. Chevrolet, National questionnaire survey on what influences doctors' decisions about admission to intensive care, *British Medical Journal*, 2004, n° 329, p. 425.

2. American Thoracic Society, Fair allocation of intensive care unit resources, *American Journal of Respiratory Critical Care Medicine*, 1997, n° 156 (4), p. 1282-1301.

3. B. el-Ad, N.M. Bornstein, P. Fuchs & A.D. Korczyn, Mechanical ventilation in stroke patients-is it worthwhile?, *Neurology*, 1996, n° 47(3), p. 657-659.

Approche éthique du triage et théories de justice distributive

Qu'il s'agisse de l'admission d'un AVC grave en UNV ou en réanimation, les critères décisionnels sont, nous l'avons vu, principalement liés à la gravité pronostique et au bénéfice attendu de cette stratégie thérapeutique pour le patient. Cependant, le contexte de rationnement amène à prendre en compte une dimension collective qui n'est pas présente dans la réflexion habituelle sur la « futilité[1] ». Car si, dans les deux cas, le médecin et le patient sont amenés à faire des choix, la nature du contexte et la finalité du choix diffèrent. Dans le cas de la futilité, la question consiste à déterminer pour un patient donné si le bénéfice attendu d'un traitement existe, et s'il est compatible avec ses souhaits, indépendamment d'une rareté des ressources. Dans le cas du rationnement, la question consiste à justifier un traitement au regard de son coût pour la collectivité[2]. Si la futilité oppose souvent la bienfaisance à l'autonomie, le rationnement oppose la bienfaisance à un principe de justice.

La justice distributive fait intervenir une notion de proportionnalité dans la répartition des biens, et part de l'idée qu'il n'existe pas de parfaite égalité entre les individus. Plusieurs approches ont été proposées pour concevoir la répartition des « biens » médicaux entre les individus.

Les approches les plus discutées dans la littérature médicale sont les approches utilitariste, égalitariste et prioritariste[3]. Elles reposent sur différents principes : le principe « sauvant le plus de vies », le principe

1. Le concept de futilité, du terme anglo-saxon *« futility »*, est évoqué lorsque la synthèse des éléments anamnestiques, cliniques et paracliniques ne permet pas d'espérer un bénéfice « global » pour le patient des thérapeutiques proposées, qui sont alors considérées comme inutiles, c'est-à-dire sans intérêt pour le patient.

2. N.S. Jecker & Laurence J. Schneiderman, 1992, *op. cit.*

3. L.P. Scheunemann & D.B. White, The ethics and reality of rationing in medicine, *Chest*, 2011, n° 140(6), p. 1625-1632.

du « pronostic en années de vie », de valeur d'utilité sociale (pour les approches utilitaristes) ; le principe de loterie, du « premier arrivé-premier servi », ou encore le principe de réciprocité (pour les égalitaristes) ; principe de la priorité au plus malade, ou au plus jeune (pour les prioritaristes[1]). Un des exemples d'approche utilitariste est celui proposé par le philosophe américain Tristram Engelhardt. Ce dernier considère en effet qu'une réflexion sur l'allocation des ressources rares, et donc sur des critères de triage, est indispensable pour diminuer l'inégalité créée par une éventuelle « loterie naturelle ». Il propose pour cela l'idée d'un index de droit au traitement *(treatment entitlement index)* calculé pour chaque patient prenant en compte les chances de succès du traitement, la survie et la qualité de vie de l'individu proposé au service de réanimation[2]. Selon l'accessibilité de la ressource, l'index du seuil d'admission varierait. Ce choix est guidé par le « meilleur intérêt » (le *best interest* des Anglo-Saxons) pour le patient, mais aussi par la volonté d'éviter une perte de chance pour d'autres patients et de prendre en compte le coût de la prise en charge.

Cependant, chacune de ces trois approches (utilitariste, égalitariste et prioritariste) comporte des avantages et des inconvénients qui expliquent leurs limites et leur faible utilisation dans la pratique quotidienne[3]. Aucune d'entre elles n'est en effet éthiquement satisfaisante. Soit elles tendent à stigmatiser des individus, *a priori* et de manière collective, comme peut le faire l'approche utilitariste ; soit elles ne permettent pas une réelle justice dans la répartition des ressources, en ne prenant en compte qu'un seul facteur parmi beaucoup d'autres (comme c'est le cas dans l'égalitarisme et le prioritarisme).

Certains auteurs ont proposé d'autres approches pour tenter d'avancer dans ces choix complexes. Ainsi, Persad *et al.* recommandent une sorte de modèle, dit de « vie globale », construit avec

1. G. Persad, A. Wertheimer & E.J. Emanuel, Principles for allocation of scarce medical interventions, *Lancet*, 2009, n° 373(9661), p. 423-431.

2. H.T. Engelhardt & M.A. Rie, Intensive care units, scarce resources, and conflicting principles of justice, *Journal of American Medical Association*, 1986, n° 255(9), p. 1159-1164.

3. L.P. Scheunemann & D.B. White, 2011, *art. cit.*

quatre à six des huit principes compris dans les approches précédemment évoquées, et qui permettrait de prendre en compte l'histoire globale du patient et davantage de critères (notamment pronostiques). Ils reconnaissent néanmoins que leur système a tendance à défavoriser les patients les plus âgés, car un des principes sur lesquels il repose est celui qui valorise les « plus jeunes[1] ».

Une autre approche, quand il est impossible de se mettre d'accord sur des valeurs communes, consiste à garantir l'éthique des décisions par les qualités de la procédure mises en place (comme cela a été fait pour la futilité médicale). Scheunemann et White proposent ainsi quatre critères permettant une certaine moralité des décisions : une surveillance des décisions par une institution légitime ; un processus décisionnel transparent ; un raisonnement fondé sur des informations et des principes cohérents et acceptés par tous ; et un dispositif permettant aux personnes concernées de faire appel des décisions[2].

Cependant, l'implication des citoyens dans ces choix et le souci de transparence ont leurs limites, car, en réalité, les micro et macro-rationnements sont choisis pour être acceptés par la population. Ils sont fondés sur des valeurs non controversées (mais pas toujours justifiées en termes d'utilité), avec le souci que les ressources soient perçues comme limitées et rares par les citoyens et les contraintes les moins visibles possibles. C'est lorsque survient une catastrophe qu'émerge une prise de conscience des limites des choix faits, et le « jeu » des pouvoirs publics consiste alors à communiquer de nouveau sur des stratégies appuyées sur des valeurs fortes et consensuelles, même si la décision ne conduit pas à plus de sécurité qu'avant.

Le devoir de sauver ou la limite du triage

Même si l'on peut tenter de « rationaliser » ces décisions médicales, des éléments, fondamentalement humains, peuvent les remettre en

1. G. Persad, A. Wertheimer & E.J. Emanuel, 2009, *art. cit.*
2. L.P. Scheunemann & D.B. White, 2011, *art. cit.*

cause, comme le comportement médical identifié sous le terme de *« rule of rescue »*, que nous traduisons par « devoir de sauver » et qui illustre les limites de cette rationalisation du triage.

Défini comme le besoin impératif de sauver une ou des personnes *bien identifiées*, le plus souvent en danger de mort et dans des situations d'urgence, ce comportement, sans fondement réellement rationnel, suppose une préférence marquée pour les « mesures qui sauvent », par rapport à celles qui ne sauvent pas. Il ne s'agit pas d'une stratégie orientée vers un groupe de personnes défini *a priori*, qui mériteraient d'être secourues plutôt que d'autres, comme cela peut être le cas dans l'approche de John Rawls avec son principe de différence, favorable aux plus vulnérables[1]. Le « devoir de sauver », qui intervient souvent dans une situation inattendue et dramatique, ne prend en compte ni le coût, ni le bénéfice attendu, notamment en termes de durée de vie. La réponse est immédiate et ne s'inscrit pas dans le temps, au contraire des actions médicales fondées sur une analyse coût-utilité. Le « devoir de sauver » apparaît ainsi en conflit avec les stratégies plus ou moins rationnelles évoquées précédemment.

Il s'exprime typiquement dans des situations où des moyens souvent très importants sont mis en œuvre pour sauver une ou plusieurs personnes sans grand espoir de succès. Les exemples cités par J. McKie et J. Richardson illustrent cette stratégie : qu'il s'agisse de mineurs pris au piège après une explosion, d'un enfant tombé dans un puits, ou encore d'un arrêt cardiaque dans la salle des urgences. Dans tous les cas, il faut secourir la ou les personnes, même si la probabilité de les sauver est très faible. La médiatisation des secours dans ces événements, notamment par l'émotion qu'elle suscite dans le grand public, pourrait également jouer un rôle dans ce contexte[2].

Néanmoins, qu'elle soit mise en œuvre par devoir ou par empathie, la *« rule of rescue »* peut être éthiquement défendable. Comme le soulignent McKie et Richardson, elle signifie, pour les citoyens d'une

1. John Rawls, *Théorie de la justice*, Paris, Seuil, « Points », 1997.

2. J. McKie & J. Richardson, The rule of rescue, *Social Science Medicine*, 2003, n° 56(12), p. 2407-2419.

communauté, que cette dernière accorde une importance à la vie de ses membres quand ils sont en danger. Ce point est essentiel car, pour ces auteurs, le « devoir de sauver » a une certaine utilité sociale en permettant une cohésion des citoyens autour de certaines valeurs. Ils ajoutent que l'évaluation de l'efficacité d'un système de santé et de ses moyens n'est pas uniquement technique, mais nécessite aussi une analyse éthique, en particulier dans des sociétés complexes où il existe d'importantes divergences de valeurs, qui peuvent « tromper » la rationalité utilitariste.

Pour conclure, l'attitude médicale tournée vers la *« rule of rescue »* est certes exceptionnelle et très inefficace en termes de rapport coût-utilité, mais elle souligne le rôle essentiel des émotions dans l'action médicale. De même que la question de savoir si le rationnement est éthique ou non, celle de savoir si cette attitude est justifiable moralement ne peut trouver de réponse. Le facteur humain est inévitable dans ces choix, et le savoir permet parfois de guider la décision[1].

Le rationnement est-il éthique ?

La question du rationnement conduit finalement à s'interroger sur la possibilité de trouver des justifications morales à des choix qui peuvent apparaître « in-éthiques », du moins au niveau individuel. En effet, la nécessité d'un rationnement « viole » l'idéal d'une égalité de valeur de chaque membre de la société[2] en conduisant à priver certains patients de soins qui pourraient leur être utiles.

1. Comme l'a montré Frédérique Leichter-Flack, dans son analyse de la catastrophe de Katrina à la Nouvelle-Orléans en août 2005, la mise en place de procédures de triage dans de telles situations est difficile, et ne permet ni de tout anticiper ni de répondre à l'exceptionnel (voir F. Leichter-Flack, Sauver ou laisser mourir. Catastrophe et éthique médicale, 25 avril 2011, dans la revue *La Vie des idées* (http://www.laviedesidees.fr/Sauver-ou-laisser-mourir.html. Consulté le 15 oct. 2013).

2. N.S. Jecker & L.J. Schneiderman, 1992, *op. cit.*

Mais la pratique clinique montre que ce rationnement est inévitable, et que décider qu'il n'y pas de choix (éthique) possible conduit à en faire un quand même : celui de la loterie naturelle, qui peut également être discutable d'un point de vue éthique. Il est donc préférable de ne pas ignorer ce contexte de ressources rares et ses conséquences sur l'organisation et les choix médicaux. Reconnaître et admettre que ce manque de moyens a une influence sur les actions médicales et soignantes est important, car cela permet de discuter ces décisions complexes de triage et de proposer éventuellement des stratégies décisionnelles. Cela permet aussi de ne pas laisser la responsabilité du choix au seul médecin qui, devant la situation particulière d'un patient, doit décider en son « âme et conscience » s'il est préférable de ne pas lui attribuer la ressource rare en question pour qu'un autre puisse en bénéficier. La difficulté et le caractère stressant de ces choix peuvent conduire le praticien à les éviter et à considérer que ce n'est pas son rôle de prendre en compte les problèmes de rationnement des ressources. Il peut lui sembler plus facile de laisser les choix « se faire tout seuls », en critiquant l'injustice du système, notamment pour les plus démunis. Mais si ces choix ne sont pas pensés, ils se font de manière irrationnelle, avec des définitions erronées de la futilité, et des biais qui peuvent, au final, être préjudiciables aux plus vulnérables et amener à désigner des personnes « indésirables ».

S'il est difficile de trouver des réponses à ces difficultés et une approche décisionnelle parfaitement satisfaisante, il nous semble qu'une réflexion plus collective sur ce sujet doit être menée. À défaut d'un débat sociétal, toujours difficile à imaginer, une véritable réflexion avec l'ensemble des acteurs impliqués dans ces prises en charge pourrait limiter les choix arbitraires et les difficultés éprouvées par le médecin. Car ces situations sont sources de conflits de valeurs ; agir dans l'intérêt de son patient et dans celui de la collectivité ne sont pas toujours compatibles.

De plus, ces choix d'attribution de ressources rares ne relèvent pas des seules compétences et décisions médicales. Ils soulèvent des questions et des valeurs qui engagent l'ensemble des citoyens et interrogent nos choix collectifs : celui de savoir quel système de santé nous souhaitons, quels moyens nous sommes disposés à consacrer par exemple à la prise en charge des personnes handicapées et, plus largement, dans quel type de société nous souhaitons vivre.

Cet ouvrage a été mis en page
par Meta-systems
59100 Roubaix

Achevé d'imprimer
sur les presses numériques de Dupli-Print (95)

Imprimé en France